Photoshop 完全创意手册

钟泽辉 杨 辉 邵 军 编著

印刷工业出版社

内容提要

Adobe Photoshop是用于出版、多媒体和在线图像的工业标准图像处理软件。本书全面介绍了该软件的各种功能以及图像的基本知识，并使用大量有趣的作品和示例展示了Photoshop的使用技巧和功能。每章都围绕着一个作品，在介绍软件操作的同时，将印刷桌面设计与输出技能特训内容合理分配其中，全面指导读者模拟实际岗位进行图像制作实训。把“应知知识”、“应会技能”、“专家建议”和“岗位能力的强化训练”有机结合，使读者在实际工作中少走弯路。

本书知识面广泛，不仅可作为平面设计、印刷工程、图文信息处理、数字媒体艺术专业的专业教材使用，由于教学步骤分解详细，还可作为自学及岗位培训教材使用。

图书在版编目（CIP）数据

Photoshop 完全创意手册／钟泽辉编.—北京：印刷工业出版社，2009.4
ISBN 978-7-80000-829-0

I. P… Ⅱ.钟… Ⅲ.图形软件，Photoshop CS3 Ⅳ.TP391.41

中国版本图书馆CIP数据核字（2009）第040380号

Photoshop 完全创意手册

编　　著：钟泽辉　杨　辉　邵　军

责任编辑：魏　欣　　　　责任校对：郭　平

责任印制：张利君　　　　责任设计：张　羽

出版发行：印刷工业出版社（北京市翠微路2号　邮编：100036）

网　　址：www.keyin.cn　　www.pprint.cn

网　　店：//shop36885379.taobao.com

经　　销：各地新华书店

印　　刷：北京多彩印刷有限公司

开　　本：787mm×1092mm　1/16

字　　数：400千字

印　　张：16.75

印　　数：1～3000

印　　次：2009年5月第1版　　2009年5月第1次印刷

定　　价：55.00元

ISBN：978-7-80000-829-0

◆ 如发现印装质量问题请与我社发行部联系　发行部电话：010-88275602　88275707

易学巧用

丛书编委会成员

前　言

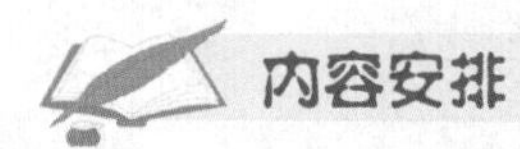

内容安排

本书共11章，每章具体内容安排如下：

第1章主要讲解 Adobe Photoshop 基础知识、常用术语、概念及其工作环境。

第2章主要讲解 Adobe Photoshop 画笔调板的使用，正确使用各种绘图编辑工具，区分不同绘图和编辑工具的功能，掌握不同的绘图混合模式。

第3章主要讲解包括创建规则和不规则选区的途径，熟练掌握选区和路径之间的转换。

第4章主要讲解 Adobe Photoshop 通道的基本概念和特性，正确使用通道和通道的相关选项。

第5章主要讲解图层的概念，熟悉图层的基本操作，熟悉图层样式的应用。

第6章主要讲解 Adobe Photoshop 各种文字工具的使用方法，学会文字的变形方法，掌握制作特殊效果文字。

第7章主要讲解图像的各种颜色调整方法，通过调整图像色彩明白与印刷叠印颜色变化的关系。

第8章主要讲解图像的扫描和色彩校正以及打印输出基本方法。

第9章主要讲解正确使用智能滤镜以及滤镜组中各个滤镜命令的效果、作用及参数设置方法。

第10章主要讲解 Photoshop 中的动画概念及创建使用方法，以及常用的动画制作方法。

第11章主要讲解综合实例，掌握图像处理的典型实例。

本书特色

本教程以“平面广告图像处理和设计制作与桌面出版”为中心，突出岗位技能培训特色，精心选择了印刷平面设计经典代表的图像处理与设计作品。本教程目标定义为“易学巧用”，使用语言简洁，首先对 Adobe Photoshop 软件基础实例操作提供翔实图例，然后通过范例进行练习，还将练习所需的范例原文制作成光盘，配套出版。

本书是强大、全面和最有帮助的 Adobe Photoshop 指南之一。不管您是对 Photoshop 感兴趣的初学者，还是经验丰富的专业设计人员，都可以从本书找到需要的内容并从中受益。

本书在编著过程中参考了许多文献资料，在此谨致谢意。由于作者水平有限，恳请读者对本书中不足之处提出批评指正。

编　者

2009 年 2 月

目录

Contents

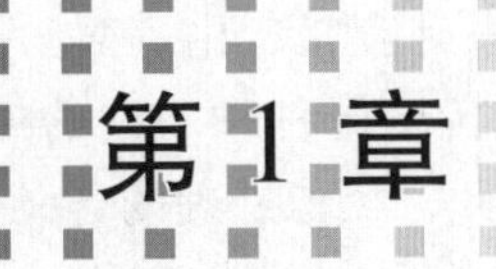

第1章 Adobe Photoshop 基础知识

学习要点

◇掌握 Photoshop 中的常用术语、概念及其主要功能。

◇掌握 Photoshop 中常用的图像模式及使用范围。

◇初步熟悉 Photoshop 的工作环境。

Photoshop 的主要学习内容有绘制图像、合成图像、修改图像。绘制图像主要依靠路径工具，要求有一定的专业绘画基础；合成图像应用于广告行业的合成图片；修改图像用于修改数码图片，调整图片的色彩。

1.1 图像基本知识

印前图文处理系统基本工艺为彩色图像输入调整处理、图形设计制作、文字编辑处理、版面设计、图文合成、印前拼版、图文输出等工艺流程。其中图像是人类用来表达和传递信息的重要手段，是大众传媒的主要对象，在人们的日常生活、教育、工业生产、科学研究、经济和社会发展等领域有着举足轻重的作用。

1.1.1 图像处理的三元素

印前图文处理系统处理元素指组成版面的图像、图形、文字三大类。如图 1－1 所示，图像是由扫描仪、数码照相机等输入设备捕捉实际的画面产生的数字图像，是由像素点阵构成的位图，通常由 Adobe Photoshop 图像软件处理。如图 1－2 所示，鞋子是由 Adobe Illustrator 绘制的超强写实作品，其图左是由计算机绘制的直线、圆、矩形、曲线等外部轮廓线条构成的矢量图，图右是通过线、面和渐变等颜色填充后成为矢量图鞋子，是绘制的，和真实鞋子通过照相成为照片的位图鞋子是不同的；图 1－3 是常用印刷字体，文字的排版通常由 Adobe InDesign 排版软件处理。

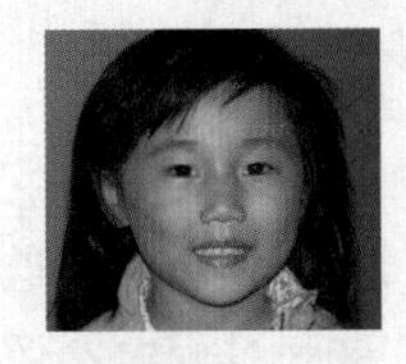

图 1－1

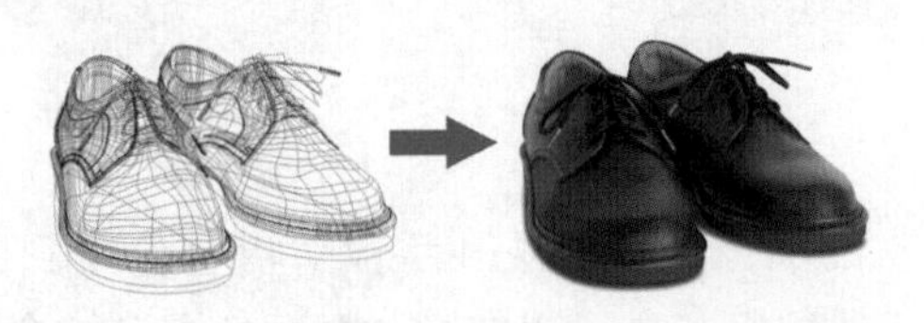

图 1－2

宋体黑体楷体隶书
综艺仿宋行楷标宋
琥珀彩云圆体姚体
舒体魏碑古印篆書

图 1－3

1.1.2 图像处理的主要内容

将客观世界实体或图片等通过不同的量化（数字化）手段送入计算机，由计算机按使用要求进行图像的平滑、增强、复原、分割、重建、编码、存储、传输等种种不同的处理，需要时把加工处理好的图像重新输出，这个过程称为图像处理。因此，图像处理的含义是用计算机对图像进行加工处理以得到某种预期的效果，它本质上是一种二维数字信号处理技术。

1.1.3 数字图像处理的特点

为了使各类图像均能用计算机来处理，需要将非数字图像转换为数字图像，即把二维平面上反射光强（或透射光强）连续分布的图像转换为与原稿对应的、以二维数组表示的数字图像。这样的转换过程包括抽样和量化两个方面，抽样并经量化后的每一个点称为图像的像素。数字图像处理具有再现性好、处理精度高、适用面宽、灵活性高的特点。

1.1.4 印刷桌面制版系统图像处理的特点

桌面制版的目标之一是尽可能忠实地再现原稿，所处理的图像往往是彩色的，其处理方式与其他图像处理相比有某些特殊的地方，主要表现在：

（1）桌面制版系统在将图像数字化时不像其他领域那样将所有主色合并，只需原图像的灰度信息，而是力求忠实地保持原稿的颜色特征。因为尽可能完整地保留原稿的颜色特征对准确的图文复制是至关重要的。

（2）桌面制版系统在图像输入时需要将原稿分解为三个色光主色（红、绿、蓝）的图像，如图 1－4 所示。对应输出为三个印刷油墨主色（品红、黄、青）的图像，印刷还有一个黑版，这称为分色，如图 1－5 所示。

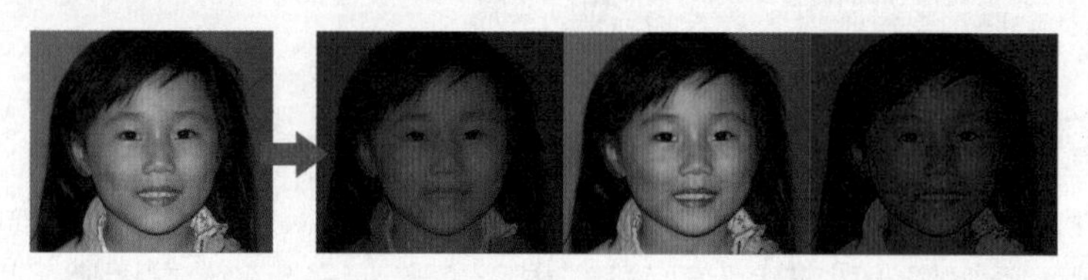

图 1－4

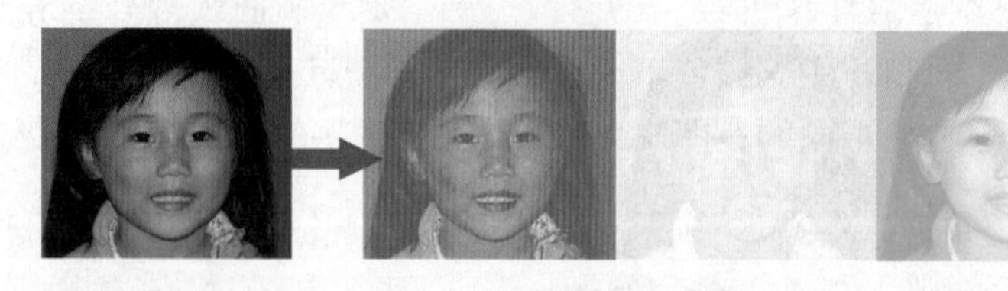

图 1－5

（3）完成分色后可以用通常的图像处理方法和手段对由分色得到的一组三个颜色通道的灰度图像进行并行的处理，处理过程中显示图像时三个颜色通道被合并，这一过程由图像处理软件实时、自动进行。

（4）处理过程中还要进行颜色空间转换，同时要考虑颜色信息的损失要尽可能地小。

（5）完成处理后，为丰富图像的阶调层次，需根据彩色复制特点按某种原则生成黑版，以与四色套印工艺相吻合。在生成黑版时，需按照彩色复制工艺与原稿特点设置相关参数，这可以在图像处理软件中完成，也可以在专用分色软件中进行。

1.1.5 图像基本概念

1. 像素

像素（Pixel）是 Photoshop 中组成图像的最基本单元，一个图像通常由许多像素组成，这些像素被排成横行或纵列。当用缩放工具将图像放到足够大时，会出现类似马赛克的效果，如图 1－6所示。每一个小矩形块就是一个像素，每个像素都有不同的颜色值，也可称之为栅格。

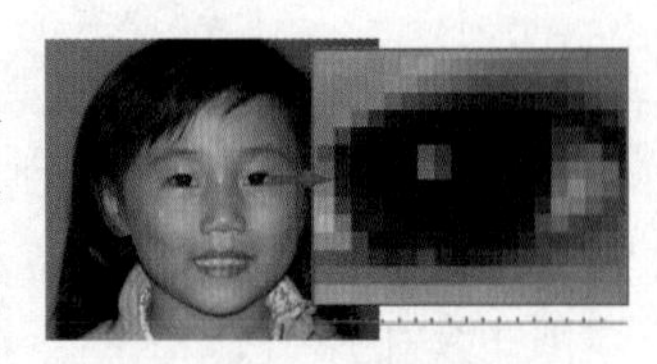

图 1－6

2. 像素图

像素图也被称为点阵图，用数字任意描述像素点、强度和颜色。描述信息文件存储量较大，所描述对象在缩放过程中会损失细节或产生锯齿，如图 1－7所示。矢量图是由 Adobe Illustrator 等图形软件产生，如图 1－8 所示，它由一些用数学方式描述的曲线组成，其基本组成单元是锚点和路径，无论缩放多少，矢量图的边缘都是平滑的，适用于平面设计师、网页设计师以及动漫设计师等，他们用它来制作商标、包装设计、海报、手册、插图以及网页等。在 Photoshop 中也有绘制矢量图形的功能，使用起来更加灵活、方便。

图 1－7

图 1－8

3. 图像分辨率

图像显示设备分辨力即每英寸所包含的像素数量，单位是 ppi（pixels per inch）。图像分辨率越高，所包含的像素越多，图像就有越多的细节，颜色过渡就越平滑，文件也就越大。通常文件的大小是以“兆字节”（MB）为单位的。

印前设备输出分辨力是以 dpi（dots per inch，每英寸所含的点）为单位，通常激光打印机的输出分辨力为 300～600 dpi，照排机或计算机直接制版机（CTP）要达到 1200～2400 dpi 或更高。

印刷设备的印刷分辨力是以 lpi（lines per inch，每英寸所含的线数）为单位，通常胶印印刷机的分辨力为 133～200 lpi，其中以 175 lpi 为主。如图 1－9 所示。

通过扫描仪获取图像时，要设定扫描分辨率，通常是胶印机的印刷分辨力的 1.5～2 倍，如印刷要求为 175 lpi，则扫描分辨率设定为 300～350 ppi，就可以满足高分辨率输出的需要。

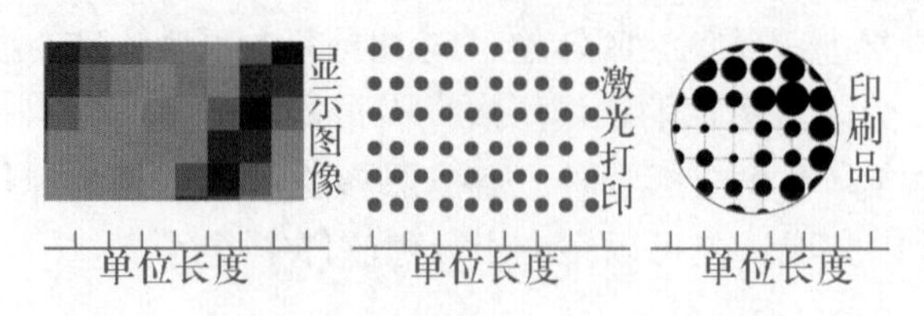

图 1-9

扫描时分辨率应该设得比较高，这样图像可以获得足够的信息，通过 Photoshop 来减少图像分辨率则不会影响图像的质量。若扫描时分辨率设得比较低，通过 Photoshop 来提高图像分辨率的话，则由 Photoshop 利用差值运算来产生新的像素，这样会造成图像模糊、层次差，不能忠实于原稿。用于网络电脑屏幕显示的图像分辨率可以是 72 ppi。

4. 颜色深度

颜色深度（Color Depth）用来度量图像中有多少颜色信息可用于显示或打印像素，其单位是“位”（bit），也称为位深度。常用的颜色深度是 1 位、8 位、24 位和 32 位。较大的颜色深度意味着数字图像具有较多的可用颜色和较精确的颜色表示。

1.1.6 颜色模型和模式

简单地说，颜色模型是用于表现颜色的一种数学算法，常见的颜色模型包括 HSB、RGB、CMYK 和 CIE L*a*b*。

Photoshop 常见的颜色模式包括位图（Bitmap）模式、灰度（Grayscale）模式、双色调（Duotone）模式、RGB 模式、CMYK 模式、Lab 模式、索引颜色（Indexed Color）模式、多通道（Multichannel）模式、8 位/通道模式和 16 位/通道模式。

通道是 Photoshop 中的一个重要概念，每个 Photoshop 图像都具有一个或多个通道，每个通道都存放着图像中的颜色信息。默认情况下，位图模式、灰度模式、双色调模式以及索引颜色模式中只有一个通道，RGB 模式和 Lab 模式中都有 3 个通道，CMYK 模式中有 4 个通道，其默认的 4 个通道分别用来存放 C（青色）、M（品红）、Y（黄色）和 K（黑色）的颜色信息。除了默认的颜色通道，还有叫做 Alpha 通道的额外通道添加到图像中，其通常用来存放和编辑选区，并且可添加专色通道。

1. HSB 模型

HSB 模型是基于人眼对色彩的观察来定义的，在此模型中，所有的颜色都用色相或色调（Hue）、饱和度（Saturation）和明度（Brightness）3 个特性来描述。

（1）色相是与颜色主波长有关的颜色物理和心理特性。从实验可知，不同波长的可见光具有不同的颜色，众多波长的光以不同比例混合可以形成各种各样的颜色，但只要波长组成情况一定，那么颜色就确定了，如图 1-10 所示。非彩色（黑、白、灰色）不存在色相属性。所有色彩（红、橙、黄、绿、青、蓝、紫等）都是表示颜色外貌的属性，即色相，有时也将色相称为色调。简单来讲，色相或色调一般用“°”来表示，范围是 0°~360°，如图 1-11 所示。

（2）饱和度是颜色的强度或纯度，表示色相中灰色成分所占的比例。通常以“%”来表示，范围是 0~100%。

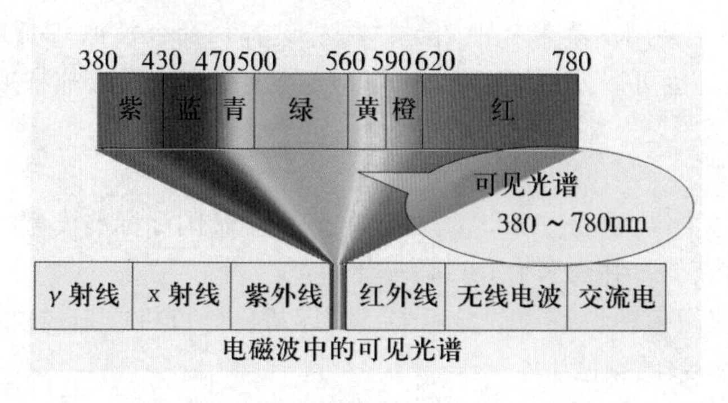

图 1－10

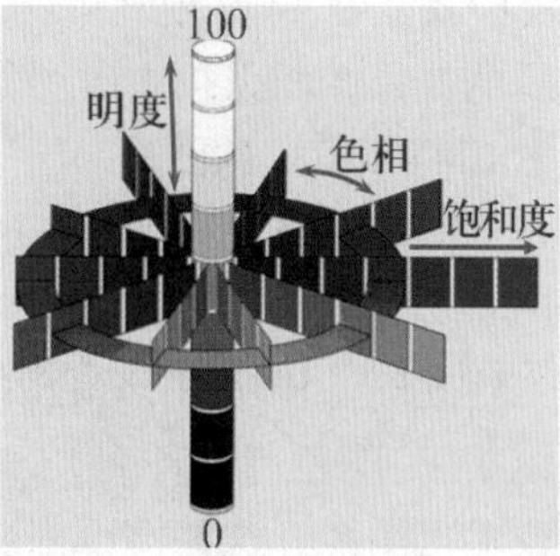

图 1－11

（3）明度是颜色的相对明暗程度，通常也是以 0（黑色）~100%（白色）来度量。

2. RGB 模型和模式

Photoshop 的 RGB 模式使用 RGB 模型，将红（R）、绿（G）、蓝（B）3 种基色按照从 0 到 255 的亮度值在每个色阶中分配，从而指定其色彩。当不同亮度的基色混合后，便会产生出 256×256×256 种颜色，约为 1678 万种。例如，一种明亮的红色其各项数值可能是 R＝246、G＝20、B＝50。当 3 种基色的亮度值相等时，产生灰色；当 3 种亮度值都为 255 时，产生纯白色；当 3 种亮度值都为 0 时，产生纯黑色。3 种色光混合生成的颜色一般比原来的颜色亮度值高，所以 RGB 模型又被称为色光加色法。加色用于光照、视频和显示器，如图 1－12 所示。

3. CMYK 模型和模式

如果图像用于印刷，应使用 CMYK 模式，如图 1－13 所示。青（Cyan）、品红（Magenta）、黄（Yellow）和黑（Black）在印刷中代表 4 种颜色的油墨。在 CMYK 模型中由光线照到不同比例青、品红、黄和黑油墨覆盖的纸上，部分光谱被吸收后，反射到人眼中的光产生颜色。由于青、品红、黄、黑在混合成色时，随着 4 种成分的增多，反射到人眼中的光会越来越少，光线的亮度会越来越低，所以 CMYK 模型产生颜色的方法又被称为色光减色法。

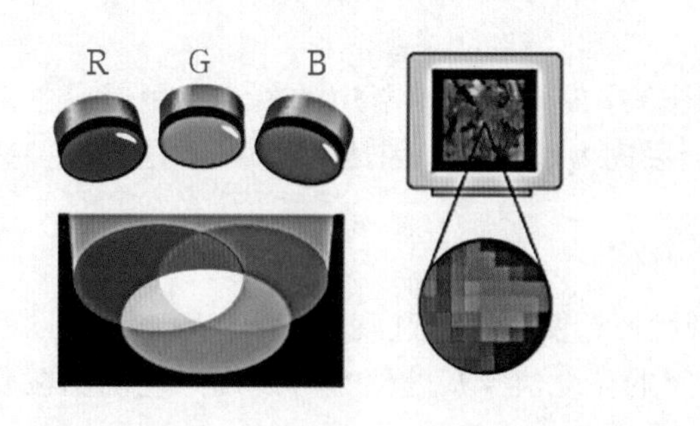

图 1－12

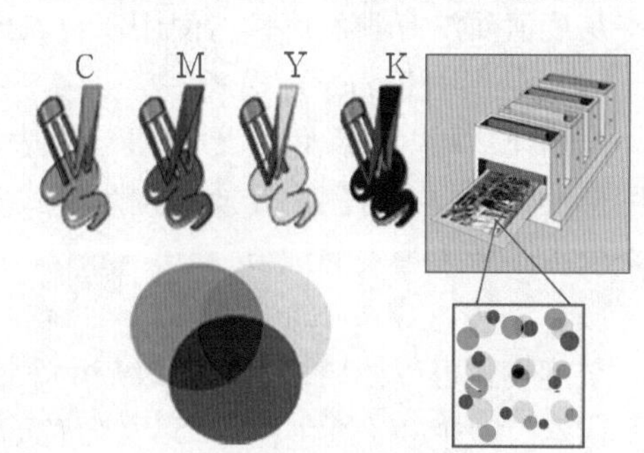

图 1－13

在 Photoshop 的 CMYK 模式中，最亮（高光）颜色指定的印刷油墨颜色百分比较低，而为较暗（暗调）颜色指定的百分比较高，即从 0~100% 依次变暗。将 RGB 模式的图像转换为 CMYK 模式即产生分色。如果由 RGB 模式的图像开始，最好先编辑，然后再转换为

CMYK 模式。在 RGB 模式下，可以直接使用从菜单“视图”<“校样设置”命令模拟 CMYK 转换后的效果，而无须更改图像数据。也可以使用 CMYK 模式直接处理从高档系统扫描或导入的 CMYK 模式的图像。

4. CIE L*a*b*模型和 Lab 模式

L*a*b*颜色模型是在 1931 年国际照明委员会（CIE）制定的颜色度量国际标准模型的基础上建立的，1976 年该模型经过重新修订并命名为 CIE L*a*b*。

L*a*b*颜色与设备无关，无论使用何种设备（如显示器、打印机、计算机或扫描仪）创建或输出图像，这种模型都能生成一致的颜色。

Lab 模式是 Photoshop 在不同颜色模式之间转换时使用的中间颜色模式。

在 Photoshop 的 Lab 中（名称中去掉了星号），亮度分量（L）范围为 0~100。在 Adobe 拾色器和颜色调板中，a 分量（绿色到红色轴）和 b 分量（蓝色到黄色轴）的范围为 +127~-128。

在 Photoshop 使用的各种颜色模型中，L*a*b*模型具有最宽的色域（色域是颜色系统可以显示或打印的颜色范围。人眼看到的色谱比任何颜色模型中的色域都宽），包括 RGB 和 CMYK 色域中的所有颜色。CMYK 色域较窄，仅包含使用印刷色油墨能够打印的颜色。当不能打印的颜色显示在屏幕上时，称其为溢色（超出 CMYK 色域范围）。在 RGB 模式下，可以采用以下方式来辨别颜色是否超出色域：

（1）在“信息”调板中，每当将指针移到溢色上，CMYK 值的旁边都会出现一个惊叹号。

（2）当选择了一种溢色时，拾色器和“颜色”调板中都会出现一个警告三角形，并显示最接近的 CMYK 等价色。要选择 CMYK 等价色，请点按该三角形或色块。

（3）可以使用“色域警告”命令来搜索溢色。

5. 其他颜色模式

Photoshop 还支持（或处理）其他的颜色模式，这些颜色模式包括位图模式、灰度模式、双色调模式、索引颜色模式和多通道模式，它们都有其特殊的用途。例如，灰度模式的图像只有灰度值而没有颜色信息；使用双色调模式可生成一些有特殊颜色效果的图像。

（1）位图（Bitmap）模式

位图模式用两种颜色（黑和白）来表示图像中的像素。由于位图模式只用黑白色来表示图像的像素，在将图像转换为位图模式时会丢失大量细节，因此 Photoshop 提供了一些算法来模拟图像中丢失的细节。

（2）灰度（Grayscale）模式

灰度模式可以使用多达 256 级灰度来表现图像，使图像的过渡更平滑细腻。灰度图像的每个像素有一个 0（黑色）~255（白色）之间的亮度值。灰度值也可以用黑色油墨覆盖的百分比来表示（0% 为白色，100% 为黑色）。

（3）双色调（Duotone）模式

双色调模式采用 2~4 种彩色油墨混合其色阶来创建双色调（2 种颜色）、三色调（3 种颜色）和四色调（4 种颜色）的图像。在将灰度图像转换为双色调模式的图像过程中，可以对色调进行编辑，产生特殊的效果。使用双色调模式的重要用途之一是使用尽量少的颜色表现尽量多的颜色层次，这对于减少印刷成本是很重要的，因为在印刷时，每增加一种色调都需要更大的成本。

（4）索引颜色（Indexed Color）模式

索引颜色模式是网上和动画中常用的图像模式，当彩色图像转换为索引颜色模式的图像后变成近 256 种颜色。索引颜色图像包含一个颜色表。如果原图像中的颜色不能用 256 色表现，则 Photoshop 会从可使用的颜色中选出最相近的颜色来模拟这些颜色，这样可以减小图像文件的大小。

（5）多通道（Multichannel）模式

多通道模式对于有特殊打印要求的图像非常有用。例如，如果图像中只使用了一两种或三种颜色时，使用多通道模式可以减少印刷成本并保证图像颜色的正确输出。

（6）8 位/通道和 16 位/通道（Bit/Channel）模式

在灰度、RGB 或 CMYK 模式下，可以使用 16 位/通道来代替默认的 8 位/通道。根据默认情况，8 位/通道中包含 256 个灰阶，如果增加到 16 位，每个通道的灰阶数量为 65536，这样能得到更多的色彩细节。Photoshop 可以识别和输入 16 位/通道图像，但对于这种图像限制很多，所有的滤镜都是不能使用的，另外，16 位/通道模式的图像不能被印刷。

6. 颜色模式的转换

为了能够在不同场合正确输出图像，有时需要把图像从一种模式转换为另一种模式。Photoshop 通过执行“图像”>“模式”（Image > Mode）子菜单中的命令，来转换需要的颜色模式。由于有些颜色模式在转换后会损失部分颜色信息，因此，在转换前最好为其保存一个备份文件，以便在必要时恢复图像。

（1）将彩色模式转换为灰度模式的图像

将彩色模式转换为灰度模式图像时，Photoshop 会扔掉原图像中所有的色彩信息，而只保留像素的灰度级。灰度模式可作为位图模式和彩色模式相互转换的中介模式。

（2）将其他模式的图像转换为位图模式

将其他模式的图像转换为位图模式会使图像颜色减少到两种，这样就大大简化了图像中的颜色信息，并减小了文件大小。要将图像转换为位图模式，必须首先将其转换为灰度模式，这会去掉像素的色相和饱和度信息，而只保留明度值。由于只有很少的编辑选项能用于位图模式图像，所以最好是在灰度模式中编辑图像，然后再转换。

在灰度模式中编辑的位图模式图像转换为位图模式后，看起来可能不一样。例如，在位图模式中为黑色的像素，在灰度模式中经过编辑后可能会是灰色。如果像素足够亮，当转换回位图模式时，它将成为白色。

（3）将其他模式转换为索引颜色模式

在将彩色模式转换为索引颜色模式时，会删除图像中的很多颜色，而仅保留其中的 256 种颜色，这是许多多媒体动画应用程序和网页所支持的标准颜色数。只有灰度模式和 RGB 模式的图像可以转换为索引颜色模式。由于灰度模式本身就是由 256 种颜色灰度构成，因此转换为索引颜色后无论颜色还是图像大小都没有明显的差别。但是将 RGB 模式的图像转换为索引颜色模式后，图像的大小将明显减小，同时图像的视觉品质也将受损。

（4）将 RGB 模式图像转换成 CMYK 模式图像

如果将 RGB 模式图像转换成 CMYK 模式图像，图像中的颜色就会产生分色，颜色的色域就会受到限制。因此，如果图像是 RGB 模式的，最好在 RGB 模式下编辑完成后，再转换成 CMYK 模式图像进行输出和印刷。

（5）利用 Lab 模式进行模式转换

在 Photoshop 所能使用的颜色模式中，Lab 模式的色域最宽，它包括 RGB 和 CMYK 色域中的所有颜色。所以使用 Lab 模式进行转换时不会造成任何色彩上的损失。Photoshop 便是以 Lab 模式作为内部转换模式来完成不同颜色模式之间转换的。例如，将 RGB 模式的图像转换为 CMYK 模式时，计算机内部首先会把 RGB 模式转换为 Lab 模式，然后再将 Lab 模式的图像转换为 CMYK 模式的图像。

（6）将其他模式转换为多通道模式

多通道模式可通过转换颜色模式和删除原有图像的颜色通道得到。将 CMYK 图像转换为多通道模式可创建由青、品红、黄和黑色专色构成的图像。将 RGB 图像转换为多通道模式可创建由青、品红和黄专色构成的图像。从 RGB、CMYK 或 Lab 图像中删除一个通道会自动将图像转换为多通道模式，原来的通道被转换为专色通道。

专色是特殊的预混油墨，用来替代或补充印刷四色油墨；专色通道是可为图像添加预览专色的专用颜色通道。

7. **出血位**

印刷术语“出血位”又称“出穴位”。其作用主要是保护成品裁切时，有色彩的地方在非故意的情况下，做到色彩完全覆盖到要表达的地方。举个例子：想要一张印在白纸上的实心圆圈，大家用剪刀剪，如果大家按圆圈的边缘剪，不管多认真，且不管剪得圆不圆，都会或多或少地留下一点没有剪出的白纸而使黑色圆圈带一点白边，让人感到不是太舒服。如果在做这实心圆圈时，将色彩的界线稍微溢出，也就是加大，这样就为不会留下白边而增加了一分保险。实际工作中，如图 1 - 14 所示，例子中的圆圈就是各种形状的包装展开图形，例子中的黑色也可以是其他颜色。

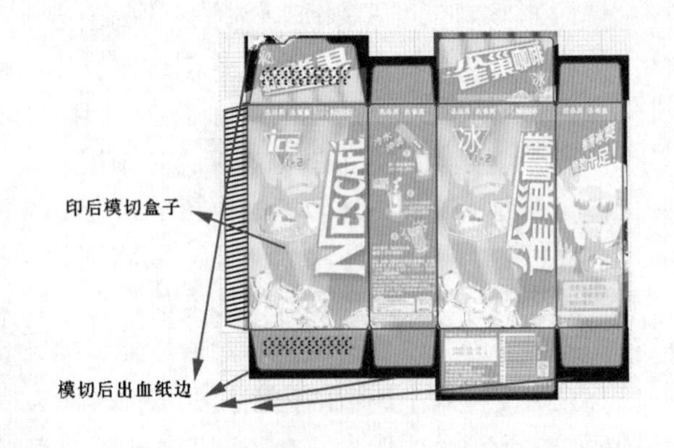

图 1 - 14

所用出血大小取决于其用途以及印后加工工艺。一般印刷出血（即溢出印刷页边缘的图像）至少要有 3 mm。印刷厂也可以就特定作业所需的出血大小提出建议，例如瓦楞纸较厚，通常需扩大 5 ~ 10 mm。假如是单页形式的印刷品，拼版时中间（垂直中线）拼接部分留 6 mm 出血边，即每个单页四边均留 3 mm 出血，需要切两刀。如果印刷品没有出血的图片、底纹，或完全是一色底纹等，可以不考虑出血边的方法拼版，中间切一刀即可。

1.1.7 常见图形图像文件格式应用特点

每一种图像文件格式在保存图像数据时都有较大差异，而且在保存质量或压缩等方面各有所长，因此，只有掌握正确的文件格式特点后，才能根据工作需要选择不同格式的文件进行工作。

1. TIFF 格式特点

TIFF（Tagged Image File Format，标记图像文件格式）是一种点阵图像描述文件格式。格式特点：

（1）跨平台的格式。

（2）支持多种图像模式。

（3）支持 Alpha 通道。

（4）提供 LZW 压缩（无损压缩）选项。

（5）读取和存储图像中的注释词。

2. EPS 格式特点

EPS（Encapsulated PostScript，被封装的 PostScript 格式）是一个 PostScript 语言的文本文件和一个（可选）低分辨率的由 PICT 或 TIFF 格式描述的代表像组成。格式特点：

（1）用于存储其他格式不支持的图像模式。

（2）包含加网信息。

（3）包含传递函数。

（4）使图像中的白色区域保持为透明。

（5）保存分色设置信息。

（6）保存专色。

3. JPEG 格式特点

JPEG（Joint Photographic Experts Group），一种压缩图像数据的方法，由于用途广而被认为是图像格式的一种。它主要用于硬件实现，但也用于 PC 机、Mac 机和工作站上的软件。格式特点：

（1）存储空间。当压缩比取得不太大时，由 JPEG 解压程序重建后的真彩色图像与原始图片相比，几乎看不出区别。图像可以节省空间。

（2）颜色损失问题。JPEG 采用的是“有损压缩”，即以损失质量为代价的压缩方式。选用 JPEG 压缩图像时需在文件大小和颜色损失上做出权衡。

4. PDF 格式特点

PDF（Portable Document Format，可携带式文件格式），为电子文件的多种输出目标而制定的格式，它以 PostScript 技术为基础，可同时显示矢量和位图两种形式，在印前领域和电子出版中都有广泛应用。印刷技术已选定 PDF 作为印刷数字传递标准的基础。格式特点：

（1）文件输出控制。

（2）分色。

（3）对页面图文状态设置。

（4）支持开放印前界面。

（5）支持双字节字符编码。

（6）可通过 Exchange 输出 PostScript 或 EPS 文件。

（7）字符纠正。

PDF 格式的优点：

①PDF 包括输出所需的一切信息。PDF 不仅包括字体、图像和图形，还可把储存生产与

处理要求的信息。

②PDF 具有页面独立性，与设备无关性以及对跨平台的支持。

③PDF 是对所有文档可使用一致、可预测和可靠的格式。

④在输出前可实现最后阶段的文本编辑。

⑤PDF 文件小，利于传输。

5. PostScript 格式（PS 格式）特点

PostScript 格式是桌面排版的标准，结合了许多高级的图形功能，如 36 位 RGB、单色和彩色的标准化和校正、矢量和位图图像、矢量字模和图像的线形变换。PS 格式是可以直接向打印设备输出的文件格式，其图形描述部分以打印设备（照排设备）的指定分辨率还原为光栅图像点阵，若还有像素图像，其输出分辨率则由图像固有的分辨率决定，而图像的网目调加网参数则要通过应用软件或输出软件设置。

6. Photoshop 格式（简称为 PSD 格式）特点

Photoshop 格式的缩写是 PSD，对于新建的图像文件，Adobe 提供的 Photoshop 格式是内定的格式，也是唯一可支持所有图像模式的格式，包括位图、灰度、双色调、索引颜色、RGB、CMYK、Lab 和多通道模式等。它可以支持所有 Photoshop 的特性，包括 Alpha 通道、专色通道、多种图层、剪贴路径、任何一种色彩深度或任何一种色彩模式；它是一种常用工作状态的格式，因为它可以包含所有的图层和通道的信息，所以可随时进行修改和编辑。当存储为 PSD 格式时，Photoshop 通过 RLE（Run Length Encoding）方式进行图像的压缩和优化，这种方式是一种无损失的方式，没有像素信息的改变。

1.2 Adobe Photoshop CS3 新特性

Photoshop CS3 是目前世界上最畅销的图像编辑软件，它已经成为众多涉及图像处理行业的标准，其应用领域已深入到广告、影视娱乐、建筑、装饰装潢等各个行业。CS 的意思是 Creative Suit 的缩写，与前面几代产品比较，Photoshop CS3 更具有创造性，在实际设计过程中更能激发设计者的创新能力，更快地进行设计，提高图像质量。

1. 提高效率

（1）简化的界面。如图 1 - 15 所示，默认 Photoshop 工作区：A 为文档窗口；B 为停放折叠为图标的面板；C 为面板标题栏；D 为菜单栏；E 为选项栏；F 为“工具”调板；G 为“折叠为图标”按钮。

（2）导出 Zoomify。以 Zoomify 格式导出全分辨率图像，能够在互联网上显示图像或通过电子邮件发送图像，而无须先降低图像的分辨率，以便查看者平移和缩放该图像以查看更多的细节。下载基本大小的图像与下载同等大小的 JPEG 文件所花费的时间一样。Photoshop 会导出 JPEG 文件和 HTML 文件，可以将这些文件上传到 Web 服务器。具体方法：选择“文件” > “导出” > “Zoomify 导出”并设置导出选项，如图 1 - 16 所示。其中模板：设置在浏览器中查看的图像的背景和导航；输出位置：指定文件的位置和名称；图像拼贴选项：指定图像的品质；浏览器选项：设置基本图像在查看者的浏览器中的像素宽度和高度。

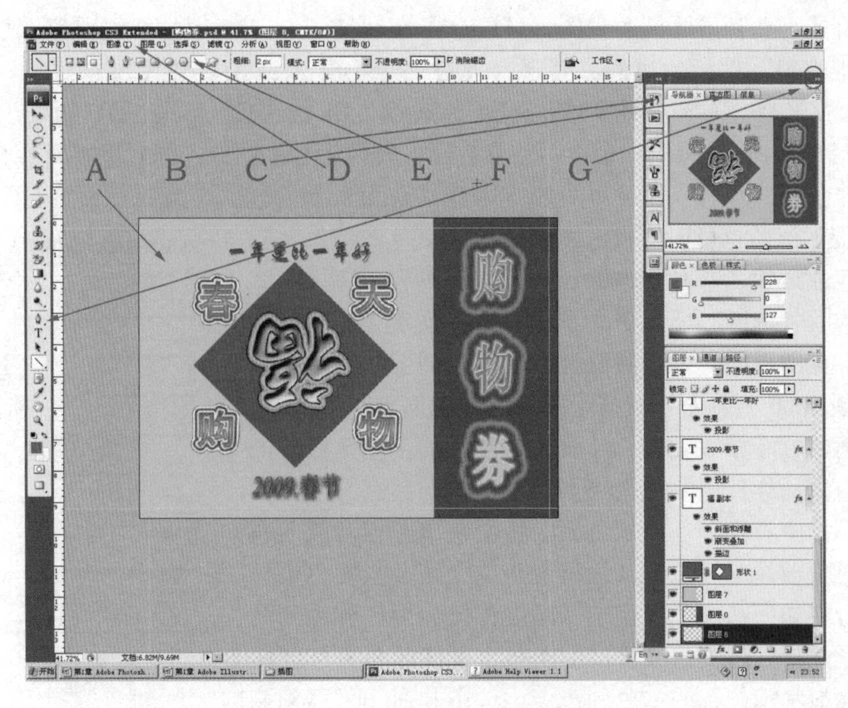

图 1－15

(3) 带有堆栈和滤镜的 Adobe Bridge CS3。在 Adobe Bridge 中使用新工具（放大镜、滤镜和堆栈工具）组织和管理图像。

(4) 改进的打印体验。可利用色彩管理和更好的打印预览功能更好地控制打印质量。

(5) Adobe Device Central。创建和查看用于在手机和其他移动存储设备上显示的图片，并预览照片在不同设备上的外观。

(6) 下一代 Camera Raw。可高质量地处理超过 150 种的数码相机的原始数据。也可以对 JPEG 和 TIFF 文件应用 Camera Raw 处理。

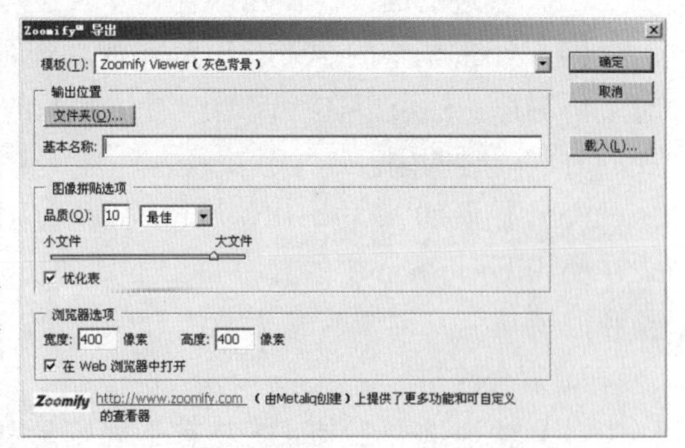

图 1－16

2. 图像编辑改进

(1) 智能滤镜。利用灵活的、非破坏性的智能滤镜，可以随时添加、替换和重新编辑这些滤镜。应用于智能对象的任何滤镜都是智能滤镜。智能滤镜将出现在“图层”调板中应用这些智能滤镜的智能对象图层的下方。由于可以调整、移去或隐藏智能滤镜，这些滤镜是非破坏性的。可以将任何 Photoshop 滤镜（除“抽出”、“液化”、“图案生成器”和“消失点”之外）作为智能滤镜应用。此外，可以将“阴影/高光”和“变化”调整作为智能滤镜应用。

要使用智能滤镜，请选择智能对象图层，选择一个滤镜，然后设置滤镜选项。应用智能滤镜之后，可以对其进行调整、重新排序或删除。

要展开或折叠智能滤镜的视图，可以单击在“图层”调板中的智能对象图层的右侧显示的“智能滤镜”图标旁边的三角形（此方法还会显示或隐藏“图层样式”）。或者，从“图层”调板菜单中选择“图层调板选项”，然后在对话框中选择“扩展新效果”。

（2）黑白转换。“黑白”命令可将彩色图像转换为灰度图像，同时保持对各颜色的转换方式的完全控制。也可以通过对图像应用色调来为灰度着色。“黑白”命令与“通道混合器”的功能相似，也可以将彩色图像转换为单色图像，并允许调整颜色通道输入。具体方法：选择“图像”>“调整”>“黑白”。如图 1－17 所示。其中预设：选择预定义的灰度混合或以前存储的混合。要存储混合，请从“调板”菜单中选择“存储预设”。自动：设置基于图像的颜色值的灰度混合，并使灰度值的分布最大化。“自动”混合通常会产生极佳的效果，并可以用作使用颜色滑块调整灰度值的起点。颜色滑块：调整图像中特定颜色的灰色调。将滑块向左拖动或向右拖动分别可使图像的原色的灰色调变暗或变亮。灰度色谱显示颜色成分将如何在灰度转换中变暗。将鼠标指针移动到图像上方时，此指针将变为吸管。单击某个图像区域并按住鼠标可以高亮显示该位置的主色的色卡。单击并拖动可移动该颜色的颜色滑块，从而使该颜色在图像中变暗或变亮。

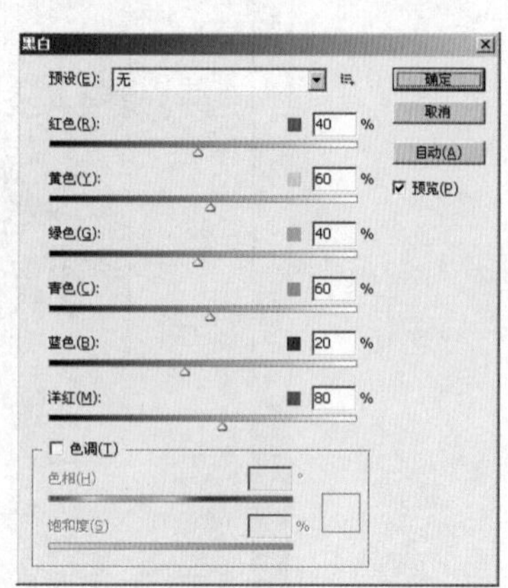

图 1－17

（3）改进的曲线。使用颜色校正预设以自动调整曲线。还可以创建自己的曲线预设。

（4）经过调整的、带有预览叠加功能的仿制和修复。控制多个仿制源，并旋转和缩放每个仿制源。还可以在绘制时查看仿制源的叠加。这些图章可以用来存储五个取样点，在需要的时候随时调用。

（5）扩展的 32 位 HDR 功能。捕获包围曝光然后将其合并到一个 32 位 HDR 图像中，使之在使用 Photoshop 中的几乎每个工具和功能（包括画笔、图层、选择工具以及其他图像调整和滤镜功能）时具有最大范围和保真度。

3. **复合改进**

（1）快速选择工具。为具有不规则形状的对象建立快速准确的选区，而无须手动跟踪该对象的边缘。只需使用画笔工具绘制选区并应用 Photoshop 的自动边缘改进即可获得更加准确的选区。

（2）调整边缘功能。可使用滑块控件通过扩展、收缩、羽化或平滑选区边缘来对其进行修改。调整边缘是一种用于修改选区边缘的简单灵活的方法。

（3）带有高级对齐混合的 Photo merge。获取 Photoshop 的有关创建高级复合图像的帮助。将带有重叠内容的图像置入单独的图层，并允许 Photoshop 分析内容并将图像无缝混合到相邻图像中。

4. **3D 和动画改进**

（1）支持 3D 的消失点。从任一角度在多个平面中以透视方式编辑图像，并以 3D 应用程序支持的格式导出 3D 信息。

（2）3D 可视化和纹理编辑。导入 3D 模型；更改模型位置、光照或渲染；编辑模型纹理；并轻松地将模型与 2D 内容复合。

（3）动画图形和视频图层。逐帧编辑视频，或向视频添加图层并创建要在每个帧中显示的编辑内容。“动画”调板现在包含带有关键帧功能的新时间轴以及基于帧的界面。

（4）影片绘制。使用 Photoshop 工具快速查找和编辑影片文件的任意帧。Photoshop 绘制、修饰和像素级编辑适用于影片文件的每个帧。

5. 全面的图像分析

（1）测量。为图像指定一个测量比例，并用准确的比例单位测量长度、面积、周长、密度或其他值。在测量记录中记录结果，并将测量数据导出到电子表格或数据库。

（2）标尺和计数工具。测量图像的距离，或对图像或选区中的特征计数。可以手动计数、自动计数或使用脚本。

（3）DICOM 文件支持。打开或编辑单帧或多帧放射图像，或者为其创建批注或动画。查看和编辑存储在 DICOM 文件中的元数据。

（4）MATLAB 支持。通过 MATLAB（Matrix Laboratory）命令提示符访问 Photoshop，运行图像处理例程并在 Photoshop 中查看结果。

（5）图像堆栈处理。组合多个图像并应用高级渲染选项以产生增强的复合图像，并去除杂色或不需要的内容。

6. 全面的工具（见图 1－18）

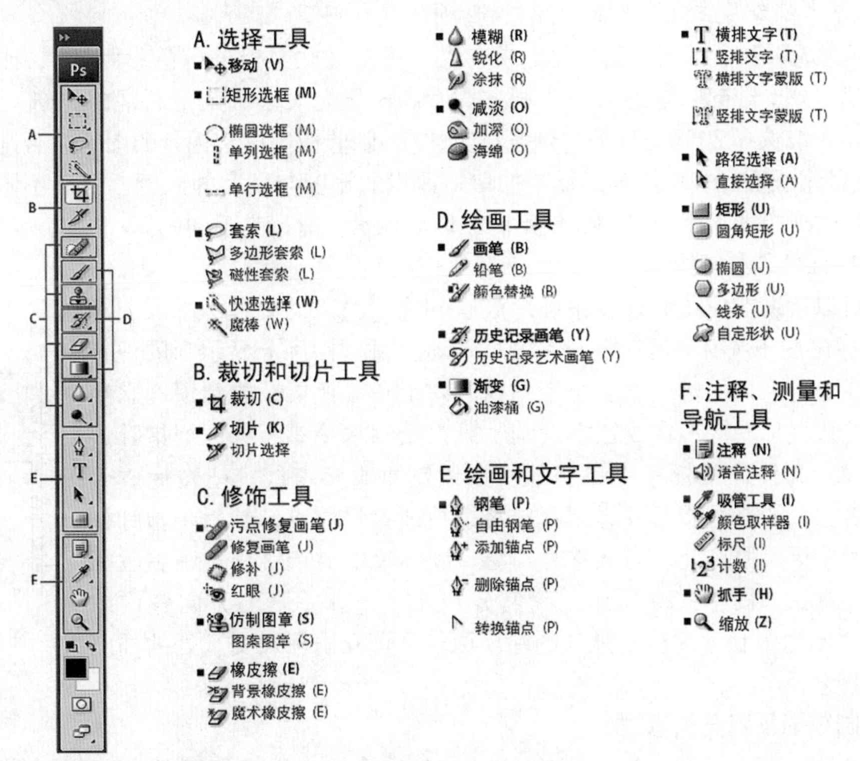

图 1－18

1.3 实例——购物证券设计与制作

下面我们通过一个实例来认识和练习 Adobe Photoshop。

1. 新建文件

用鼠标双击桌面 Adobe Photoshop CS3 应用软件图标，屏幕上出现 Adobe Photoshop CS3 的启动画面。启动画面消失后，单击菜单“文件” > “新建”文档按钮，出现新建文档对话框，如图 1－19 所示。其中“名称”选项可定义文件的名称；印刷平面设计通常应用“厘米”长度单位，而网络及影视用“点”等像素单位，购物证券制版尺寸为 13.5 × 9.5，其成品尺寸为 12.9 × 8.9，因为每边各有 3 mm 的“出血”边；“分辨率”选项指印刷输出要求，这里选 300；“颜色模式”选项，应用于印刷通常用“CMYK”，而网络及影视用“RGB”。“背景”有“白色”、“背景色”和“透明”三个选项，这里选白色。必要时，可单击“高级”按钮以显示更多选项。在“高级”下，选取一个颜色配置文件，或选取“不要对此文档进行色彩管理”，或选择一个网点扩大值（Dot gain），这通常由印刷方式及印刷压力大小决定，通常以 50% 处网点扩大值为基准，一般选择 20%。对于“像素长宽比”，除非使用用于视频的图像，否则选取“方形像素”。像素长宽比，用于描述帧中的单一像素的宽度与高度的比例。由于不同的视频系统对填充帧时所需的像素数目的假设不同，因此像素长宽比是不同的。

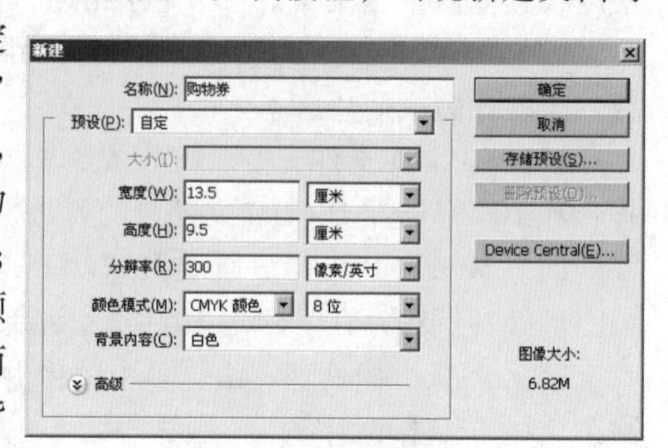

图 1－19

2. 使用标尺和参考线

标尺可以帮助在插图窗口中精确地放置和度量对象。要显示标尺，请选取“视图” > “标尺”。标尺在图像窗口的顶部和左侧显示。在每个标尺上显示 0 的位置称为标尺原点，默认的标尺原点位于图像的左上角。把指针放到顶部水平标尺处，按住鼠标左键不释放往下滑动，可以绘制水平参考线；把指针放到左侧标尺处，按住鼠标左键不释放可以绘制垂直参考线；把光标放到（标尺交叉之处），按住鼠标左键不释放可以更改标尺原点，然后将指针拖移到希望的新标尺原点处。当拖移时，窗口和标尺中的十字线表示更改标尺原点。注意：如图 1－20 所示，我们分别在水平和垂直两方向各内缩 3 mm作为“出血”位。要恢复默认的标尺原点，请双击标尺交叉处的插图窗口的左上角。

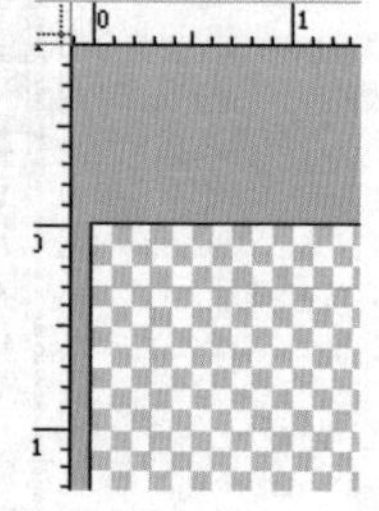

图 1－20

3. 绘制矩形及填充颜色

（1）如图 1－21 所示，第一步用鼠标在工具栏单击选中矩形绘图工具。第二步双击“前景色”图标，弹出拾色器对话框。第三步在对话框中输入颜色值 C20%、M100%、Y100%。

（2）如图 1－22 所示，第一步用鼠标在选项栏单击“填充像素”。第二步利用矩形绘图工具画出一个矩形，注意填充到出血位，即参考线外的 3 mm。

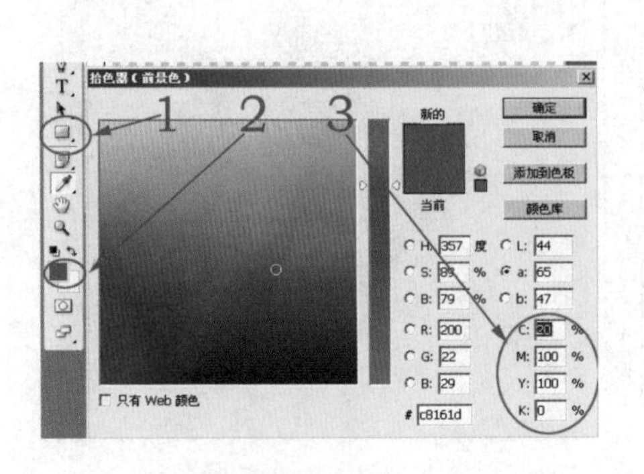

图 1－21

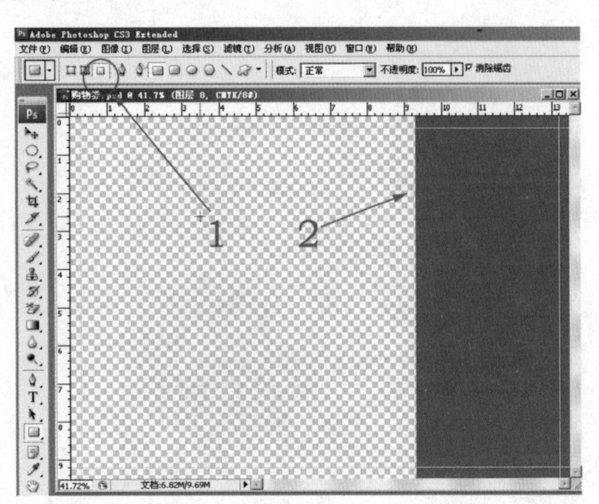

图 1－22

（3）如图 1－23 所示，同样画出黄色矩形，颜色值 C20%、Y100%。

（4）如图 1－24 所示，同样画出红色矩形，颜色值 M100%、Y100%。

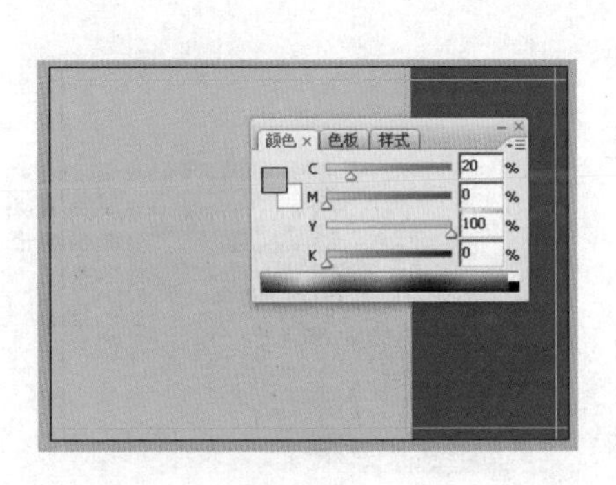

图 1－23

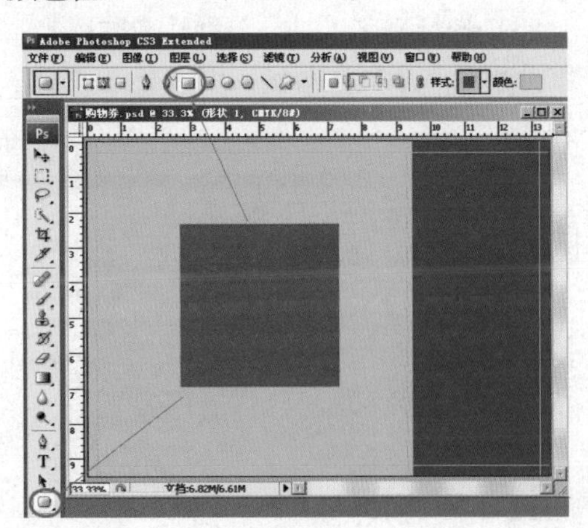

图 1－24

（5）用鼠标选中刚画的红色矩形，选择菜单“编辑”>“自由变换路径”（快捷键为“Ctrl＋T”），按住“Shift”键的同时旋转 45°（按“Shift”键可将旋转限制为按 15°增量进行），结果如图 1－25 所示。如果要按指定的角度旋转图像，请在选项栏角度（△）文本框中（图 1－25 中品红椭圆标志处）输入一个介于－359.99 和 359.99 度之间的角度。

4. 输入文字及应用样式

（1）处理“福”字。第一步选择文字工具（**T**），输入“福”字，如图 1－26 所示；第二步选中“福”字，打开菜单“窗口”>“样式”，选择如图所示样式；第三步选中

“福”字，在选项栏中选择字体、字号、颜色等与文字相关内容；第四步将“福”字旋转180°。

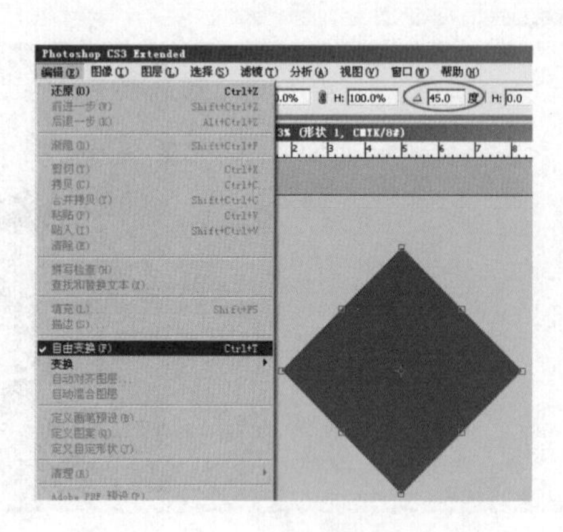

图1－25

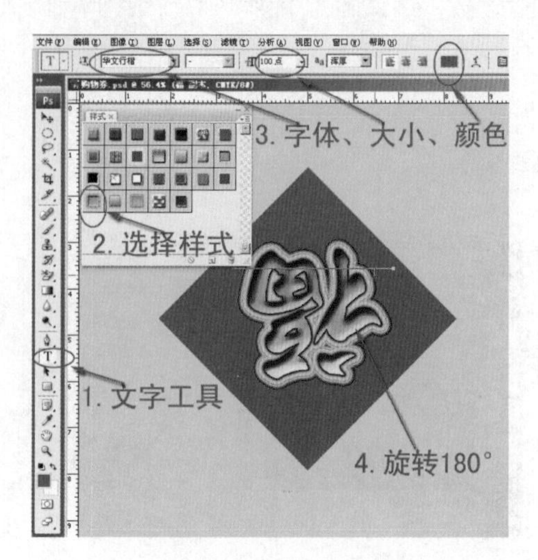

图1－26

（2）同样输入如图1－27所示文字，打开菜单“图层”>“图层样式”>“投影”，设置如图数据。

（3）选择文字工具，分别输入如图1－28所示文字“春”、“天”、“购”、“物”，这4个字分别在4个文本图层，用“移动工具”分别把这4个字放在合适位置。并选择如图所示样式。

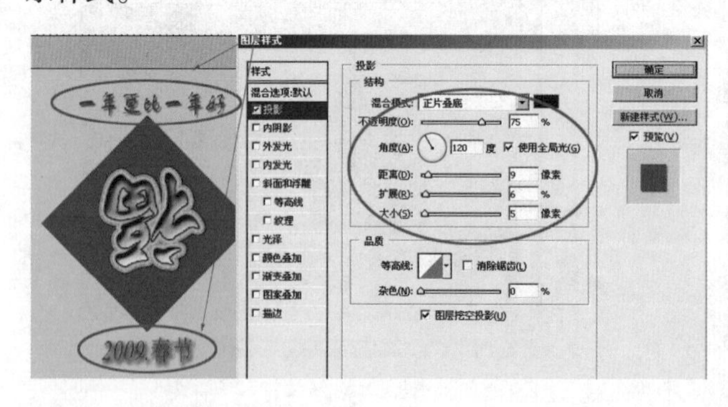

图1－27

图1－28

学会新建图层，要使用默认选项创建新图层或组，请单击“图层”调板中的“新建图层”按钮（▣），或者选取“图层”>“新建”>“图层”。在按住“Alt”键的同时，单击“图层”调板中的“新建图层”，以显示“新建图层”对话框并设置图层选项。在按住“Ctrl”键的同时，单击“图层”调板中的“新建图层”按钮，可以在当前选中的图层下添加一个图层。

（4）选择文字工具，注意单击（↓T）图标改变文字为垂直方向，输入“购物券”三个字，如图1－29所示，设置字体、字号、颜色等。

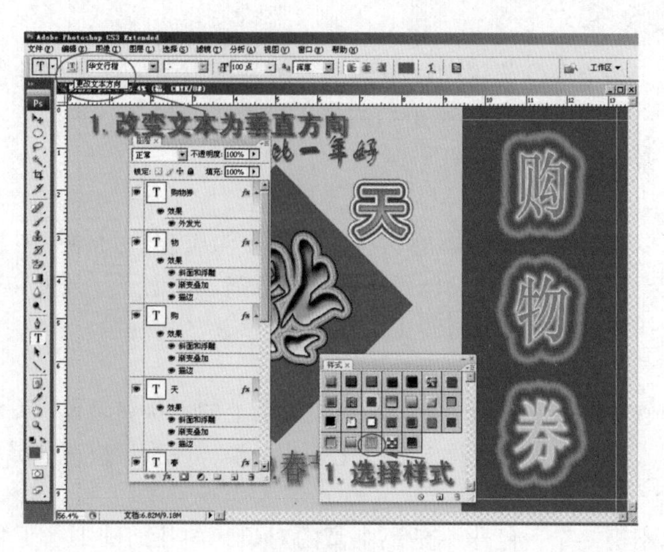

图 1－29

这样我们就完成如图 1－30 所示的购物券的制作，选择菜单“文件” > “存储”，保存为“购物券 . PSD”格式。

图 1－30

1.4 专家建议

1. 图形与图像的区别

在工作和生活中，很多人将图像与图形混为一谈，这对学习图像软件 Photoshop 和图形软件 Illustrator 来说增添了困惑。从科学与专业的角度来讲，这两者是有显著区别的：图形不是主观存在的，是我们根据客观事物而主观形成的；图像则是对客观事物的真实描述。下面给出简单的辨识方法：

（1）基本概念

图形（graphic）是指由外部轮廓线条构成的矢量图，即由计算机绘制的直线、圆、矩形、曲线、图表等；图像（image）是由扫描仪、摄像机等输入设备捕捉实际的画面产生的数字图像，是由像素点阵构成的位图。

（2）数据描述

图形用一组指令集合来描述图形的内容，如描述构成该图的各种图元位置维数、形状等。描述对象可任意缩放不会失真；图像用数字任意描述像素点、强度和颜色。描述信息文件存储量较大，所描述对象在缩放过程中会损失细节或产生锯齿。

（3）屏幕显示

图形使用专门软件将描述图形的指令转换成屏幕上的形状和颜色；图像是将对象以一定的分辨率分辨以后，将每个点的信息以数字化方式呈现，可直接快速在屏幕上显示。

（4）适用场合

图形描述轮廓不很复杂，色彩不是很丰富的对象，如几何图形、工程图纸、CAD、3D造型软件等；图像则表现含有大量细节（如明暗变化、场景复杂、轮廓色彩丰富）的对象，如照片、绘图等，通过图像软件可进行复杂图像的处理以得到更清晰的图像或产生特殊效果。

（5）编辑处理

图形通常用 Draw 程序编辑，产生矢量图形，可对矢量图形及图元独立进行移动、缩放、旋转和扭曲等变换。主要参数是描述图元的位置、维数和形状的指令与参数；图像用图像处理软件（Photoshop、Paint、Brush 等）对输入的图像进行编辑处理，主要是对位图文件及相应的调色板文件进行常规性的加工和编辑。但不能对某一部分控制变换。由于位图占用存储空间较大，一般要进行数据压缩。

（6）技术关键

图形技术关键是图形的控制与再现；图像技术关键是对图像进行编辑、压缩、解压缩、色彩一致性再现等。

（7）算法的区别

对图形，我们可以用几何算法来处理；对图像，我们可以用滤波、统计的算法。

（8）存储方式的区别

图形存储的是画图的函数；图像存储的则是像素的位置信息和颜色信息以及灰度信息。

（9）缩放的区别

图形在进行缩放时不会失真，可以适应不同的分辨率；图像放大时会失真，可以看到整个图像是由很多像素组合而成的。

（10）处理方式的区别

对图形，我们可以旋转、扭曲、拉伸等；而对图像，我们可以进行对比度增强、边缘检测等。

2. 学习 Photoshop 前的几点建议

（1）Photoshop 只是一个工具，不要把它看成是做什么都可以的软件，如很多初学者认为，照片本身拍摄不清晰不要紧，在 Photoshop 中锐化就可以了；照片曝光不正确不要紧，在 Photoshop 中调整就可以了等错误观点。

（2）学 Photoshop 并不难，难的是学会怎么用。

（3）不要试图掌握 Photoshop 的每一个功能，主要熟悉和你工作最相关的部分。

（4）不要看不起最基本的元素，往往看起来比较复杂的图像就是这些基本元素构成的。

（5）不要担心没有学过美术，一定用不好 Photoshop，学 Photoshop 要坚持，要有耐心。

（6）看到某个图像的教程请试着用同样方法做出其他的图像。

（7）时常总结、吸收自己和其他人的小窍门、技巧。

（8）学 Photoshop 首先掌握功能，然后掌握方法。

（9）学 Photoshop 要了解相关知识及行业要求，如影视、印刷、数码摄影等。

1.5 自我探索与知识拓展

（1）分析讨论自己身边的印刷品中哪些是图形、图像、文字，这对从事印前平面设计非常重要。其中文字可以在图形、图像、排版软件中分别制作，具有其软件相应的性质，能够合理利用图形、图像、排版各自软件的特点进行图文信息处理是选择和学好软件的重要基础。

（2）分析讨论自己身边的印刷品哪些需要做出血位。

（3）领会图像软件的特点，熟悉 Photoshop CS3 软件的界面及工作环境。

（4）上机练习如下图像。参照实例，我们将主要运用到绘制矩形（含圆角矩形）、新建图层、填充颜色、样式、输入文字及处理、图层样式等主要操作。

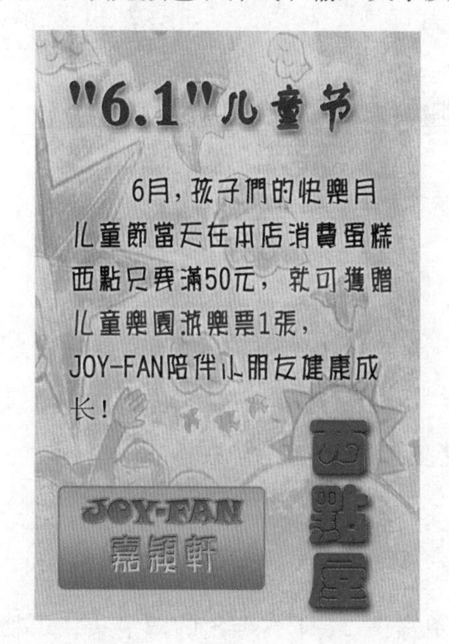

第2章 绘图修饰与图像编辑

学习要点

◇掌握画笔调板的使用，以及如何创建、编辑、删除和存储不同的画笔。

◇正确使用各种绘图编辑工具，掌握不同的绘图混合模式。

◇正确使用各种修饰工具，掌握图像的各种变形操作。

◇掌握图像的自动化处理。

2.1 绘图和编辑基础知识

2.1.1 更改画笔光标

绘图工具有三种可能的光标：标准光标（工具箱中的图标）、十字线和与当前选定的画笔笔尖的大小和形状相匹配的光标。可以在“光标”首选项对话框中更改画笔笔尖光标。执行“编辑” > “首选项” > “光标”命令，弹出“首选项”对话框，如图2-1所示，可以设置更改画笔光标。

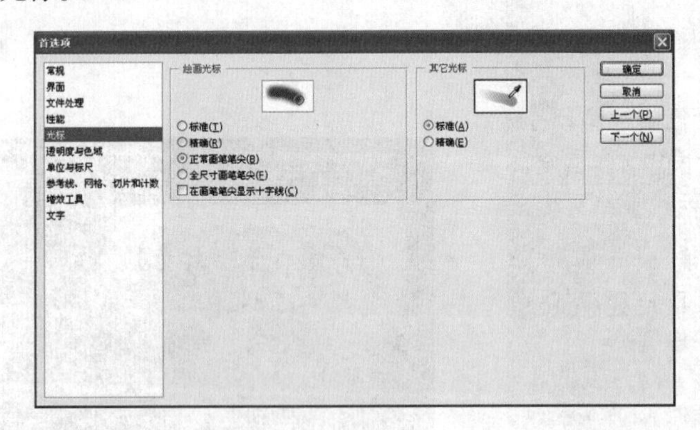

图2-1

2.1.2 颜色设定

默认情况下，前景色和背景色分别为黑色和白色，单击图2-2右上角的双箭头，可切换前景色和背景色，单击图2-2上角的小黑白图标，可将前景色和背景色切换到默认的黑色和白色。各种绘图工具画出的线条颜色是由工具箱中的前景色确定的，而橡皮擦工具擦除后的颜色则是由工具箱中的背景色决定的。

1. 拾色器

图 2－2

单击工具箱中的前景色或背景色图标，即可调出“拾色器”对话框，如图 2－3 所示。在对话框左侧，在任意位置单击鼠标，会有圆圈标示出单击的位置，在右上角就会显示当前选中的颜色，并且在“拾色器”对话框右下角出现其对应的各种颜色模式定义的数据显示，包括 HSB、Lab、RGB 和 CMYK 4 种不同的颜色描述方式，也可以在此处输入数字直接确定所需的颜色。

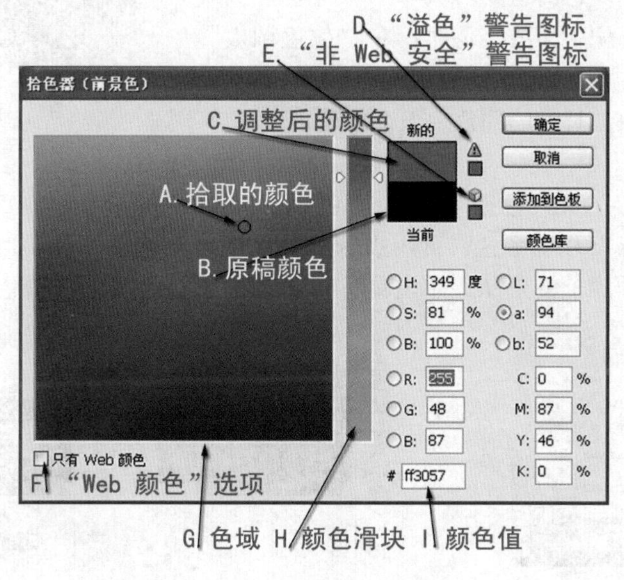

图 2－3

如图 2－4 所示，如选定 R（红色）按钮时，在颜色滑块中显示的则是红色信息由强到弱的变化，颜色选择区内的横向即会表示出蓝色信息的强弱变化，纵向会表示出绿色信息的强弱变化。

单击拾色器右上方的“颜色库”按钮，则会出现如图 2－5 所示对话框，它允许按照标准的色标本，如 Pantone 色谱的编号来精确地选择颜色，这在制定一些标志（如企业标准色）或专色印版时可保证颜色统一性。

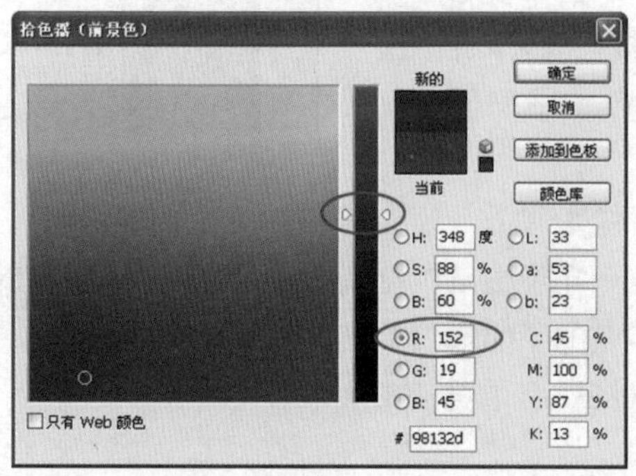

图 2－4

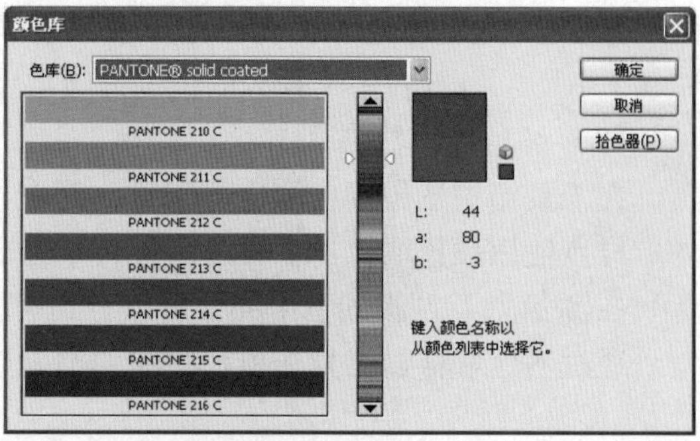

图 2－5

2. 颜色调板

执行菜单“窗口” > “颜色”命令。

在“颜色”调板中的左上角有两个色块用于表示前景色和背景色，如图2－6所示。单击调板右上小三角按钮，在弹出菜单中可选择不同的色彩模式，前面有“√”表示调板中正在显示的模式。通过拖曳调板中滑动栏的三角滑块或输入数字可改变颜色的组成。

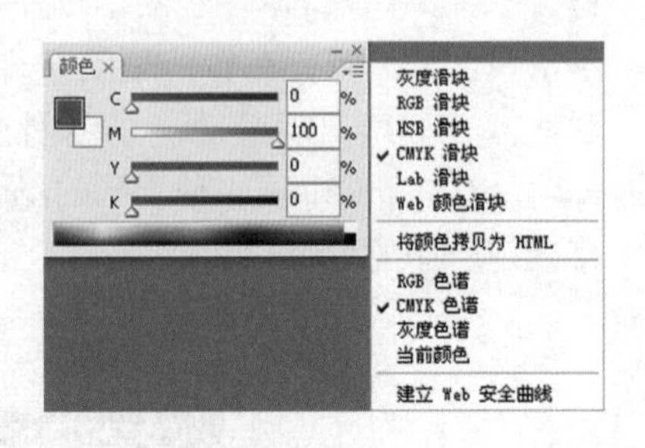

图2－6

当所选颜色在印刷中无法实现时，在“颜色调板”中会出现一个带叹号的三角图标，如图2－7所示，在其右边会有一个替换的色块，替换的颜色一般都较暗。

3. 色板

执行菜单“窗口” > “色板”，显示“色板”（Swatches）调板。

如果要在“色板”增加颜色，可用吸管工具在图像上选择颜色，当鼠标移到色板的空白处时，就会变成油漆桶的形状，单击鼠标可将当前工具箱中的前景色添加到色板中。如图2－8所示。

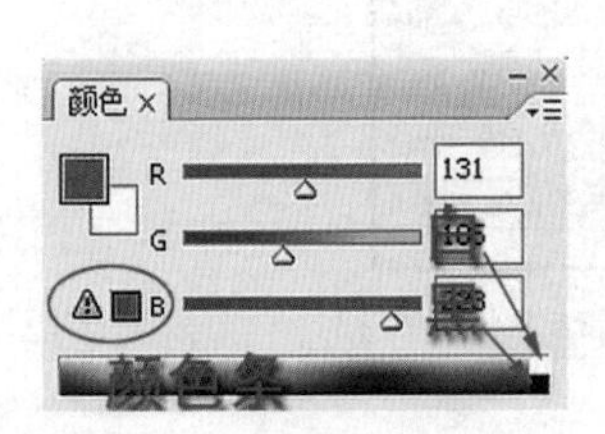

图2－7

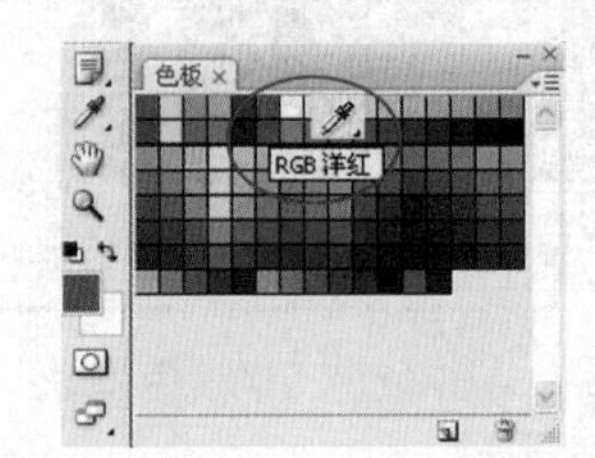

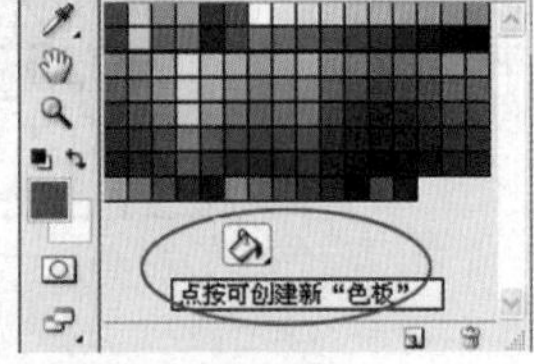

图2－8

4. 其他颜色确定方法

（1）吸管工具

选择“吸管工具”在图像上单击，工具箱中的前景色就会显示所选取的颜色；在按住“Alt”键的同时选择此工具在图像上单击，工具箱中的背景色就显示所选取的颜色。

软件默认的情况是吸取单个像素的颜色，但也可在一定范围内取样。如图2－9所示，选中工具箱中的吸管工具，在其选项栏中“取样大小”复选项后面的弹出菜单中，还可以选择“3×3平均”、“5×5平均”等，在一个较大的范围内吸取像素颜色的平均值。

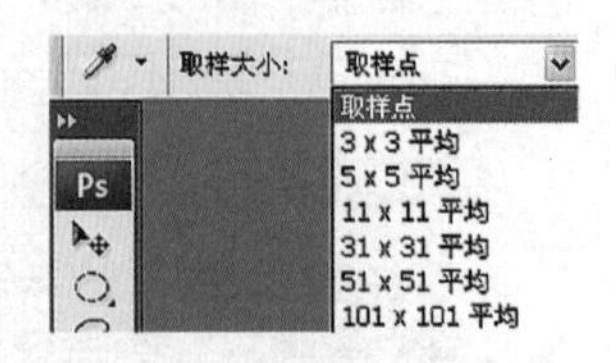

图2－9

（2）颜色取样器工具

在工具箱中选中颜色取样器工具，并直接在图像上单击，生成的取样点使用颜色取样器工具最多可有4个取样点，直接用鼠标拖曳就可以移动取样点的位置。在“信息”调板的下半部分可以看到4个取样点的RGB数值，如图2－10所示。

通过颜色取样器工具选项栏中的“清除”按钮将所有取样点删除。

（3）通过信息调板查看颜色信息

当鼠标在画面上移动时，信息调板根据选择的不同工具，相应实时地看出鼠标当前的位置和当前点的颜色信息、大小、距离和旋转角度等信息。单击信息调板右上角的三角按钮，在弹出的菜单中选择“调板选项”，就会弹出“信息调板选项”对话框，如图 2－11 所示。

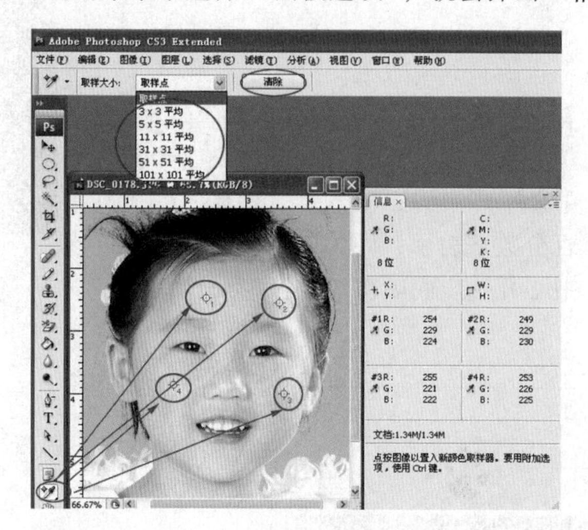

图 2－10

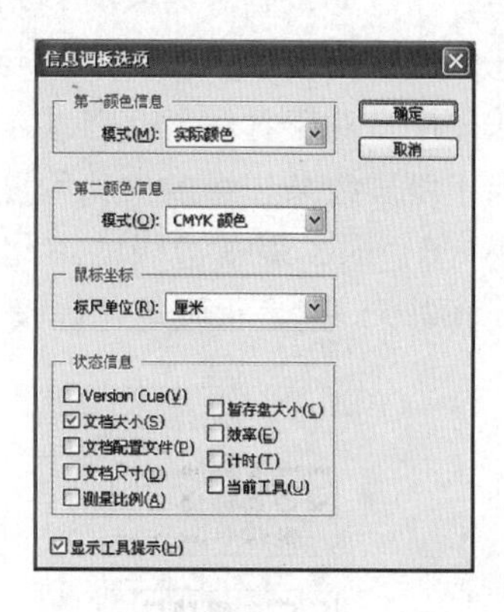

图 2－11

2.1.3　画笔调板

执行“窗口”＞“画笔”命令（按 F5）或单击任何一个绘图编辑的工具选项栏右侧的图标，都可以调出画笔调板。用鼠标单击画笔调板左侧最上面的“画笔预设”，可看到如图 2－12 所示的画笔调板。

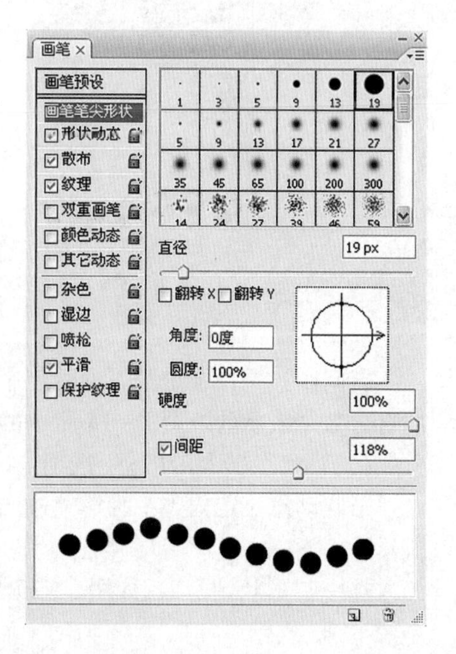

图 2－12

1. 选择预设的画笔

如图 2－13 所示，可以选择不同的预设好的画笔，也可通过拖曳“主直径”上的滑钮改变画笔的直径。

2. 自定义画笔

如图 2－14 所示，首先在“自定形状工具”选择“爪印”图案，画单一“爪印”（图像的背景是白色的），然后用“矩形选框工具”选择“爪印”，执行“编辑”＞“定义画笔”命令，接着弹出“画笔名称”对话框，在对话框中输入名称“爪印”，完毕后单击“确定”按钮，就会在画笔调板中看到一个新定义的画笔“爪印”，采用新定义的画笔，选择工具箱中的画笔工具，并改变不同的前景色，在一个新的白色背景上单击，得到一连串的爪印。

3. 画笔的选项设定

（1）“画笔笔尖形状” 选项

如上页图 2 – 12 所示，在画笔调板中用鼠标单击左侧的“画笔笔尖形状” 名称栏，可弹出相应的控制项。

①直径：用来控制画笔的大小。

②角度：用于定义画笔长轴的倾斜角度，也就是偏离水平的距离，注意如果画笔为圆时，角度设置没有实际意义。

③圆度：圆度表示椭圆短轴与长轴的比例关系。

④硬度：对于各种绘图工具（铅笔工具除外）来说，硬度相当于所画线条边缘的柔化程度。以一个百分数来表示，硬度最小（0）时，表示边缘的虚化由画笔的中心开始，而硬度最大（100%）则表示画笔边缘没有虚边。

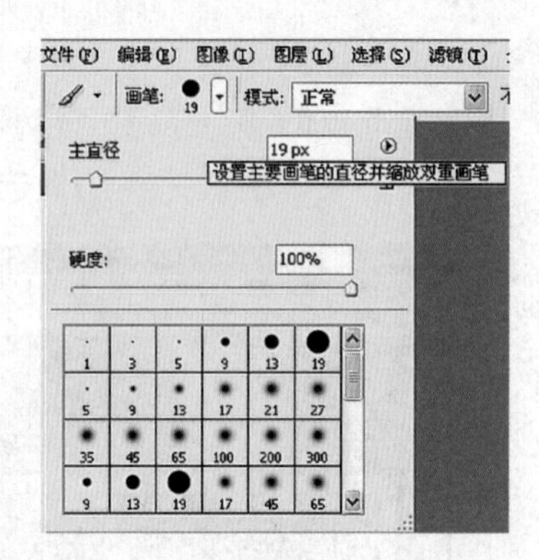

图 2 – 13

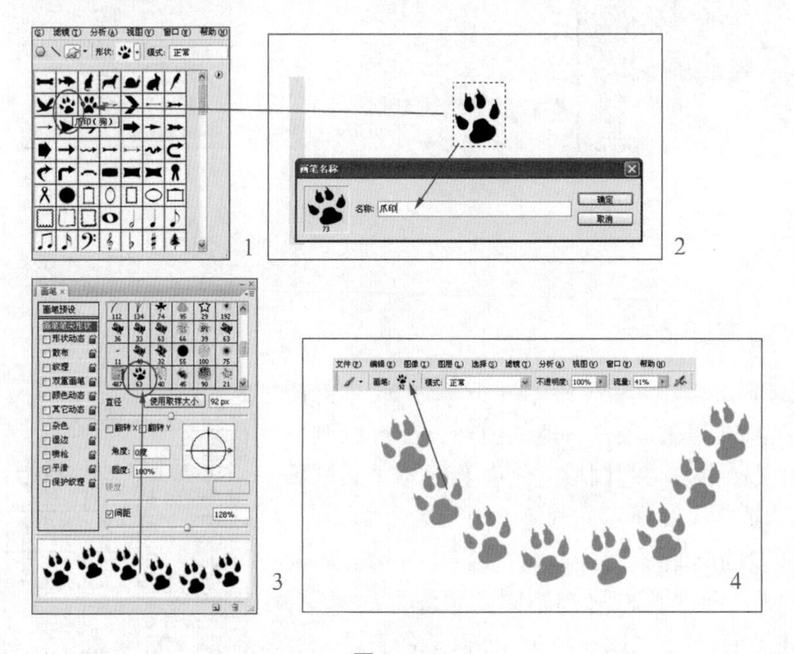

图 2 – 14

⑤间距：是指选定了一种画笔后，画出的标记点之间的距离，它也是用相对于画笔直径的百分数来表示的。图 2 – 15 所示的是以上不同设置数据的效果比较。

（2）画笔“形状动态” 选项

形状动态决定描边中画笔笔迹的变化。无形状动态和有形状动态的画笔笔尖如图2 – 16 所示。

选中“形状动态”，如图 2 – 17 所示。

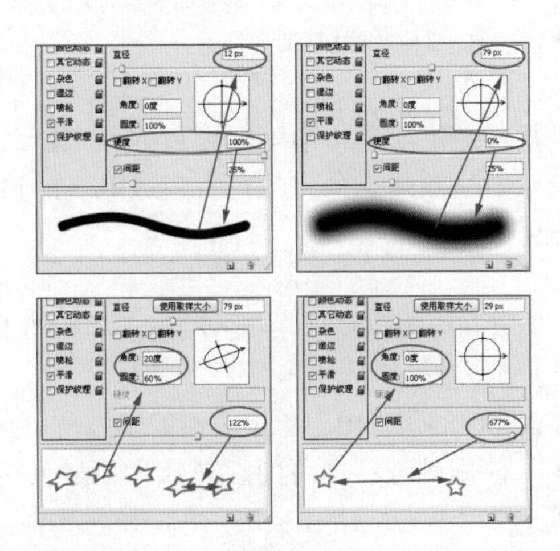

图 2－15

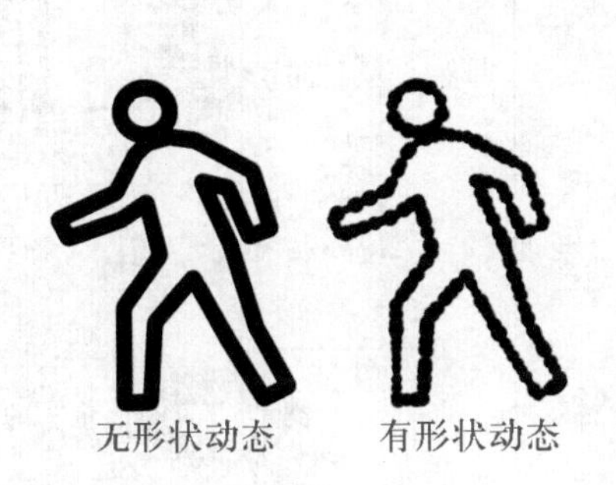

图 2－16

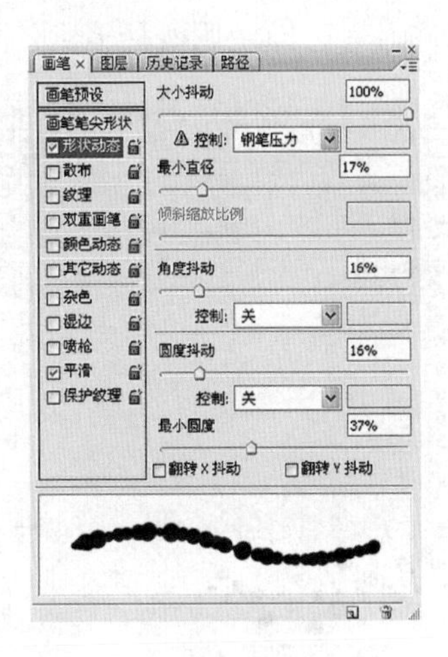

图 2－17

①大小抖动和控制：数值为 0 时，在画笔绘制的过程中元素没有变化，数值为 100%时，画笔中的元素有最大的自由随机度。要指定希望如何控制画笔笔迹的大小变化，请从“控制”弹出式菜单中选取一个选项：“关”指定不控制画笔笔迹的大小变化；“渐隐”按指定数量的步长在初始直径和最小直径之间渐隐画笔笔迹的大小，每个步长等于画笔笔尖的一个笔迹；“钢笔压力、钢笔斜度或光笔轮”可依据钢笔压力、钢笔斜度或钢笔拇指轮位置以在初始直径和最小直径之间改变画笔笔迹大小。

②最小直径：指定当启用“大小抖动”或“大小控制”时画笔笔迹可以缩放的最小百分比。

③倾斜缩放比例：指定当“大小抖动”设置为“钢笔斜度”时，在旋转前应用于画笔高度的比例因子。

④角度抖动和控制：指定描边中画笔笔迹角度的改变方式。

⑤圆度抖动和控制：指定画笔笔迹的圆度在描边中的改变方式。

⑥最小圆度：指定当“圆度抖动”或“圆度控制”启用时画笔笔迹的最小圆度。它的

百分比数值是以画笔短轴和长轴的比例为基础的。

（3）“散布”选项

画笔的“散布”选项用来指定线条中画笔标记点的分布情况，如图 2－18 所示。当选中“两轴”时，画笔标记点是呈放射状分布的；当未选中“两轴”时，画笔标记点的分布和画笔绘制线条的方向垂直。

（4）“纹理”选项

使用一个纹理化的画笔就好像使用画笔在有各种纹理的帆布上作画一样。图 2－19 所示的是纹理设定的各个选项。

在画笔调板的最上方有纹理的预视图，单击右侧的小三角，在弹出的调板中可选择不同的图案纹理。单击“反相”前面的选项框可使纹理成为原始设定的反相效果，点“缩放”用来指定图案的缩放比例。

（5）“双重画笔”选项

“双重画笔”即使用两种笔尖效果创建画笔，如图 2－20 所示。

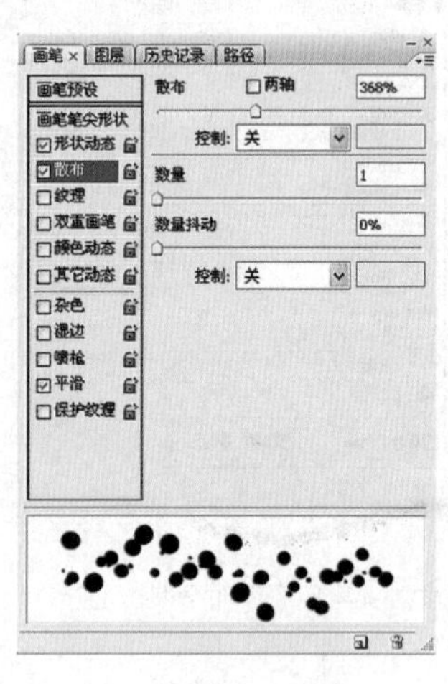

图 2－18

图 2－19

图 2－20

（6）“颜色动态”选项

“颜色动态”中的设定项用来决定在绘制线条的过程中颜色的动态变化情况，如图 2－21所示。

（7）“其他动态”选项

“其他动态”中的设定项用来决定在绘制线条的过程中“不透明度抖动”和“流量抖动”的动态变化情况，如图 2－22 所示。

在画笔调板中，还有一些选项没有相应的数据控制，只需用鼠标单击名称前面的方框将其选中即可显示其效果，如“杂色”、“湿边”、“喷枪”、“平滑”、“保护纹理”等选项。

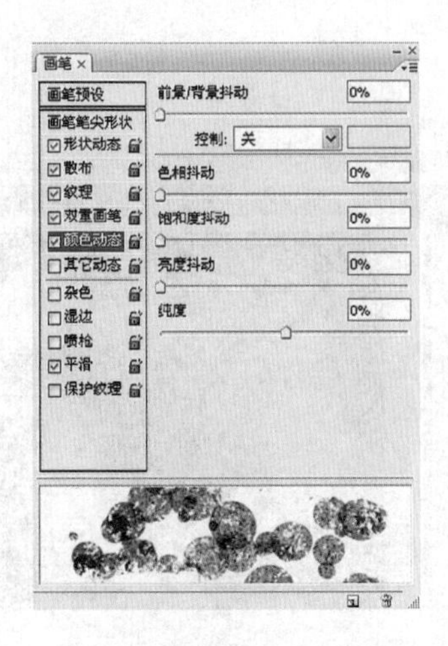

图 2 – 21

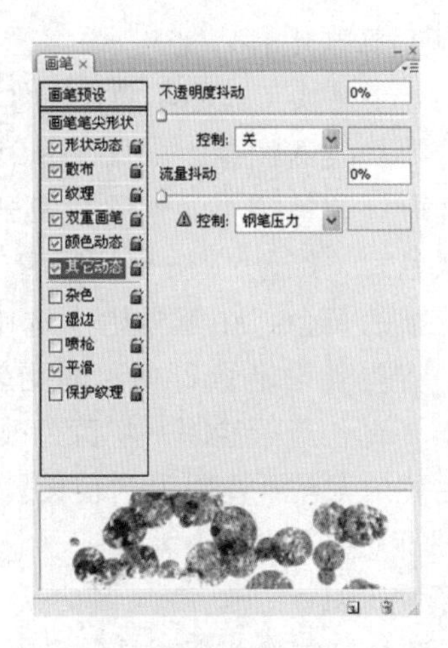

图 2 – 22

2.1.4 绘图工具

1. 基本概念

设置绘图工具时，会在选项栏中出现下列选项，每个工具对应的可用选项不同。

“不透明度”：若不透明度为 100%，则表示不透明。

“流量”：用来定义画笔工具、仿制图章工具、图案图章工具及历史画笔工具绘制的时候笔墨扩散的量。

“强度”：用来定义模糊、锐化和涂抹工具作用的强度。

“曝光度”：用来定义减淡和加深工具的曝光程度。类似摄影技术中的曝光量，曝光量越大，透明度越低，反之，线条越透明。

2. 画笔工具

画笔工具可绘制出边缘柔软的画笔效果，画笔的颜色为工具箱中的前景色。在画笔工具的选项栏中可看到如图 2 – 23 所示的选项。

3. 铅笔工具

使用铅笔工具可绘出硬边的线条，如果是斜线，会带有明显的锯齿。绘制的线条颜色为工具箱中的前景色。在铅笔工具选项栏的弹出式调板中可看到硬边的画笔，如图 2 – 24 所示。

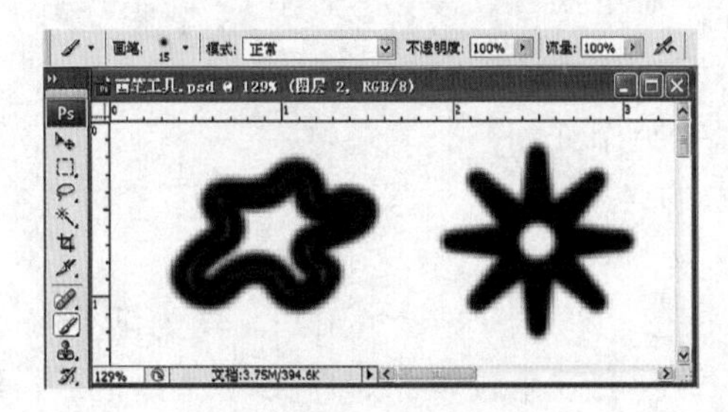

图 2 – 23

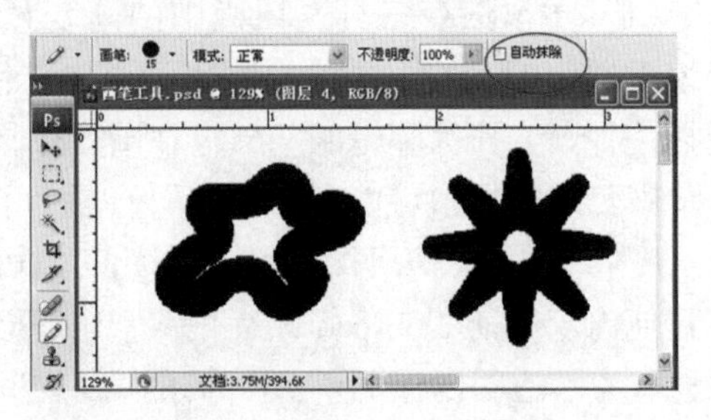

图 2 – 24

4. **颜色替换工具**

使用颜色替换工具能够简化图像中特定颜色的替换，其操作步骤如下：

打开要修改的图像，如图 2－25 所示，在选项栏中选取画笔笔尖。设置混合模式为“颜色”，选择前景色为“红色”。先使用吸管工具将背景色设定为花瓣的黄色，在工具栏中选中背景色板图标，将“容差”设定为28%，使用颜色替换工具在“花瓣”部位进行绘制，将黄色改为红色。

图 2－25

颜色替换工具不适用于“位图”、“索引”或“多通道”颜色模式的图像。

5. **渐变工具**

选择工具箱中的渐变工具，可看到如图 2－26 所示的工具选项栏，可选择包括线性渐变、放射状渐变、角度渐变、对称渐变和菱形渐变等不同类型的渐变。

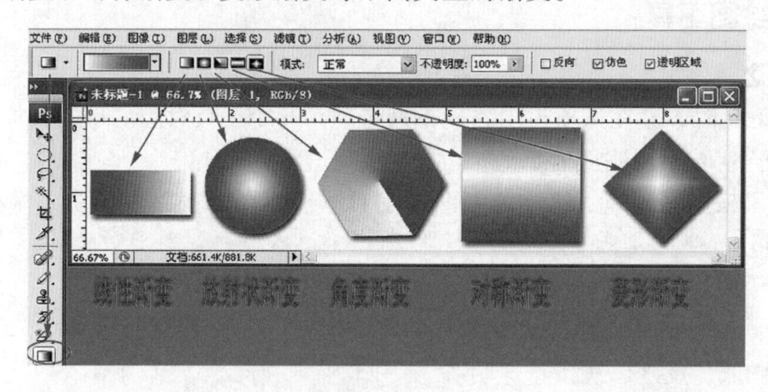

图 2－26

单击渐变预视图标后面的小三角，会弹出如图 2－27 所示的渐变调板，在调板中可选择预定的渐变，也可以自己定义渐变色。

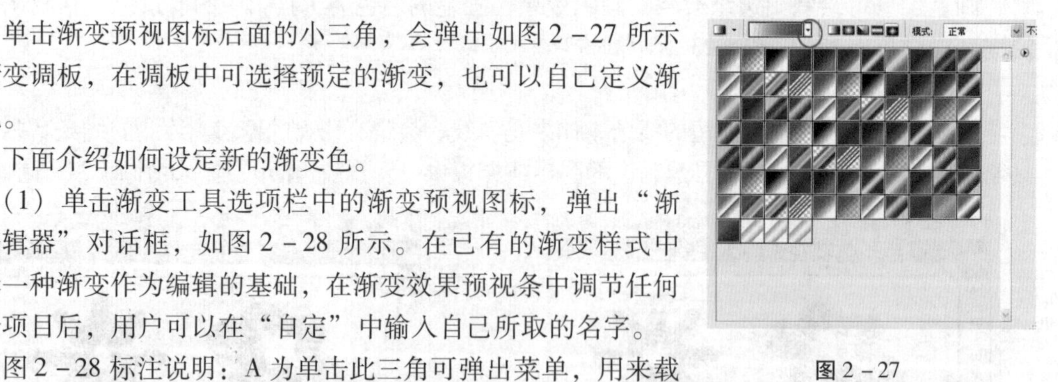

图 2－27

下面介绍如何设定新的渐变色。

（1）单击渐变工具选项栏中的渐变预视图标，弹出“渐变编辑器”对话框，如图 2－28 所示。在已有的渐变样式中选择一种渐变作为编辑的基础，在渐变效果预视条中调节任何一个项目后，用户可以在“自定”中输入自己所取的名字。

图 2－28 标注说明：A 为单击此三角可弹出菜单，用来载入其他内定的渐变或将修改后的渐变恢复到初始状态；B 为渐变显示窗口；C 为渐变名称栏；D 为不透明度标记点；E 为透明度中间点；F 为渐变效果预视条；G 为颜色标记点；H 为透明度或颜色标记点的数据显示和删除栏。

（2）如图 2－28 所示，渐变效果预视条下端有颜色标记点“G”，图标的上半部分的小三角是白色，单击图标，上半部分的小三角变黑，表示已将其选中。渐变效果预视条上至少要有两个颜色标记点和两个不透明度标记点。如果要增加颜色标记点或不透明度标记点，直接在渐变效果预视条上任意位置单击即可。如果要删除颜色标记点或不透明度标记点，直接用鼠标将其拖离渐变效果预视条即可，或单击将其选中，然后单击“色标”栏中的“删除”按钮。

在“渐变编辑器”对话框中，“渐变类型”后面的弹出菜单中有两个选项，前面所讲的是比较常见的“实底”类型，下面介绍另一种“杂色”类型，如图 2－29所示。

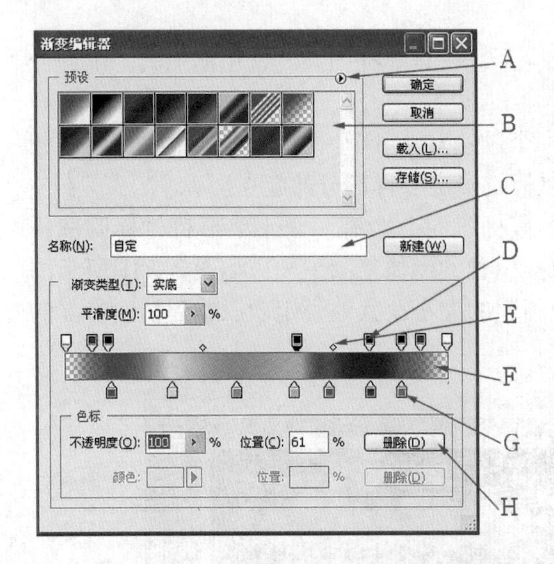

图 2－28

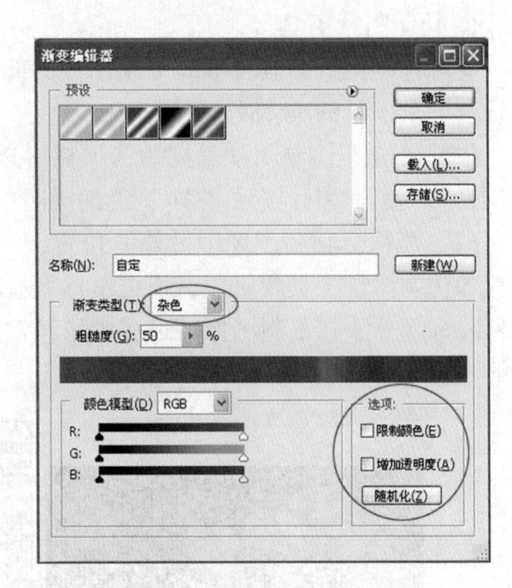

图 2－29

“粗糙度”：用来控制杂色渐变颜色的平滑度，输入的数值范围从 0～100%，数值越高则渐变颜色转换时其颜色越不平滑。

“颜色模型”：选择 RGB、HSB 或 LAB 不同的颜色模型都可以作为随机产生颜色的基础。

色彩调整滑钮：与色彩模式相对应出现不同的色彩滑钮，用来限制杂色渐变的颜色范围。

“限制颜色”：限定杂色渐变中的颜色，使渐变过渡更加平滑。

“增加透明度”：可增加杂色渐变的透明效果。

“随机化”：杂色渐变会重新取样产生新的杂色渐变。

6. 油漆桶工具

油漆桶工具可根据像素的颜色的近似程度来填充颜色，填充的颜色为前景色或连续图案（油漆桶工具不能作用于位图模式的图像）。单击工具箱中的油漆桶工具，就会出现油漆桶工具选项栏，如图 2－30 所示。

“填充”有两个选项，“前景”表示在图中填充的就是工具箱中的前景色，“图案”表示在图中填充的就是连续的图案。当选中“图案”选项时，在其后的“图案”弹出式调板中可选择不同的填充图案。

图 2－30

2.1.5 图像修饰工具

1. **仿制图章工具**

使用仿制图章工具可准确复制图像的部分或全部，它是修补图像时常用的工具。下面介绍仿制图章工具的具体使用方法。

（1）首先在仿制图章工具的选项栏中选择一个软边和大小适中的画笔，然后将仿制图章工具移到图像中，按住“Alt”键的同时单击鼠标键确定取样部分的起点。

（2）将鼠标移到图像中另外的位置，当按下鼠标键时，会有一个十字形符号标明取样位置和仿制图章工具相对应，拖曳鼠标就会将取样位置的图像复制下来，如图 2－31 所示的白色线框部分。在复制图像的过程中可经常改变画笔的大小及其他设定项以达到精确修复的目的。

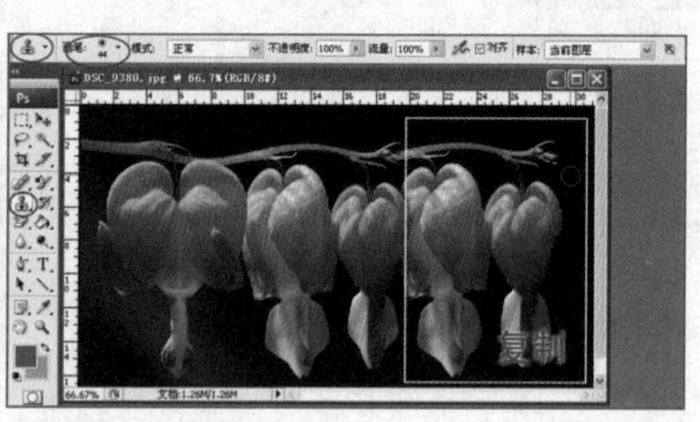

图 2－31

（3）仿制图章工具不仅可在一个图像上操作，而且还可从任何一张打开的图像上取样后复制到现用图像上，但却不改变现用图像和非现用图像的关系。但注意两张图像的颜色模式必须一样才可以执行此项操作（如同为 RGB）。

2. **图案图章工具**

图案图章工具直接以图案进行填充，不需要按住“Alt”键进行取样。可以在图案预览图的弹出调板中选择预定好的图案，也可以使用自定义的图案，方法是用矩形框工具选择一个要成为图案的区域，执行“编辑”＞“定义图案”命令，弹出“图案名称”对话框，在“名称”栏中输入图案的名称，单击“确定”按钮即可将图案存储起来。在图案图章工具选项栏中的图案弹出式调板中可看到新定义的图案。

3. **橡皮擦工具**

橡皮擦工具可将图像擦除至工具箱中的背景色，并可将图像还原到历史记录调板中图像的任何一个状态。单击工具箱中的橡皮擦工具，弹出橡皮擦工具选项栏如图 2－32 所示。在

“模式”后面的弹出菜单中可选择不同的橡皮擦类型：画笔、铅笔和块。当选择不同的橡皮擦类型时，工具选项栏中的设定项也是不同的。选择“画笔”和“铅笔”选项时，和画笔及铅笔的用法相似，只是绘画和擦除的区别。选择“块”，就是一个方形的橡皮擦。

4. **背景擦除工具**

背景擦除工具可将图层上的颜色擦除成透明，单击工具箱中的工具就会出现其选项栏，如图 2－33 所示。

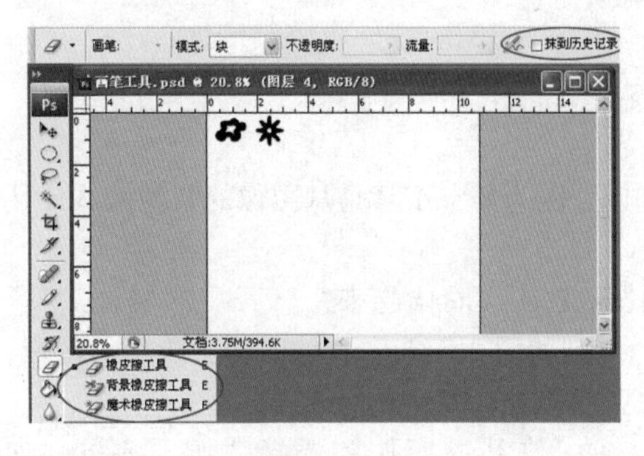

图 2－32

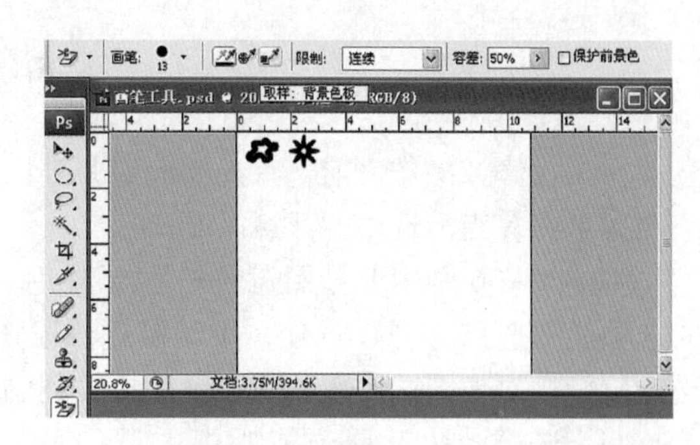

图 2－33

背景擦除工具可以在去掉背景的同时保留物体的边缘。通过定义不同的“取样”方式和设定不同的“容差”数值，可以控制边缘的透明度和锐化程度。背景擦除工具在画笔的中心取色（当工具移动到图像上时可看到圆形的中心有十字符号，表示取样的中心），不受中心以外其他颜色的影响。另外，它还对物体的边缘进行颜色提取，所以当物体被粘贴到其他图像上时边缘不会有光晕出现。

5. **魔术橡皮擦工具**

魔术橡皮擦工具可根据颜色近似程度来确定将图像擦成透明的程度，而且它的去背景效果比常用的路径还要好。

当使用魔术橡皮擦工具在图层上单击，工具会自动将所有相似的像素变为透明。如果当前操作的是背景层，操作完成后变成普通图层。如果是锁定透明的图层，像素变为背景色。单击工具箱中的魔术橡皮擦工具图标，以显示其工具选项栏，如图 2－34 所示。

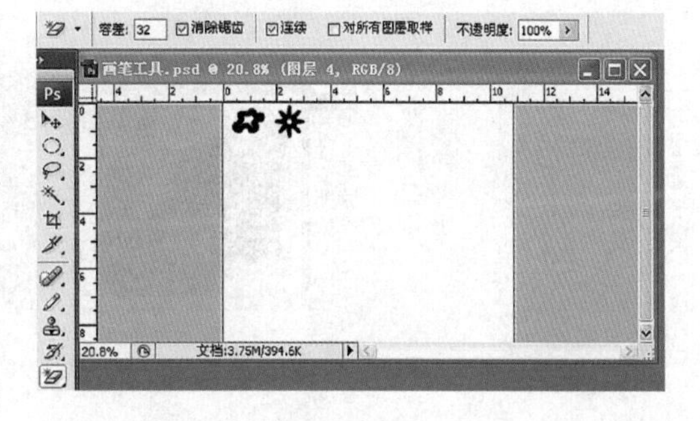

图 2－34

6. **修复画笔工具**

修复画笔工具用于修复图像中的缺陷，并能使修复的结果自然融入周围的图像。如图 2－35 所示，图（a）是修复前佩戴一些装饰物照相的照片，图（b）图是利用修复画笔工具修复后的效果，就跟没有佩戴照相一样。

7. **修补工具**

修补工具和修复画笔工具一样，在修复的同时也保留图像原来的纹理、亮度及层次等信

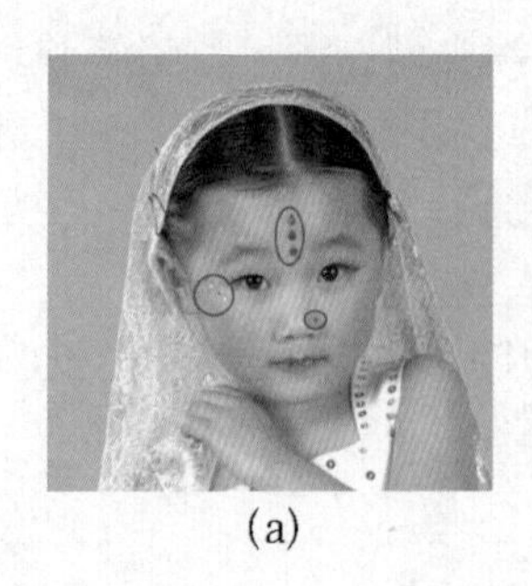
(a)

(b)

图 2－35

息。在执行修补操作之前，首先要确定修补的选区，因为修补工具是从图像的其他区域或使用图案来修补当前选中的区域。

将图 2－36 图中 1 号图黄色柠檬部分用“修补工具”圈选起来，然后在“修补工具”的选项栏中选择“源”选项，按住鼠标将选区拖曳到如图 2－36 中 2 号图箭头所示的区域，松开鼠标，原来圈选的区域就被鼠标拖曳到的选区所修补，填充了西瓜皮。

如果选择修补工具选项栏中的“目标”选项，修补的操作和选择“源”不同，如图 2－36中 3 号图所示，鼠标拖曳到的选区被原来圈选的区域有所修补。

在使用任何一个选择工具创建完选区后，修补工具选项栏中的“使用图案”按钮就变成可选项。在弹出的图案调板中选择图案，然后单击“使用图案”按钮，图像中的选区就会“选择 > 羽化”被填充上所选择的图案。如图 2－36 中 4 号图所示图案填充的结果。

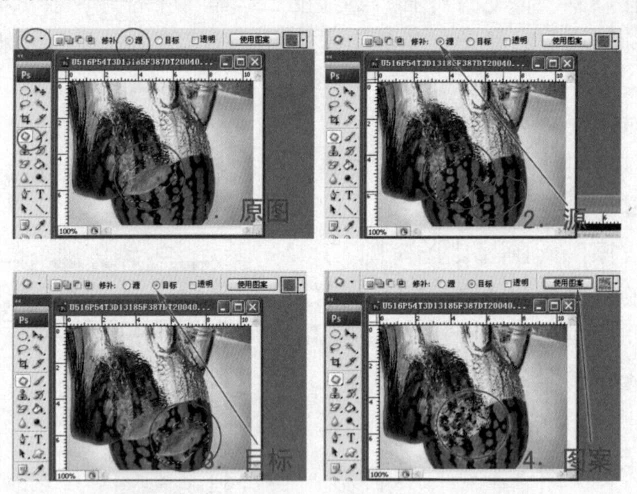

图 2－36

8. **污点修复画笔工具**

污点修复画笔工具用于快速移去图像中的污点和其他不理想部分，并将样本的纹理、光照、透明度和阴影与所修复的像素相匹配。污点修复画笔不需要指定样本点，污点修复画笔将会在需要修复区域外的图像周围自动取样。如图 2－37 所示，图（a）是有墨水点的照片，图（b）是修复后的效果。

9. 红眼工具

(a)　(b)

图 2 – 37

红眼工具可以移去闪光灯拍摄的人物照片中的红眼，也可以移去用闪光灯拍摄的动物照片中的白色或绿色反光。

如图 2 – 38 所示，在工具栏中选择红眼工具，在需要修复红眼的图像处使用鼠标单击：如结果不满意，可以使用“Ctrl + Z”键进行撤销，调整工具选项栏中“瞳孔大小”和“变暗量”的变量，再次使用红眼工具单击修复红眼，直到结果满意为止。

10. 模糊/锐化工具

模糊工具可降低相邻像素的对比度，将较硬的边缘软化，使图像柔和；锐化工具可增加相邻像素的对比度，将较软的边缘明显化，使图像聚焦，但不适合过度使用，因为将会导致图像严重失真（见图 2 – 39 右眼）。图 2 – 39 所示的是使用模糊/锐化工具前后的图像。

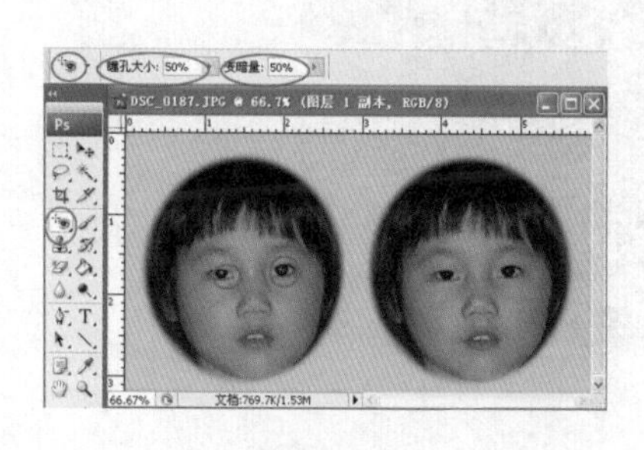

图 2 – 38

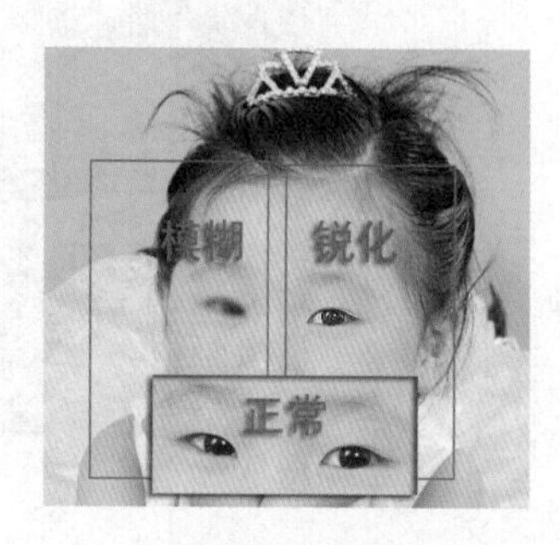

图 2 – 39

11. 涂抹工具

涂抹工具用于模拟用手指涂抹油墨的效果，以涂抹工具在颜色的交界处作用，会有一种相邻颜色互相挤入而产生的模糊感。涂抹工具不能在“位图”和“索引颜色”模式的图像上使用。

在涂抹工具的选项栏中，如图 2 – 40 所示，可以通过“强度”来控制手指作用在画面

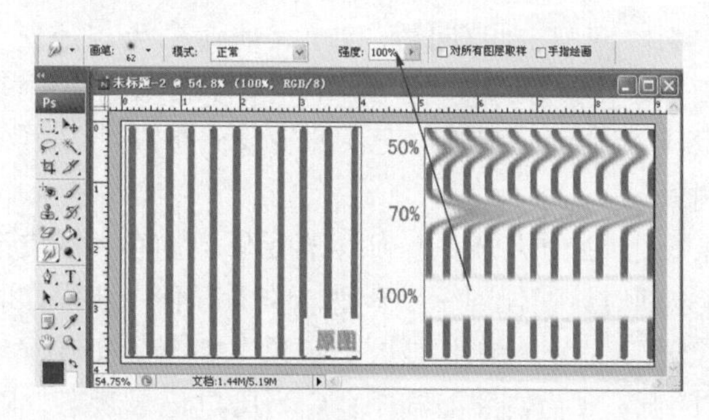

图 2 – 40

上的工作力度，“强度”数值越大，手指从左向右抹，拖出的线条就越长，当“强度”设置为100%时，则可拖出无限长的线条来，直至松开鼠标按键。

12. **减淡/加深/海绵工具**

“减淡工具”可使细节部分变亮，类似于加光的操作。单击工具箱中的减淡工具，弹出减淡工具选项栏，在“范围”后面的弹出菜单中可分别选择“暗调”、“中间调”和“高光”；设定的曝光度越高，减淡工具的使用效果就越明显。另外，还可选择喷枪效果。

“加深工具”可使细节部分变暗，类似于遮光的操作。

“海绵工具”用来增加或降低颜色的饱和度。单击工具箱中的海绵工具，在海绵工具选项栏中可选择“加色”选项增加图像中某部分的饱和度，或选择“去色”选项来减少图像中某部分的饱和度；可设定不同的“流量”值来控制加色或去色的程度；另外也可选择喷枪效果。减淡/加深/海绵工具效果如图2－41所示。

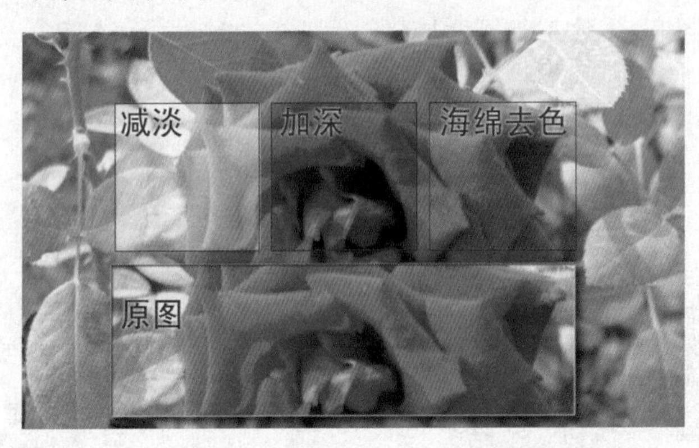

图2－41

2.1.6 图像的恢复

1. **恢复命令**

执行菜单“文件”>“恢复”命令，能将被编辑过的图像恢复到上次存储的状态。

执行菜单“编辑”>“还原”。可以还原前次对图像所执行的操作。而执行“编辑”>“重做”命令，则能重新执行前一次操作。

执行菜单“编辑”>“首选项”>“常规”命令可以设置还原/重做之间切换的快捷键。

执行菜单“编辑”>“向前一步/向后一步”，此命令与“还原/重做”命令不同的是它可以多次执行“向前一步”/“向后一步”，可将文件还原成处理前或处理后的数个状态(向前或向后还原的步数与历史记录调板中记录的步数相同)。

2. **使用历史记录调板**

历史记录调板是用来记录操作步骤的，如果有足够的内存，历史记录调板会将所有的操作步骤都记录下来，可以随时返回任何一个步骤，查看任何一步操作时图像的效果。执行菜单“窗口”>“历史记录”命令，弹出“历史记录”调板，如图2－42所示，图中标志：A为设置历史记录画笔的源；B为快照缩览图；C为历史记录状态；D为历史记录状态滑块历史；E为从当前选中历史状态创建新文件；F为创建新快照；G为删除当前历史状态。

（1）设置历史记录选项

根据软件内定的情况，在历史记录调板中只保留 20 步操作，当超过这个数值时，软件会自动清除前面的步骤以腾出内存空间，提高 Photoshop 的工作效率。

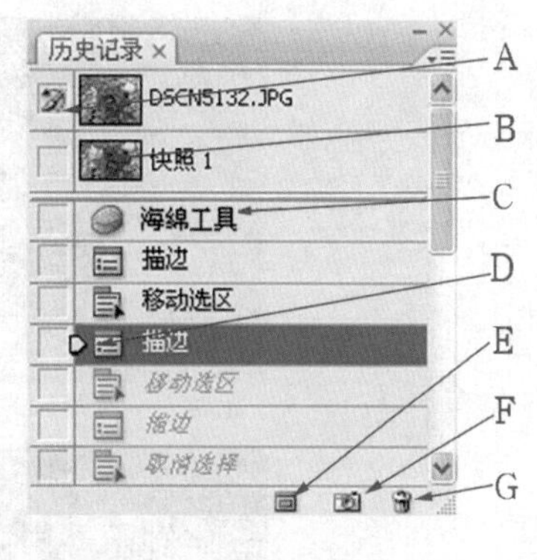

图 2－42

（2）创建图像的快照

创建快照的步骤为：首先从历史记录调板的状态列表中任意选择一个状态，然后单击历史记录调板上的“新快照”图标可自动创建一个新的快照。通过创建状态的临时快照，可以在整个工作过程中保留该状态，并可在多个状态之间随意切换。即使从历史记录调板的状态列表中删除了原始状态，也可以通过单击快照名称显示此状态的效果。通过创建快照，可为特定的状态指定一个唯一的名称，易于识别该状态。

（3）创建图像的新文档

可以对当前任何中间状态创建一个新文件，方法是选中历史记录调板中任何一步的状态，然后单击如图 2－42 所示的 E 处图标，就会自动生成一个新的图像文件，新文件的名称和原文件选中的状态的名称相同，并且在历史记录调板中自动以“复制状态”命名第一步操作。

（4）删除历史记录调板中的任意状态

单击某状态的名称将其选中，然后从历史记录调板右上角的弹出菜单中选择“删除”命令，在弹出的对话框中单击“是”按钮，选中的状态以及状态后面灰色斜体字表示的状态均被删除。将某状态直接拖到历史记录调板下面的垃圾桶图标上，可将此状态及其后的灰色斜体字表示的状态删除。

（5）清理

执行“编辑”＞“清理”命令，来消除“还原”命令、“剪贴板”、“历史记录”以及“全部”所占用的内存，从而降低计算机的负荷，提高处理速度。

3. 艺术历史画笔工具

艺术历史画笔工具可使用指定历史状态或“快照”作为绘画源来绘制各种艺术效果的笔触，利用工具选项栏中的各项设定，可以创建不同的艺术效果。

2.1.7 绘图模式

1. 正常

正常模式是内定的状态，其结果色和绘图色相同。可通过改变画笔工具选项栏中的“不透明度”来设定不同的透明度。当图像的颜色模式是“位图”或“索引颜色”时，“正常”模式就变成“阈值”。

2. 溶解

溶解模式的结果色和绘图色相同，只是根据每个像素点所在位置的透明度的不同，可随机以绘图色和底色取代。透明度越大，溶解效果就越明显。正常与溶解效果见图 2－43，图中“绘图色”五色颜色设置依次为：M100％、C100％、K100％、白色、Y100％。

3. 变暗

变暗模式用于查找各颜色通道内的颜色信息，并按照像素对比底色和绘图色哪个更暗，

图 2－43

便以这种颜色作为此像素最终的颜色，也就是取两个颜色中的暗色作为结果色。亮于底色的颜色被替换，暗于底色的颜色保持不变。

4. **正片叠底**

正片叠底模式将两个颜色的像素值相乘，然后再除以 255 得到的结果就是结果色的像素值。结果色总是较暗的颜色。任何颜色与黑色正片叠底产生黑色。任何颜色与白色正片叠底保持不变。当用黑色或白色以外的颜色绘图时，绘图工具绘制的连续描边产生逐渐变暗的颜色。这与使用多个标记笔在图像上绘图的效果相似。

5. **颜色加深**

颜色加深模式查看每个通道的颜色信息，通过增加“对比度”使底色的颜色变暗来反映绘图色，和白色混合没有变化。

6. **线性加深**

查看每个通道中的颜色信息，并通过减小亮度使底色变暗以反映混合色。与白色混合后不产生变化。

7. **深色**

比较混合色和基色的所有通道值的总和并显示值较小的颜色。“深色”不会生成第三种颜色（可以通过“变暗”混合获得），因为它将从基色和混合色中选择最小的通道值来创建结果颜色。变暗到深色效果见图 2－44。

8. **变亮**

变亮模式查看每个通道内的颜色信息，并按照像素对比两个颜色哪个更亮，便以这种颜色作为此像素最终的颜色，也就是取两个颜色中的亮色作为结果色。绘图色中亮于底色的颜色被保留，暗于底色的颜色被替换。

图 2－44

9. 滤色

滤色模式的作用结果和“正片叠底”刚好相反，它是将两种颜色的互补色的像素值相乘，然后再除以 255 得到结果色的像素值。通常执行滤色模式后的颜色都较浅。任何颜色和黑色执行滤色模式，原颜色不受影响；任何颜色和白色执行滤色模式得到的是白色；而与其他颜色执行此模式会产生漂白的效果。

10. 颜色减淡

查看每个通道中的颜色信息，并通过减小对比度使基色变亮以反映混合色。与黑色混合则不发生变化。

11. 线性减淡（添加）

查看每个通道中的颜色信息，并通过增加亮度使基色变亮以反映混合色。与黑色混合则不发生变化。

12. 浅色

比较混合色和基色的所有通道值的总和并显示值较大的颜色。“浅色”不会生成第三种颜色（可以通过“变亮”混合获得），因为它将从基色和混合色中选择最大的通道值来创建结果颜色。变亮到浅色效果见图 2－45。

13. 叠加

对颜色进行正片叠底或过滤，具体取决于基色。图案或颜色在现有像素上叠加，同时保留基色的明暗对比。不替换基色，但基色与混合色相混以反映原色的亮度或暗度。

14. 柔光

使颜色变暗或变亮，具体取决于混合色。此效果与发散的聚光灯照在图像上相似。如果混合色（光源）比 50% 灰色亮，则图像变亮，就像被减淡了一样。如果混合色（光源）比 50% 灰色暗，则图像变暗，就像被加深了一样。绘画使用纯黑或纯白色绘画会产生明显变暗或变亮的区域，但不会出现纯黑或纯白色。

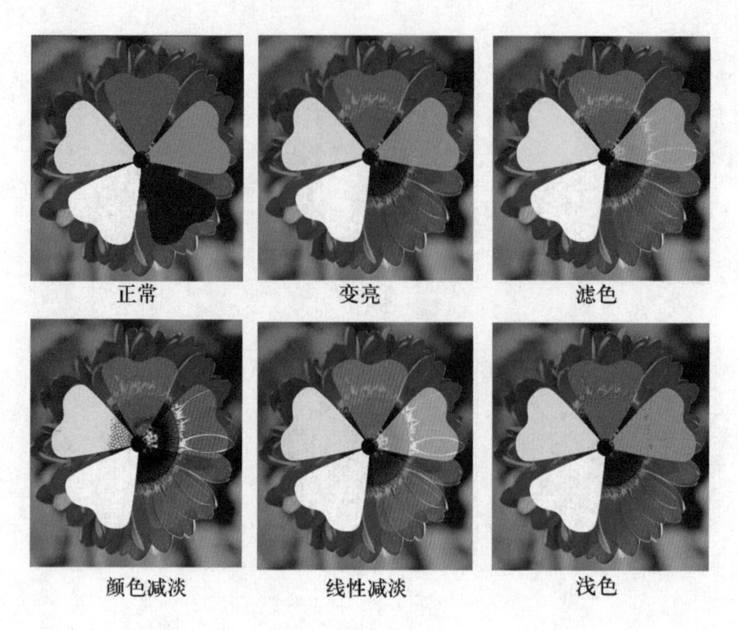

图 2 – 45

15. **强光**

对颜色进行正片叠底或过滤，具体取决于混合色。此效果与耀眼的聚光灯照在图像上相似。如果混合色（光源）比 50% 灰色亮，则图像变亮，就像过滤后的效果。这对于向图像添加高光非常有用。如果混合色（光源）比 50% 灰色暗，则图像变暗，就像正片叠底后的效果。这对于向图像添加阴影非常有用。绘画使用纯黑或纯白色绘画会出现纯黑或纯白色。

16. **亮光**

通过增加或减小对比度来加深或减淡颜色，具体取决于混合色。如果混合色（光源）比 50% 灰色亮，则通过减小对比度使图像变亮。如果混合色比 50% 灰色暗，则通过增加对比度使图像变暗。

17. **线性光**

通过减小或增加亮度来加深或减淡颜色，具体取决于混合色。如果混合色（光源）比 50% 灰色亮，则通过增加亮度使图像变亮。如果混合色比 50% 灰色暗，则通过减小亮度使图像变暗。

18. **点光**

根据混合色替换颜色。如果混合色（光源）比 50% 灰色亮，则替换比混合色暗的像素，而不改变比混合色亮的像素。如果混合色比 50% 灰色暗，则替换比混合色亮的像素，而比混合色暗的像素保持不变。这对于向图像添加特殊效果非常有用。

19. **实色混合**

实色混合模式根据绘图颜色与底图颜色的颜色数值相加，当相加的颜色数值大于该颜色模式颜色数值的最大值，混合颜色为最大值；当相加的颜色数值小于该颜色模式颜色数值的最大值，混合颜色为 0；当相加的颜色数值等于该颜色模式颜色数值的最大值，混合颜色由底图颜色决定，底图颜色的颜色值比绘图颜色的颜色值大，则混合颜色为最大值，相反则为 0。实色混合能够产生颜色较少、边缘较硬的图像效果。叠加到实色混合效果见图 2 – 46。

图 2 –46

20. **差值**

查看每个通道中的颜色信息，并从基色中减去混合色，或从混合色中减去基色，具体取决于哪一个颜色的亮度值更大。与白色混合将反转基色值；与黑色混合则不产生变化。

21. **排除**

创建一种与“差值”模式相似但对比度更低的效果。与白色混合将反转基色值。与黑色混合则不发生变化。差值和排除效果见图 2 –47。

图 2 –47

22. **色相**

用基色的明亮度和饱和度以及混合色的色相创建结果色。

23. **饱和度**

用基色的明亮度和色相以及混合色的饱和度创建结果色。绘画在无（0）饱和度（灰色）的区域上使用此模式绘画不会发生任何变化。

24. **颜色**

用基色的明亮度以及混合色的色相和饱和度创建结果色。这样可以保留图像中的灰阶，并且对于给单色图像上色和给彩色图像着色都会非常有用。

25. 明度

用基色的色相和饱和度以及混合色的明亮度创建结果色。此模式创建与“颜色”模式相反的效果。色相到明度效果见图 2-48。

图 2-48

2.1.8 图像的裁剪

1. 裁剪工具的使用

单击工具箱中的裁剪工具，弹出裁剪工具的选项栏，见图 2-49（a），在选项栏中可分别输入裁剪“宽度”和“高度”值，并输入所需的“分辨率”。无论画出的裁剪框有多大，当确认后，最终的图像大小都与选项栏中所定的尺寸及分辨率完全一样。

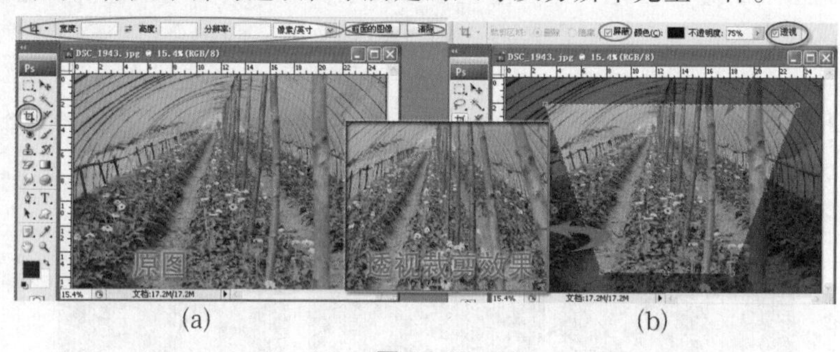

(a) (b)

图 2-49

在裁剪区域后面有两个单选钮，如果选中“删除”单选钮，执行裁剪命令后，裁剪框以外的部分被删除；如果选中“隐藏”单选钮，裁剪框以外的部分被隐藏起来，使用工具箱中的抓手工具可以对图像进行移动，隐藏的部分可以被移动出来。

选中“透视”复选框后，裁剪框的每个角把手都可以任意移动，可以使正常的图像具有透视效果，也可以使具有透视效果的图像变成平面的效果。

建立了透视裁剪框后，按“Alt”键的同时拖曳裁剪框上的把手，或直接拖曳裁剪边框的中心点，可在保留透视的同时扩展裁剪边界。当使用“透视”选项裁剪时，为了能正确执行“透视”操作，不要移动裁剪的中心点。图 2-49 示意了使用“透视”选项进行裁剪的过程。

要确认裁剪范围时，需要在裁剪框中双击鼠标或按“Enter”键，若要取消裁剪框，按“Esc”键即可。确保图像设置为 8 位/通道。“透视”选项无法处理 16 位/通道的图像。

2. 裁剪和裁切命令的使用

裁剪命令的使用非常简单，将要保留的图像部分用选框工具选中，然后执行“图像”>

“裁剪”命令即可。裁剪的结果只能是矩形，如果选中的图像部分是圆形或其他不规则形状，执行“裁剪”命令后，会根据圆形或其他不规则形状的大小自动创建矩形。执行完“裁剪”命令后，原来的浮动选择线依然保留。

使用“裁切”命令就无须像“裁剪”命令那样先创建选区。执行“图像”>“裁切”命令，将弹出“裁切”对话框，如图 2－50 所示。在“基于”选项栏中，可选择不同的选项裁剪图像。

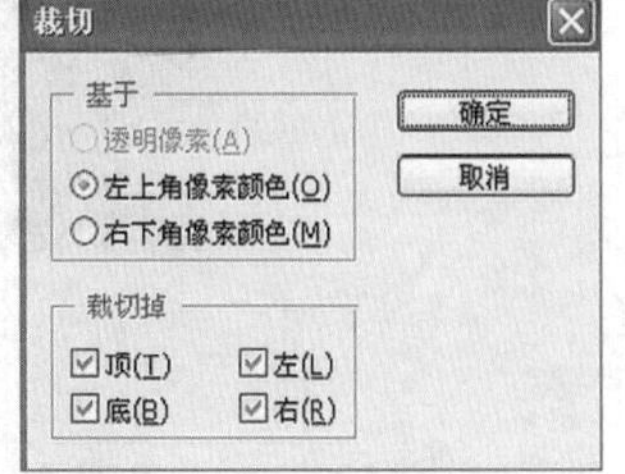

图 2－50

“透明像素”：当图层中有透明区域时，此选项才有效，可裁剪掉图像边缘的透明区域，留下包含像素的最小图像。

“左上角像素颜色”和“右下角像素颜色”两个单选钮对于去除图像的杂边有效。

在“裁切掉”复选栏中有 4 个选项：顶、底、左和右，如果 4 个单选钮都被选中，图像四周的像素将都被剪掉，根据需要也可选择剪掉一边、两边或三边的图像区域。

2.1.9 图像的变换

1. 变换对象

（1）针对整个图层，在“图层”调板中选中此图层，无须再做其他选择（对于背景层，不可以执行“变换”命令，转换为普通图层即可）。

（2）针对图层中的部分区域，在“图层”调板中选中此图层，然后用选框工具选中要变换的区域。

（3）针对多个图层，在“图层”调板中将多个图层链接起来。

（4）针对图层蒙版或矢量蒙版，在“图层”调板中将蒙版和图层之间的链接取消。

（5）针对路径或矢量图形，使用路径“选择工具”将整个路径选中或用“直接选择工具”选择路径片段。如果只选择了路径上的一个或几个把手，则只有和选中把手相连的路径片段被变换。

（6）对选择范围进行变换，需执行“选择”>“变换选区”命令。

（7）对 Alpha 通道执行变换，在“通道”调板中选中相应的 Alpha 通道即可。

2. 设定变换的参考点

当执行“编辑”>“变换”>“缩放”命令后，可看到图像的四周有一个矩形框，和裁剪框相似，也有 8 个把手来控制矩形框。矩形框的中心有一个标志用来表示缩放或旋转的中心参考点，可以用鼠标直接拖曳中心参考点到任意位置。

3. 变换操作

通过执行“编辑”>“自由变换”命令可一次完成“变换”子菜单中的所有操作，而不用多次选择不同的命令，但需要一些快捷键配合进行操作。

4. 变形

对于图层中的图像或路径，可以通过“变形”命令进行不同形状的变形，如波浪形、弧形等。“变形”操作可以是整个图层的，也可以是只对选区内的内容进行变形。若要在图层上出现“九宫格”的形状，用鼠标拖拉就可以变形，如图 2－51 所示。

Photoshop 提供了 15 种效果中所需要的变形样式：“水平”、“垂直”选项用来设定弯曲

图 2 - 51

的中心轴是水平或垂直方向；“弯曲”用来设定弯曲程度，数值越大弯曲程度也越大；“水平扭曲”用来设定在水平方向产生扭曲变形的程度；“垂直扭曲”用来设定在垂直方向产生扭曲变形的程度。

使用变形命令可以产生多种富于创意的变形，图 2 - 52 所示为 16 种变形样式的变形效果。

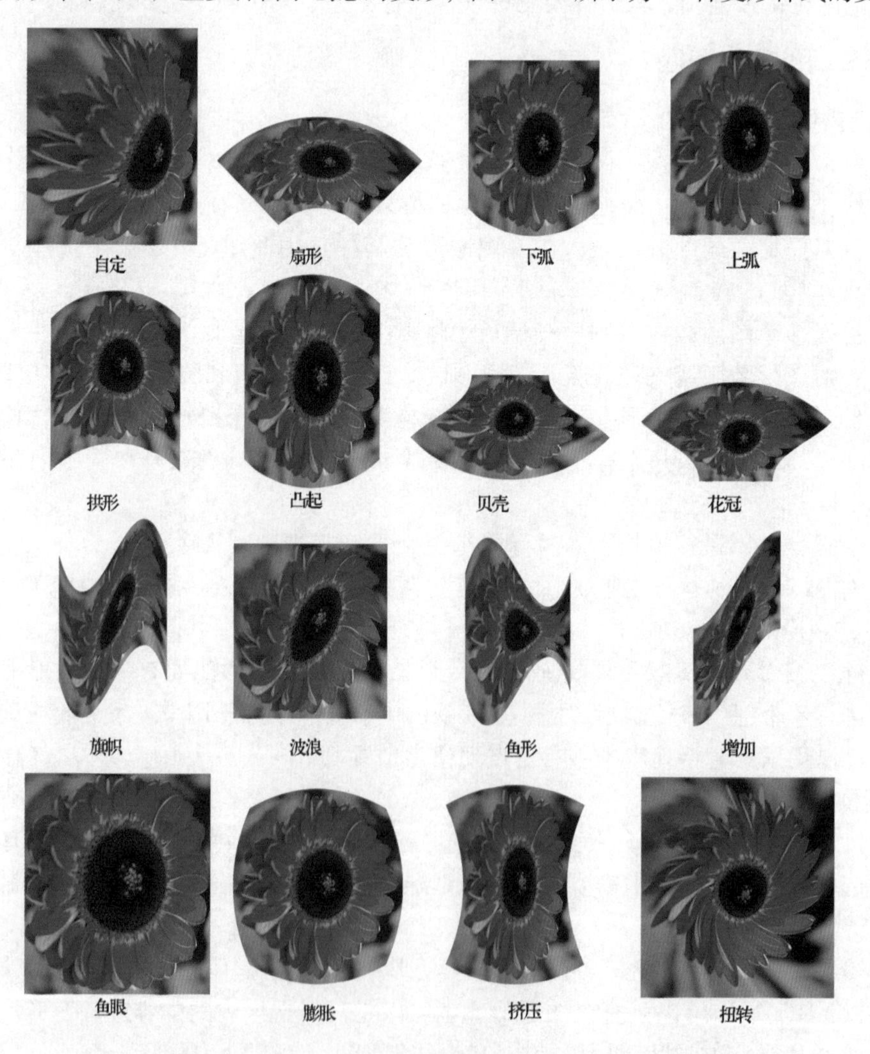

图 2 - 52

2.1.10 图像的批处理

有些情况需要对多个图像进行相同的处理，Photoshop 通过“动作”调板提供了批处理的功能。在操作图像的过程中可以将每一步执行的命令都记录在动作调板中，在以后的操作中，只需单击播放按钮，就可以对其他文件或文件夹中的所有图像执行相同的操作。

执行“窗口”>“动作”命令，会弹出动作调板，如图 2－53 所示。

下面举例做简单批处理数码照片。在数码照片所在文件夹里添加一个文件夹，命名为“处理照片文件夹”，用来存放处理后的图片文件，这样就不会改变原始文件。

(1) 在 Photoshop 里打开要处理的图片文件，然后单击“窗口”>“动作”面板。

提示：如果原始图片的构图、色彩不够理想，可先对原始图片进行裁剪、色彩校正后再进行动作设置。

(2) 单击“动作”面板右边的三角形按钮，在弹出菜单中选择“新动作”命令。

(3) 在“新动作”面板里为动作设置名称和快捷键。本例中动作名称为“数码图片（纵向）”，快捷键为“F2”。然后单击“记录”按钮，“动作”面板下边的“开始记录”圆形按钮将变成红色按下状态，Photoshop 将记录下每个动作设置。

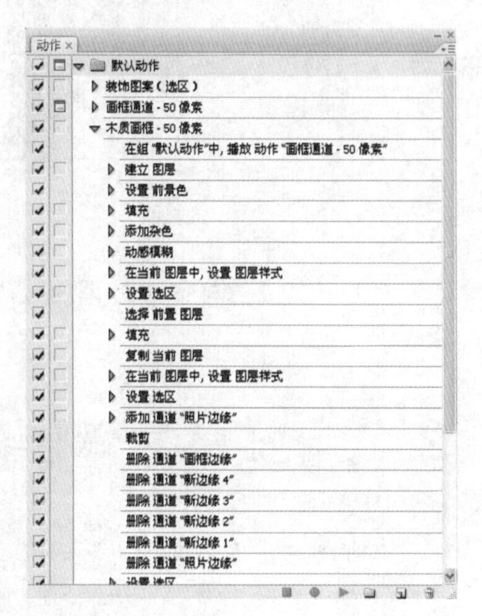

图 2－53

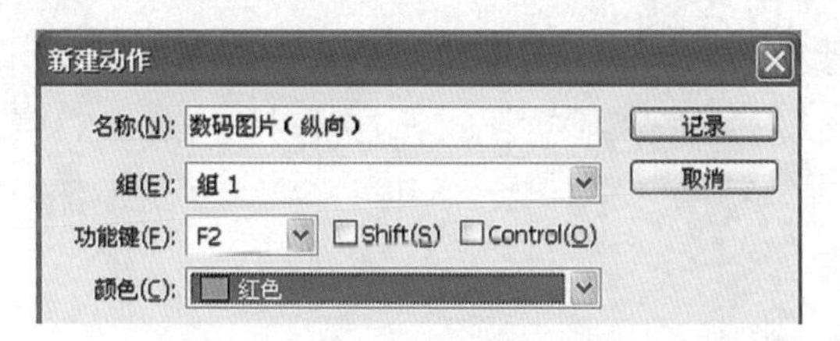

图 2－54

(4) 调整图片大小，鼠标右键单击图片标题栏，选择“图像大小”命令，弹出“图像大小”设置面板，本例中我们将图片宽度设为 700 像素，图片高度电脑会按比例自动缩小。

(5) 通过增加画布宽度为画面添加边框。将“工具”面板中的背景色设为白色，鼠标右键单击图片标题栏（图 2－55 品红框区域），选择“画布大小”命令，弹出“画布大小”设置面板，本例中我们将图片宽度和高度各增加 1 cm。单击“确定”按钮后图片四周将增加一个宽度为 1 cm 的白边。

(6) 保存图片。打开“文件”菜单，单击“储存为”，在“储存为”面板中将图片格式设为 . JPEG 格式，图片保存路径为刚建立的“处理照片文件夹”。

(7) 停止记录。单击“动作”面板下面的方形“停止播放/记录”按钮，结束动作记录。

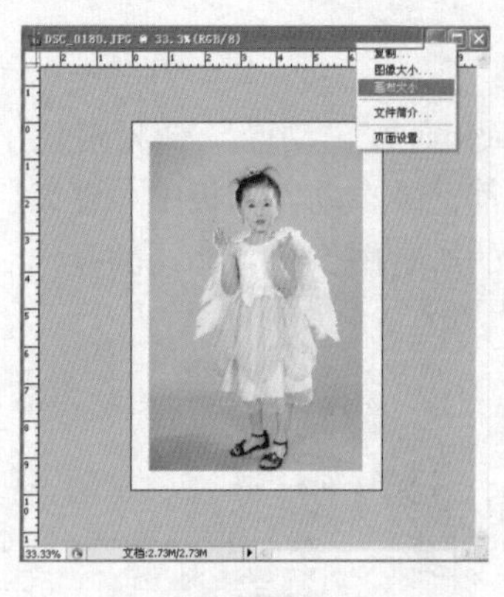
图 2-55

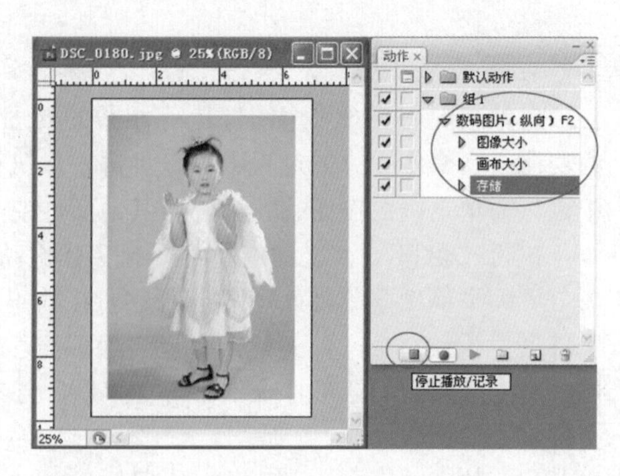

图 2-56

打开其他要这样简单处理的数码照片，只需单击一下“F2”，剩下的工作就由 Photoshop 完成了。

2.2 实例——“感恩老师邮票”设计与制作

本实例主要练习本章所学知识：绘图与修饰、渐变的设置、定义画笔，同时预先学习路径与文字的编辑，为下一步学习打好基础。

2.2.1 建立新文件

1. 按“Ctrl + N”键，在弹出的“新建”对话框中设置宽度为 12 cm，高度为 10 cm，分辨率为 300 像素/英寸，色彩模式为 CMYK 颜色，背景色为黑色，建立新文件。

2. 执行“文件”>“存储为”（快捷键“Ctrl + Shift + S”），存储该文件为“感恩老师邮票”，PSD 格式。

2.2.2 蜡烛制作

1. 制作蜡烛身

（1）先建路径，命名为“蜡烛身”，用“钢笔工具”先描出蜡烛的外形，如图 2-57 所示。

（2）编辑渐变颜色由浅黄“M20% Y90%”到深黄“C40% M70% Y100%”，如图 2-58 所示。

（3）使路径“蜡烛身”成为选区，新建图层，命名“蜡烛身”，填充上面的渐变。如图 2-59 所示。

（4）用“多边形套索工具”勾勒颜色较深部位，如图 2-60 所示。

（5）转换成选区后用“Ctrl + M”调整曲线，如图 2-61 所示。

（6）利用“加深”、“减淡”、“去色”、“模糊”、“涂抹”等工具在其上调整，刻画出蜡烛表面的形体及体面的变化。首先用大画笔，高强度，先从大的块面开始；再慢慢使用小画笔、低强度去细化。效果如图 2-62 所示。

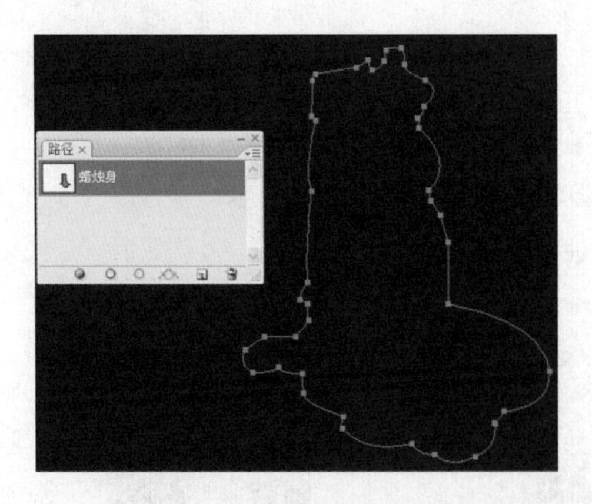

图 2－57

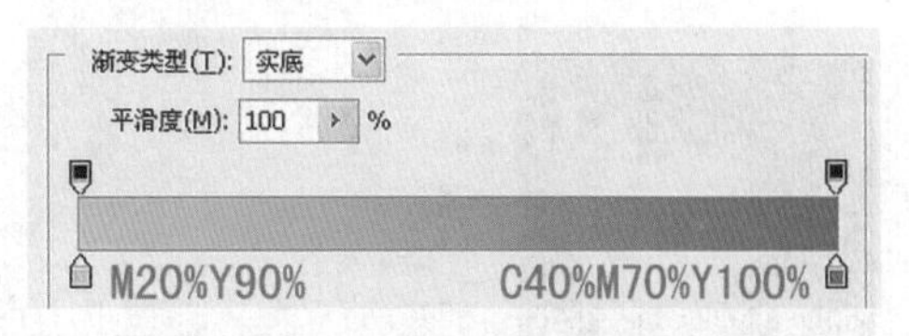

图 2－58

图 2－59

图 2－60

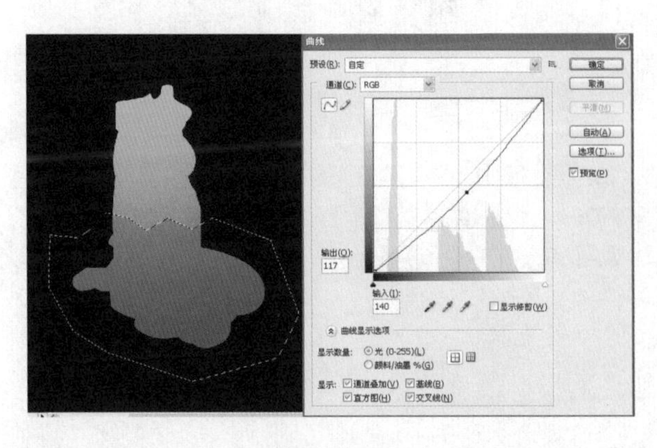

图 2－61

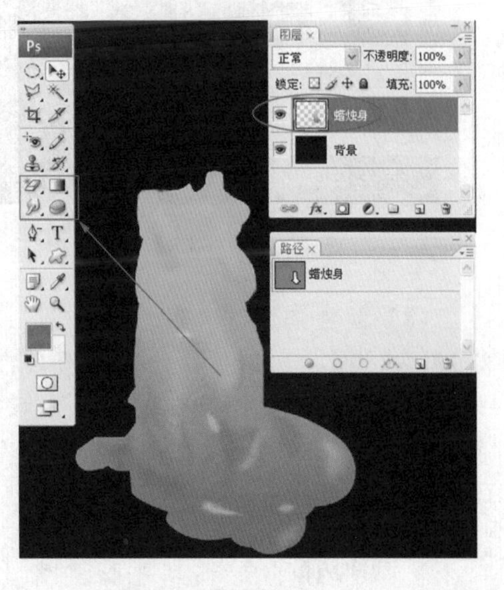

图 2－62

2. 制作蜡烛火焰

（1）新建图层，命名为“火焰”，用“椭圆工具”绘制出一圆形，在圆形中心画参考线，选择径向渐变，注意用鼠标拖曳渐变从圆形中心开始，效果如图 2－63 所示。

（2）按“Ctrl＋T”将圆形变形成蜡烛火焰形状，执行菜单“滤镜”＞“模糊”＞“高斯模糊”火焰形状，将做好的火焰半成品拖入蜡烛中调整其大小，如图 2－64 所示。

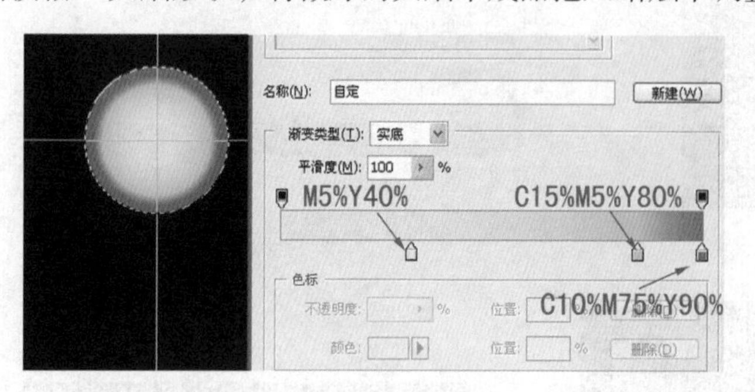

图 2－63

图 2－64

（3）为了使火焰更加逼真，需在“火焰”图层添加“矢量蒙版”（参考后面章节），在火焰的底部填充从明到暗的渐变，如图 2－65 所示。

3. 制作蜡烛灯芯

（1）新建图层，命名“灯芯”，用“画笔工具”描出灯芯，注意用几种不同颜色画出不同部位，再用涂抹工具变形灯芯，这里使用“图层样式”＞“外发光”，设置数据为系统默认。效果如图 2－66 所示。

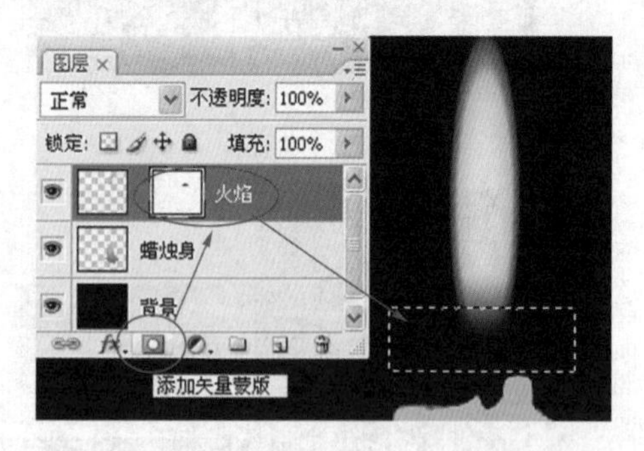

图 2－65

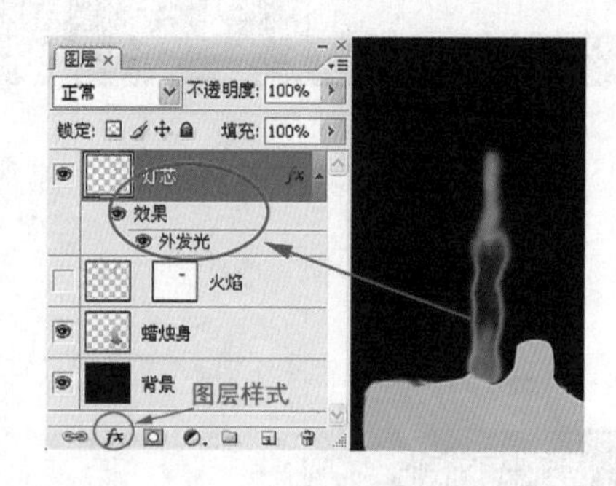

图 2－66

（2）新建图层，命名“蓝火焰”，在灯芯下部用“画笔工具”，设置前景色为蓝色“M90% C80%”，画出蓝色火焰；新建图层，命名“火焰心”，在灯芯下部用“画笔工具”，设置前景色为红色“M90% Y90%”，画出红色火焰心，效果如图 2－67 所示。

4. 最终蜡烛燃烧的效果（见图 2－68）

2.2.3 邮票制作

1. 制作边框

新建图层，命名“描边”，设置前景色为白色，用“矩形工具”新建路径，对应也命名为“描边”，将此图层载入选区，执行“编辑” > “描边”，设置宽度 50px，颜色白色，效果如图 2－69 所示。

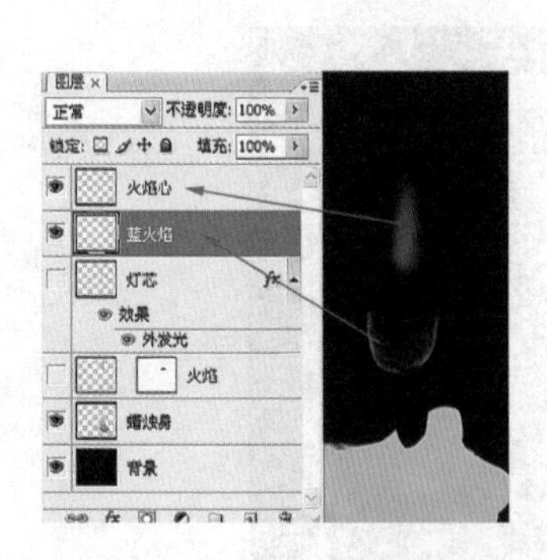

图 2－67

图 2－68

图 2－69

2. 画笔预设

（1）新建图层，命名为“画笔”，执行“窗口” > “画笔”，设置如图 2－70 所示。

（2）选择前景色为黑色，选中“画笔”图层，然后在选择路径“描边”中单击“用画笔描边路径”，得到如图 2－71 所示描边。

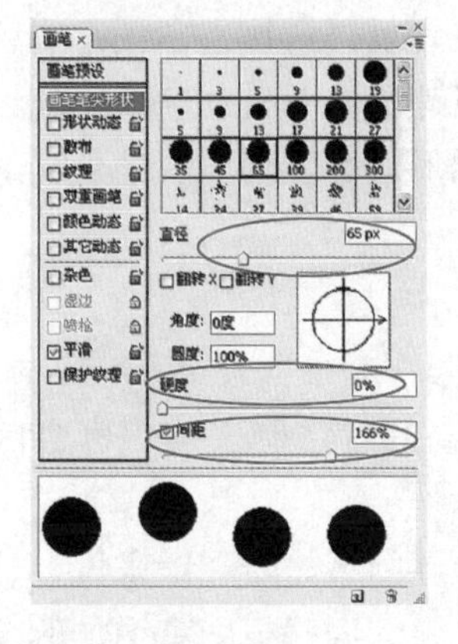

图 2－70

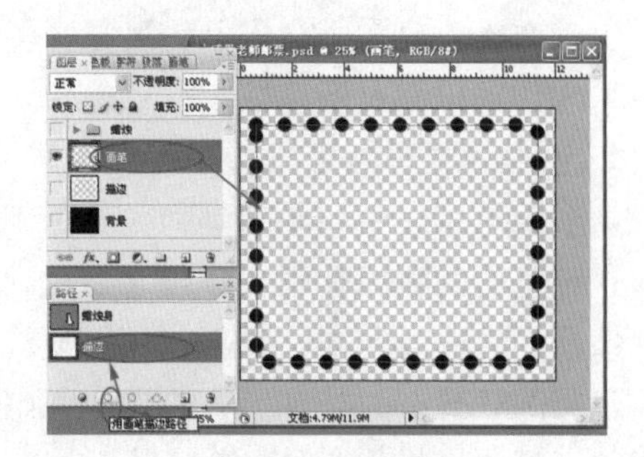

图 2－71

3. **输入文字**

输入文字，最终效果如图 2－72 所示。

图 2－72

2.3 专家建议

1. **了解颜色基础知识**

色彩的色相、饱和度和明度被称为色彩的三特征，这对于认识色彩和表现色彩是极为重要的。色相是色彩的最大特征，它是指色彩的相貌，用于区别各种不同色彩的名称，如红、绿等。对色相进行调整是指在多种颜色之间变化。饱和度是指色彩的纯度，也就是色彩鲜浊、饱和、纯净的程度。同一种颜色，当加入其他的颜色调和后，其纯度就会较原来的颜色低。明度是指色彩的明暗程度。色彩的明度可用黑白度来表示，愈接近白色，明度愈高，愈接近黑色，明度愈低。色彩的色相、饱和度和明度 3 种属性是针对有彩色系，如红、橙、黄等颜色。而无彩色系是指白色、黑色或由这两种色彩调和形成的各种深、浅不同的灰色，无彩色系的颜色只有明度特性，没有色相和饱和度。

2. **色彩的联想与象征**

一般人见到红色会联想到血、火或红苹果，看到绿色可能会联想到树木、蔬菜和水果等。这种色彩的联想在很大程度上受个人的意识和对事物的看法所影响，也会因年龄、性别、性格、教育、环境、职业、时代等差异而有所不同。

色彩的联想有时是有形象的具体事物，有时则是抽象性的事物。一般来说，幼年时期所联想的以具体事物为多，随着年龄增长、知识的积累，抽象性的联想即有增加的趋势，这种抽象性的联想，称为色彩的象征，它是属于比较感性的思维层面，也偏向心理上的感觉效果。这些色彩的联想经多次反复，几乎固定了它们专有的特色，于是该色就变成了该事物的象征。

3. **提高美术审美情趣**

本章绘图修饰与图像编辑都需要一定的美术基础，要想成为一名平面设计人员，就要十分注意培养自己的审美情趣，多赏析好的作品，并进行消化、吸收和借鉴，这样才能设计出优秀的作品。

2.4 自我探索与知识拓展

（1）了解绘图模式种类与区别，图层间的叠合变化以及电脑图形变换特点。

（2）熟练 Photoshop 参数设置，比较电脑绘图和平常美术绘画的区别与练习，掌握电脑绘图工具的表现特点。

（3）上机练习如下图像。参照实例，主要练习和巩固绘制心形图案及画笔预设、以及渐变的运用等主要操作。

第3章 创建选区

学习要点

◇掌握选框工具、套索工具、魔棒工具的使用，包括创建规则和不规则选区的途径。

◇掌握选区的相加、相减和相交。

◇掌握使用钢笔工具创建路径的方法，熟练掌握选区和路径之间的转换。

◇正确使用“抽出”命令提取具有复杂边缘的图像。

3.1 创建选区的基本方法

在图像处理过程中，选区起到控制操作范围的作用。在 Adobe Photoshop 中，要对图像的局部进行编辑，首先要通过各种途径将其选中，也就是所说的创建选区，同时还可以保证选区以外的部分不会受到影响。

3.1.1 选框工具

1. 工具种类

选框工具包括矩形选框工具、椭圆形选框工具、单行选框工具和单列选框工具（宽度为一个像素），选中矩形选框工具，就会显示其选项栏，如图 3－1 所示。

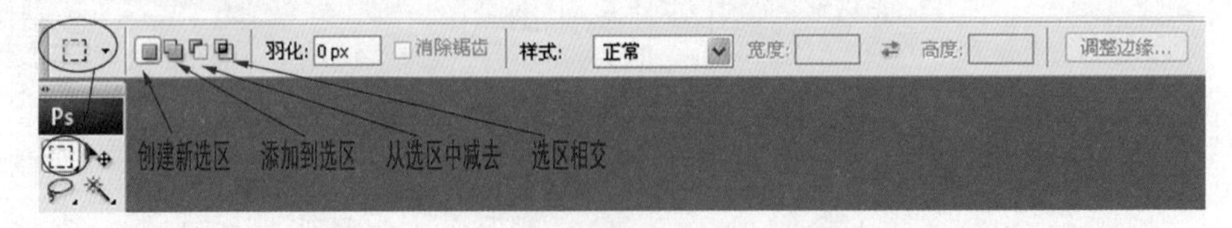

图 3－1

2. 工具选项栏

在工具选项栏中，紧邻工具图标的右侧有 4 个图标，分别表示“创建新选区”、“添加到选区”、“从选区中减去”及“和选区相交”。

3. 选框工具应用

（1）确定一块选区并进行颜色的填充。打开一幅图片，单击工具箱中的前景色图标，就会出现“拾色器”对话框，可用鼠标直接选择喜欢的颜色，也可通过输入数据来改变颜色。单击“确定”按钮确认选择的颜色。

选中“椭圆形选框工具”，在打开的图像上从左上角开始拖曳鼠标至一定区域，松开鼠标后就会出现浮动的椭圆选择线，表明已经选中了此块区域。执行“编辑”>“填充”命令，在弹出的“填充”对话框中将不透明度设为50%，如图3－2所示。因为设置了透明度，所以还能看到原来的图案。

（2）选项栏中的“羽化”选项可使边缘柔软。同样是上图，先在选项栏中设定羽化的数值为40像素，然后选择矩形选框工具在图像上拖曳，得到的选区呈圆角椭圆形显示，如图3－3所示，采用和刚才相同的填充命令得到的便是边缘柔化的椭圆形。

图3－2

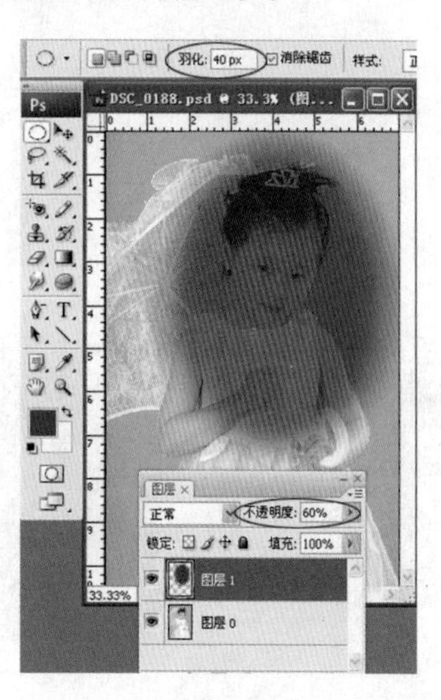

图3－3

（3）与其他键结合。在按住“Alt”键的同时单击工具箱中的选框工具，即可在矩形和椭圆形选框工具之间切换（同样适用其他工具之间切换）。在使用工具箱中的其他工具时，按键盘上的“M”键（在英文输入状态下），即可切换到选框工具。

按住“Shift”键的同时拖曳鼠标来创建选区，可得到正方形或圆形的选择范围。

同时按住“Alt”和“Shift”键，可形成以鼠标的落点为中心的正方形或圆形的选区。

按住“Alt”键的同时拖曳鼠标使选择区域以鼠标的落点为中心向四周扩散。

3.1.2 魔棒工具

1. 魔棒工具

魔棒工具是基于图像中相邻像素的颜色近似程度来进行选择的。选中工具箱中的魔棒工具，弹出其选项栏如图3－4所示，魔棒工具单击图中参考线交汇点，“容差”数值分别为10和50时，可见其中“容差”数值越小，魔棒工具所选的范围就越小，“容差”数值越大，表示可允许的相邻像素间的近似程度越大，选择范围也就越大。

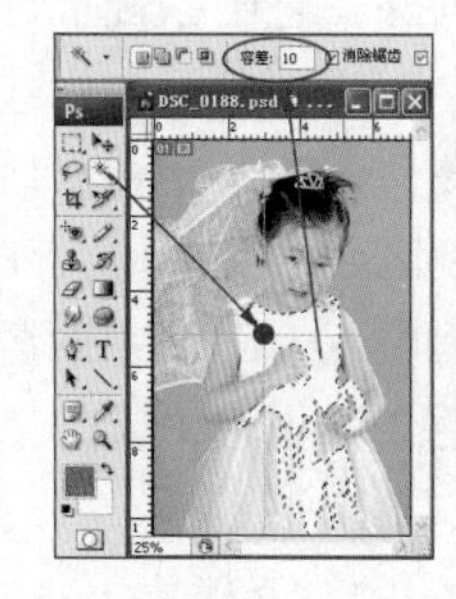

图3－4

2. 快速选择工具

利用快速选择工具可调整的圆形画笔笔尖快速“绘制”选区。拖动时，选区会向外扩展并自动查找和跟随图像中定义的边缘，其选项栏如图3－5所示。

“调整边缘”选项可以提高选区边缘的品质并允许对照不同的背景查看选区以便轻松编辑。单击选择工具选项栏中的“调整边缘”，或选择“选择” > “调整边缘”以设置用于调整选区的选项，其选项栏如图3－6所示。

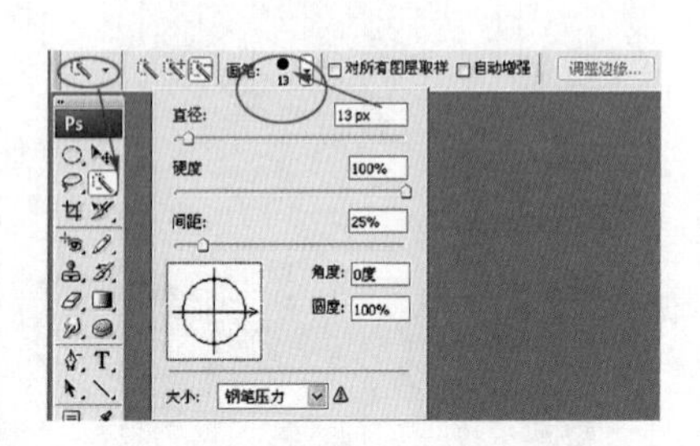

图3－5

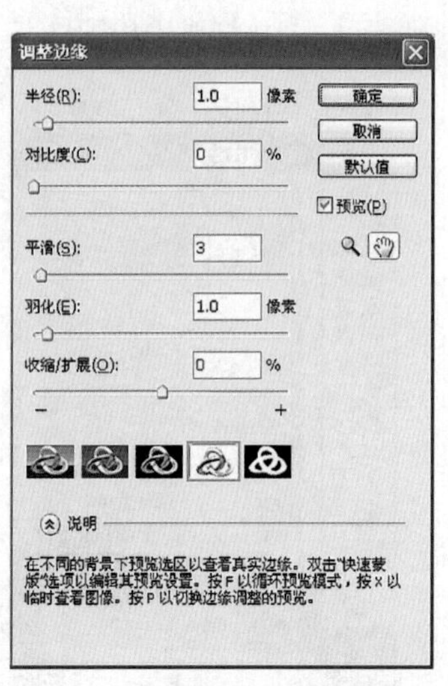

图3－6

3.1.3 套索工具

工具箱中包含3种不同类型的套索工具：套索工具、多边形套索工具和磁性套索工具，如图3－7所示。

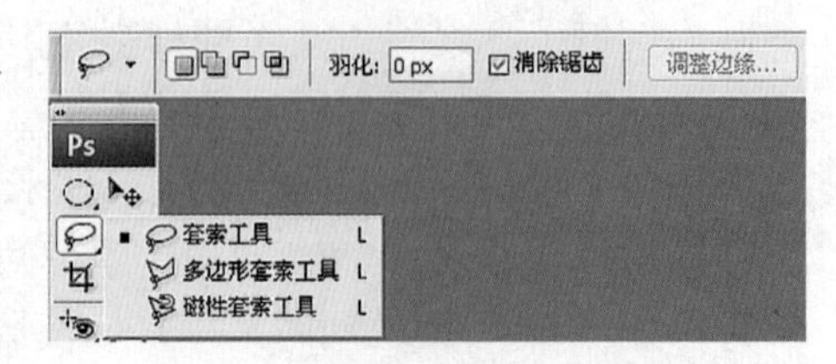

图3－7

3.1.4 色彩范围命令的使用

“选择”菜单下的“色彩范围”命令是一个利用图像中的颜色变化关系来制作选择区域的命令。它就像一个功能更加强大的魔棒工具，除了以颜色差别来确定选取范围外，它还综合了选择区域的相加、相减、相似命令，以及根据基准色选择等多项功能。

第一次使用该命令时，会在对话框中看到一个黑色的图像预视区，如图3－8所示。当鼠标移进这个预视区时，光标便会变为一个吸管形式，用这个吸管在预视区内任意处单击，这一部分便会变为白色，而其余的颜色部分仍然保持黑色不变。单击“确定”按钮，预视区中的白色部分便会转化为相应的选择区域。

1. 颜色容差

在图3－8所示的对话框中，拖动“颜色容差”下方的三角滑块或者在对话框中直接输入数值都可调整选择的颜色范围，“颜色容差”的含义类似于前面介绍魔棒工具时提到的“容差”选项，数值越高，可选的范围也就越大，它的取值范围为 0 ~ 200。

2. 选择区域的增减

如图 3 – 8 所示，选中带加号的吸管（相当于按住键盘上的“Shift”）在图中多处单击，直到要选择的区域全部或基本上包含进去为止，单击“确定”按钮。带减号的吸管（相当于按住键盘上的“Alt”键）可减去多选的像素点，不带任何符号的吸管只能进行一次选择。可以使用带加号或减号的吸管在画面中拖曳，来实现对大面积色彩范围的选取。

3. 预视区

在“色彩范围”对话框的中间有预视图，预视图的下方有两个选项：“选择范围”和“图像”。当选中“选择范围”单选钮时，预视图中就以 256 灰阶表示选中和非选中的区域，白色表示全部选中的区域，黑色表示没有选中的区域，中间各调表示部分被选中的区域。当选中“图像”单选钮时，在预视图中就可看到彩色的原图。

4. 选区预览

为了更清楚地表现出选择区域的形状，在使用“色彩范围”命令时，可控制图像窗口中图像的显示方式，更精确地表现出将制作出的选择区域。

5. 选择单一颜色或色调

“色彩范围”命令可以用图像中某些特定的单颜色来确定一个新的选择区域，也就是将图像中所有包含这些特定颜色的像素点组成一个新的选择区域。该选项可以通过对话框（见图 3 – 9）最上方的“选择”弹出菜单中的选项来设定。缺省状态时，Photoshop 将以吸管吸取得到的颜色作为基准色。除此之外，还可以选择红、绿、蓝、黄、洋红、青、高光、中间调、阴影或溢色等内容作为选择区域的基准色。

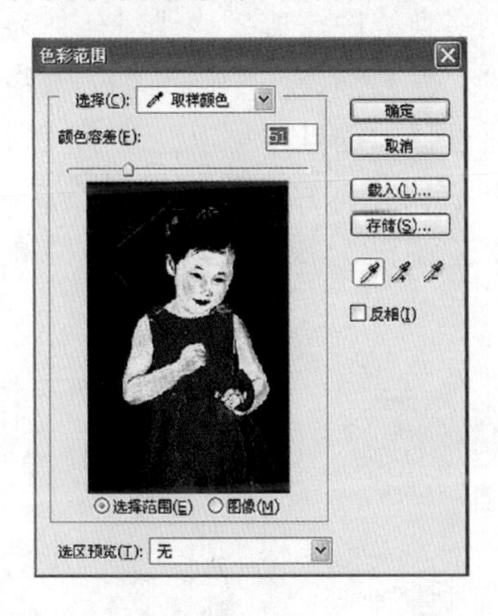

图 3 – 8

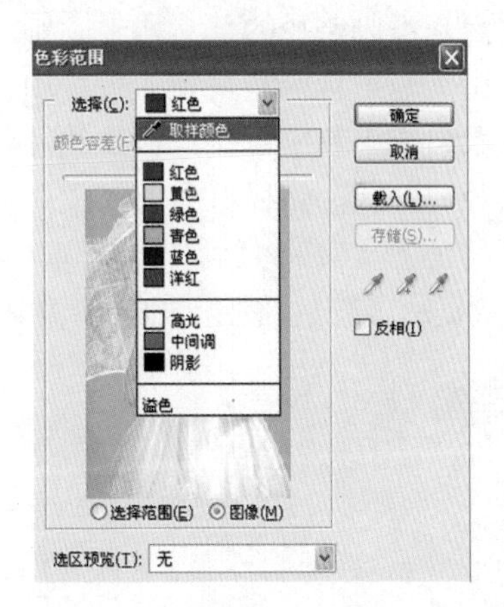

图 3 – 9

3.1.5 修改选区

1. 移动选区

使用任何一种选框工具时，当鼠标移进一个已经存在的选择区域后，光标便会变为一个右下角带虚线框的白色三角形状。此时按住并拖曳鼠标，可移动浮动的选择线，而选择线以内的图像没有被移动。在移动的过程中，光标会变为一个黑三角，表示正在移动选择区域。

2. **扩大选取和选取相似**

在“选择”菜单中有两个命令：“扩大选取”和“选取相似”，是用来扩大选择范围的，和魔棒工具一样，它们根据像素的颜色近似程度来增加选择范围。

3. **关于修改命令**

在“选择” > “修改”命令后有5个选择。其中，“边界”命令可以选择在现有选区边界的内部和外部的像素的宽度。

4. **关于变形选区命令**

当有浮动的选区时，执行“选择” > “变换选区”命令，会显示带有8个节点的方框，快捷键同“Ctrl + T”。拖曳鼠标可对方框进行缩放及旋转操作，这些操作和裁切工具的用法相同。按键盘上的回车键就可进行确认。

3.1.6 将路径转化为选区

如果选取的图像形状不规则，颜色差异又大，用前面的几种选择方法都不能得到希望的选区，此时可借助于工具箱中的路径工具来描出路径，然后再转换成浮动的选择线。如图3－10所示，从上到下分别为钢笔工具、自由钢笔工具、添加锚点工具、删除锚点工具和转换点工具。

1. **路径的基本概念**

路径是使用绘图工具创建的任意形状的曲线，用它可勾勒出物体的轮廓，见图3－11，所以也称之为轮廓线。

锚点是组成路径的基本元素，锚点和锚点之间会以一条线段连接，该线段被称为路径片段，在用钢笔工具绘制路径的过程中，每按下鼠标一次，就会创建一个锚点。一条路径由若干条线段组成，其中可能包含直线和各种曲线线段。通过移动锚点，可以修改线段的位置和改变路径的形状。路径可分为开放路径和封闭路径，开放路径即路径的起点与终点不重合，路径两端的锚点被称为“端点”。封闭路径是一条连续的、没有起点或终点的路径。图3－12显示了开放路径上的各个要素。

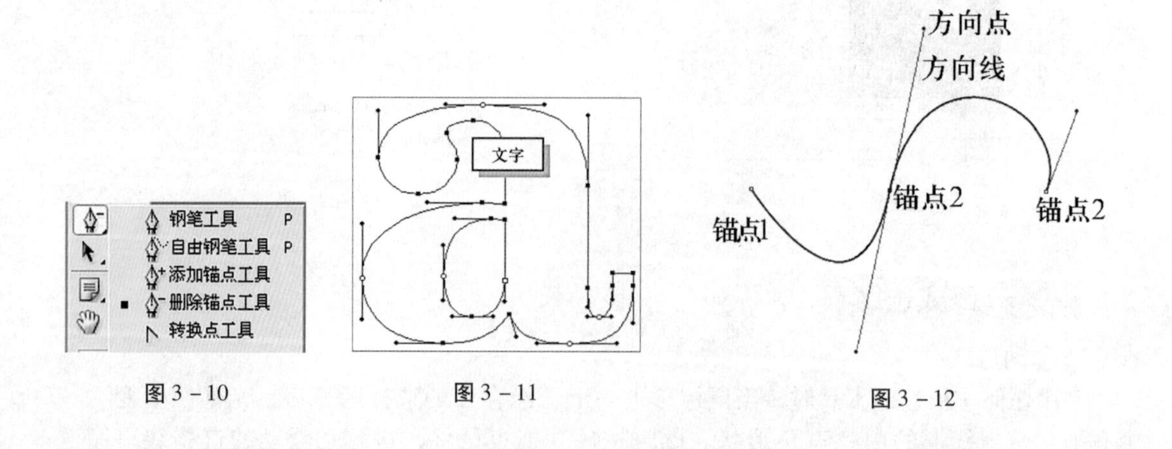

图3－10　　图3－11　　图3－12

2. 锚点类型

依据路径片段的不同（见图 3－13），可以将锚点分为以下 5 种类型。

（1）直线锚点。单击鼠标就可以在图像上创建直线锚点，直线锚点没有方向线。

（2）对称曲线锚点。在创建锚点时如果按住鼠标左键拖拉，该锚点就会产生两个长度一样方向相反的方向线，这种锚点被称为对称曲线锚点，通常方向线越长，曲线越长，方向线的角度越大，曲线的曲率越大。

（3）平滑曲线锚点。选择直接选择工具，将鼠标放在方向线的方向点上，按住鼠标左键拖拉就可以改变方向线的长度。平滑曲线锚点的两个方向线长度不一样。

（4）转角锚点。转角锚点的两个方向线的角度不等于 180°。对称曲线锚点创建后，按住“Alt”键，钢笔工具暂时转变成转换点工具，将其鼠标放在方向线的方向点上，按住鼠标左键拖拉就可以改变两个方向线之间的角度。用转角锚点可以形成任何角度和曲率的曲线。

（5）半曲线锚点。对称曲线锚点创建后，按住“Alt”键的同时，单击该锚点，这样即可将一端的方向线去掉，因此半曲线锚点只有一个方向线。转角锚点可以将曲线和直线连接起来。

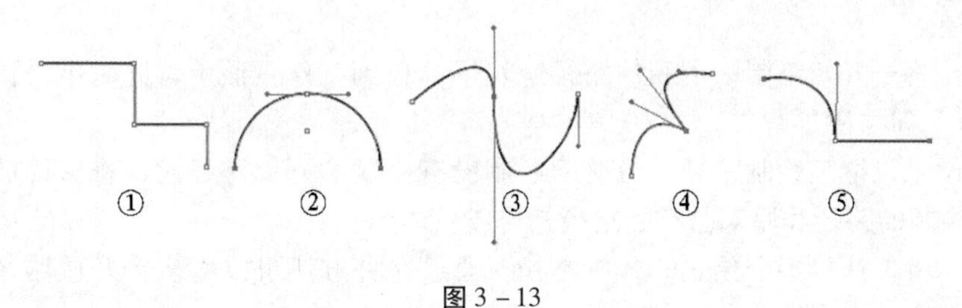

图 3－13

3.1.7 钢笔工具的使用

1. 钢笔工具类型

钢笔工具可绘制直线和曲线，而且可对线段提供精确的控制。

（1）增加锚点

用增加锚点工具在路径上任意位置单击就可增加一个锚点，如果是直线路径，增加的锚点就是直线点；如果是曲线路径，增加的锚点就是曲线点。如果要在路径上均匀地增加锚点，则在菜单下选择“窗口” > “路径” > “添加锚点”命令，原有的两个锚点之间就增加了一个锚点。

（2）删除锚点

使用删除锚点工具在路径锚点上单击可将多余的锚点删除，删除锚点后的图形会自动调整形状，锚点的删除不会影响路径的开放或封闭属性。

（3）转换锚点

使用转换锚点工具在曲线锚点上单击鼠标可将曲线点变成直线点，同样放于直线点上，按住鼠标拖拉，就可将直线转化为曲线点。锚点改变之后，曲线的形状也相应地发生了变化。

2. **钢笔鼠标指针的变化**

使用钢笔工具绘制矢量图时，鼠标可以呈现出不同的变化，如图 3－14 所示。

（1）工具箱中的钢笔工具的基本形态。

（2）表示在当前的路径上增加锚点，这时单击鼠标可以在路径上增加一个锚点。

（3）表示在当前的路径上删除锚点，这时单击鼠标可以将当前的锚点删除。

（4）表示开放路径的最后一个锚点的方向线处于可编辑状态。如果最后一个锚点是平滑曲线锚点，按住鼠标在锚点处拖拉可以改变锚点原有方向线的方向和长短，如果在拖拉的时候按住“Alt”键，可以改变单向方向线的方向和长短；如果最后一个锚点是直线锚点，按住鼠标拖拉可令直线锚点变成半曲线锚点。

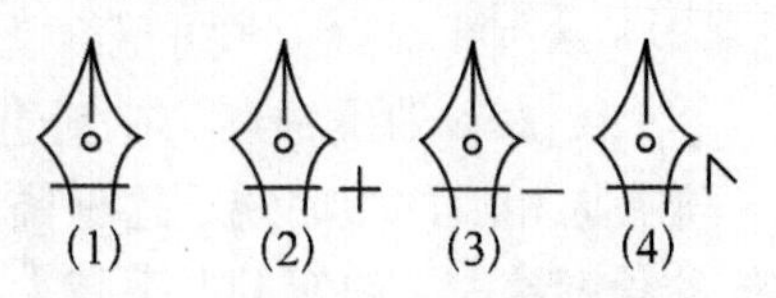

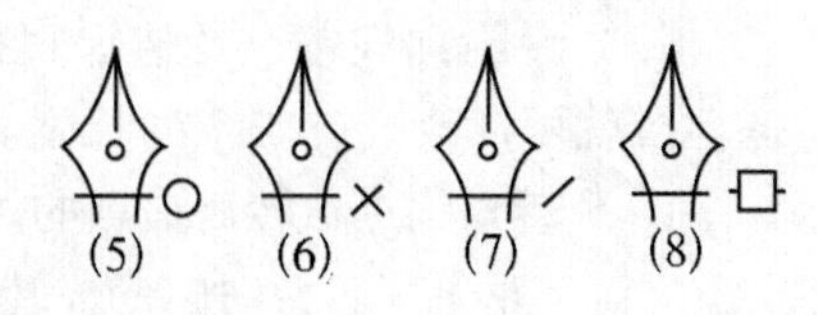

图 3－14

（5）表示将要形成一个闭合的路径。当最后一个锚点和起始锚点重合时，开放路径将形成闭合路径。

（6）表示将要开始绘制一个新的路径。将鼠标移到工作页面上，此时单击鼠标生成起始点后，“×”符号随即消失。

（7）表示可以继续绘制路径。当继续绘制没有完成的开放路径时，将鼠标放置在端点上，接下来绘制的路径和原来已有的路径是连成一体的。

（8）表示将要连接多个独立的开放路径。通过这种方法可以将多个开放路径连接成一个闭合的或者是开放的路径。

3. **直线的绘制**

用鼠标选中工具箱中的钢笔工具，将鼠标移到工作页面上，单击鼠标，不要拖拉，此时页面上出现一个实心正方形的蓝色点，即为一条线的起点，在直线的结束位置再单击鼠标，则两个点便会自动连起来，成为一条直线。如果在画线时在单击鼠标的同时按住“Shift”键，得到的直线可保持水平、垂直或45°角的倍数方向。

4. **曲线的绘制**

（1）选中工具箱中的钢笔工具（见图 3－15），将鼠标放在要绘制曲线的起始点。按住鼠标左键的同时向左移，释放鼠标左键后出现第一个锚点，此时钢笔工具图标变成一个箭头。

（2）将光标移到此点下边的位置，拖动箭头，向右拖拉，就会出现两个方向线，此时释放鼠标键，就画好了第二个曲线锚点。

（3）将光标继续向下移动，按住鼠标左键向左拖拉，形成第二段开口向左的圆弧状路径。

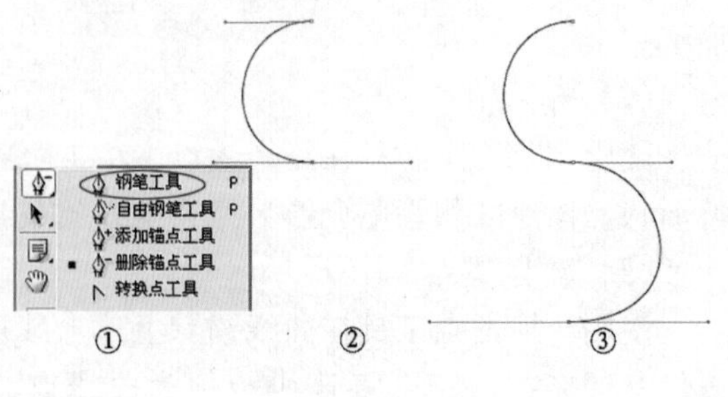

图 3－15

5. **路径的终止**

（1）把钢笔工具放在第一个锚点上，此时在钢笔尖的右下角出现一个小的圆环，单击鼠标左键使路径封闭。

（2）将鼠标移到工具箱中，单击钢笔工具或者其他工具，可终止当前路径。

（3）按住键盘上的“Alt”键使工具暂时变成选择工具，然后在路径以外的任意处单击鼠标也可以终止当前路径。

（4）执行菜单“选择” > “取消选择”命令。

6. **移动和调整路径**

可以通过移动两个锚点之间的路径片段、路径上的锚点、锚点上的方向线和方向点来调整曲线路径。若要在绘制路径时快速调整路径，可在使用钢笔工具的同时按住“Ctrl”键，即可切换到箭头状的“直接选择工具”，如图 3 – 16所示，选中路径片段或锚点后可直接进行路径的调整，释放“Ctrl”键就可恢复到钢笔工具。

图 3 – 16

要移动一个曲线片段并且不改变它的弧度，首先在工具箱中选中“路径选择工具”，在曲线片段的单击鼠标，将其选中，按住鼠标拖曳此曲线片段即可移动此片段。

3.1.8 自由钢笔工具

自由钢笔工具的用法就像使用铅笔工具在纸上画线一样，按住鼠标拖曳，线段开始形成，松开鼠标，线段终止，鼠标拖曳的轨迹就是路径的形状。将鼠标放到上一次绘制的终点，按住鼠标拖曳，就可将两次的路径连续起来。如果想封闭路径，将鼠标拖到起点处即可。

在自由钢笔工具的选项栏中，单击向下的三角，弹出“曲线拟合”设定项，范围为 0.5 ~ 10.0px，如图 3 – 17 所示。“曲线拟合”的数字越高，形成的路径越简单，路径上的锚点越少。反之，曲线拟合的数字越小，形成的路径上的锚点越多，路径也就相应地越符合物体的边缘。

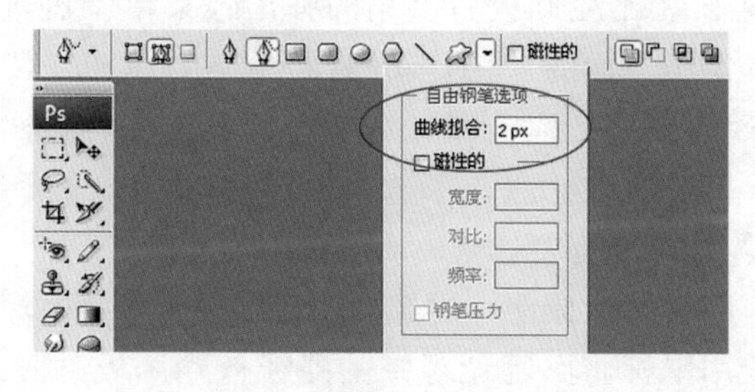

图 3 – 17

如果选中“磁性的”复选框，自由钢笔工具就变成了磁性钢笔工具，它的用法和前面讲到的“磁性套索工具”的用法相似。

3.1.9 路径调板的使用

1. 路径调板基础知识

执行“窗口” > “路径”命令，就会出现“路径”调板，绘制的路径在路径调板中会显示出来。如图 3 - 18 所示，在路径调板的最下面有一排小图标，从左到右分别为：（1）“用前景色填充路径”；（2）“用画笔描边路径”（宽度和硬度由画笔调板中画笔的大小及硬度来决定，填充的颜色和工具箱中的前景色相同）；（3）“将路径作为选区载入”，（4）“从选区建立工作路径”；（5）“创建新路径”；（6）“删除当前路径”。

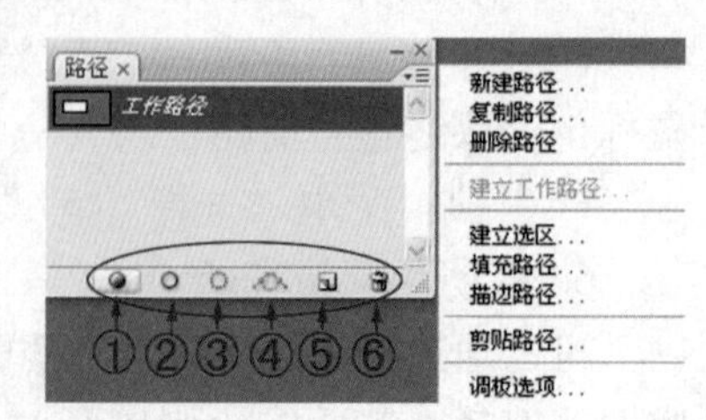

图 3 - 18

这些图标所代表的选项在路径调板右上角的弹出式菜单中都可以找到。选中路径后单击小图标或将路径拖到图标上就可以达到目的。

2. 路径调板的使用方法

（1）选择工具箱中的钢笔工具，在要选择的物体边缘单击鼠标，出现第一个锚点，此时在路径调板中会出现斜体的“工作路径”字样。

（2）用钢笔工具单击下一个位置，两个锚点会以直线形式自动连接起来，如果碰到圆弧的形状就需要用钢笔工具生成曲线，方法是在生成下一锚点时不是单击鼠标，而是按住鼠标拖曳，此时从锚点处将向两个相反方向延伸出方向线，按住鼠标移动方向线，两锚点间所形成的圆弧的形状将随之改变，方向线始终和圆弧相切。按住“Alt”键的同时用钢笔工具单击曲线锚点可以取消锚点的一个方向线，便于曲线的控制。

（3）当路径要封闭时，在钢笔工具的右下角会出现圆圈的符号。绘制好路径后在路径调板右上角的弹出菜单中选择“存储路径”命令，在弹出的对话框中输入名字后，单击“确定”按钮，此路径会随着文件的存储而存储。

（4）如果想删除当前路径，选中路径后，在路径调板右上角的弹出式菜单中选择“删除路径”命令，或直接将路径拖曳到路径调板下面的垃圾桶中即可。

（5）如果想复制路径，在路径调板右上角的弹出式菜单中可选择“复制路径”命令，或直接将路径拖曳到路径调板下面的“创建新路径”图标上即可。

（6）如果想改变路径的名字，双击路径调板中路径的名称部分就会直接变成输入框，输入新的名称即可。

3. 路径和选择范围之间的转换

绘制好路径后，可将路径转换成浮动的选择线，路径包含的区域就变成了可编辑的图像区域。转换的方法是直接用鼠标将路径调板中的路径拖到调板下面的“将路径作为选区载入”图标上，在图像窗口中即可看到转化完成的选择范围。

4. 填充路径

（1）选择工具箱中的“自定形状工具”，选择“皇冠”图案，并在其选项栏中进行如图 3 - 19 所示的设定。在窗口中拖曳鼠标得到路径。在路径调板右上角的弹出菜单中选择“存储路径”命令将路径存储起来。

（2）单击路径调板中的“用前景色填充路径”图标，路径按照内定的设置被填充，结果如图 3 – 20 所示。

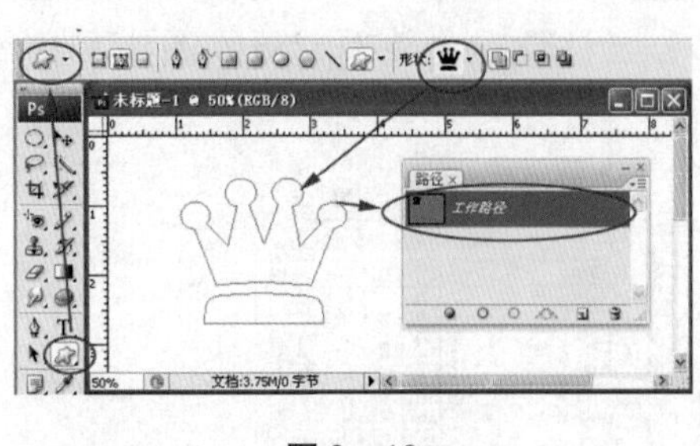

图 3 – 19

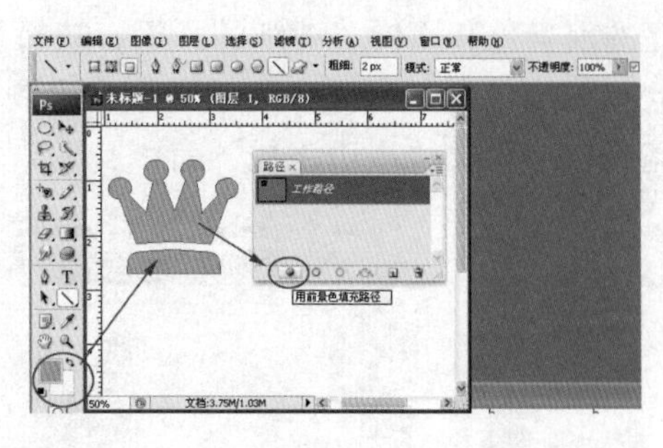

图 3 – 20

（3）在路径调板右上角的弹出菜单中选择“填充路径”命令，将弹出如图 3 – 21 所示的对话框。

5. **描边路径**

描边路径和工具箱中所选的工具及画笔的大小和形状有关。

（1）在路径调板右上角的弹出菜单中选择“描边路径”命令，或在按住“Alt”键的同时单击路径调板中的用“画笔描边路径”图标，都会弹出“描边路径”对话框，如图 3 – 22所示。

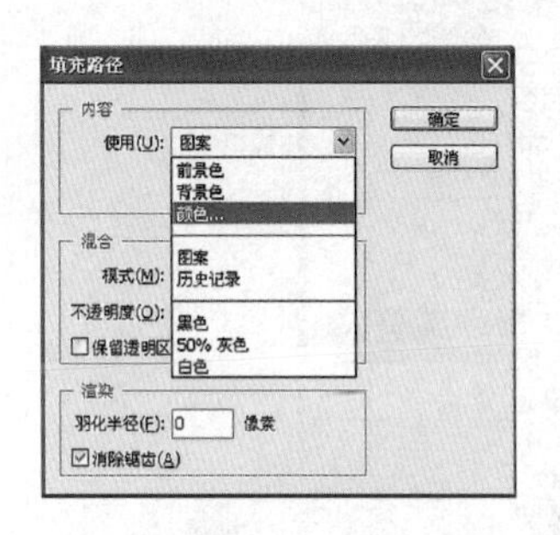

图 3 – 21

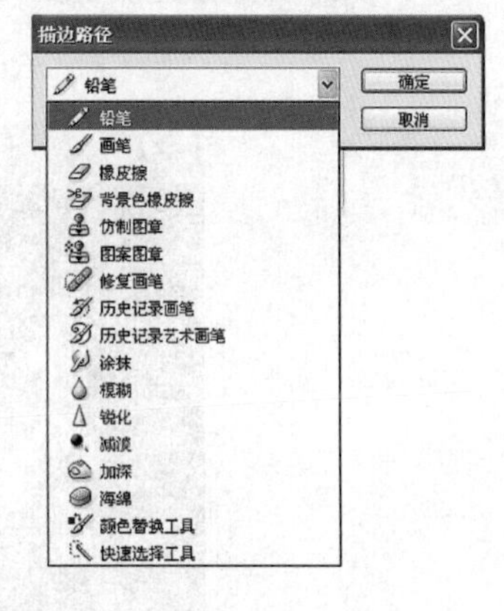

图 3 – 22

（2）在使用“描边路径”命令前，需要先对描边的工具进行各项设定。如图 3 – 23 所示，在上图的基础上，新建一个图层，选择画笔工具进行描边操作，首先在工具箱中选择画笔工具，然后在“画笔”调板中选择画笔预设，选择画笔笔尖形状“五角星”。在“描边路径”对话框中选择“画笔”选项，然后单击“确定”按钮，沿路径边缘就会出现一个“五角星”边，此边的颜色和工具箱中的前景色相同，粗细及软硬的程度由“画笔”调板中所选的画笔来决定。

（3）使用“描边路径”命令可简单制作发光效果，如图 3 – 24 所示，首先建立 3 个路径，分别为“灯泡”、“灯丝”、“旋口”；在图层中分别建立黑色“背景”层；“旋口”层是将“旋口”路径“将路径作为选区载入”，填充黑白线性渐变；“灯泡”和“灯丝”图层方法是首先选择较暗的前景色和较软、较粗的画笔，执行一次“描边路径”命令，然后选择渐亮的前景色和渐硬、渐细的画笔，执行多次“描边路径”命令，最后用最亮的颜色和较细的画笔执行一次“描边路径”命令来制作高光部分（注意：为简单起见，图中只描绘了最亮和较暗两次“描边路径”命令）。

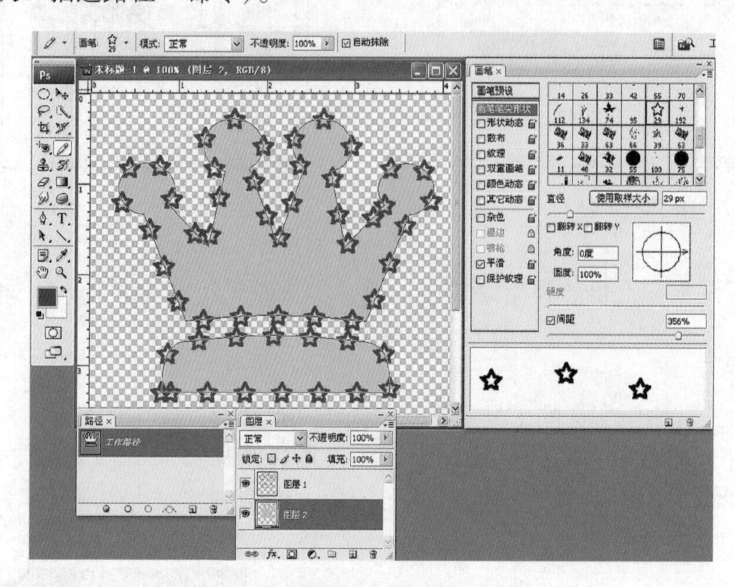

图 3－23

图 3－24

（4）可以尝试在“画笔”调板中设定不同的选项，结合“描边路径”命令实现不同的艺术效果。在“画笔”调板中选择“动态形状”、“颜色动态”等选项，可得到如图3－25所示的效果。

6. 建立剪贴路径

Photoshop 中都是方形的区域，在打印 Photoshop 图像或将该图像置入另一个应用程序中时，可能只想使用该图像的一部分。可能只想使用前景对象，而排除背景对象，利用图像剪

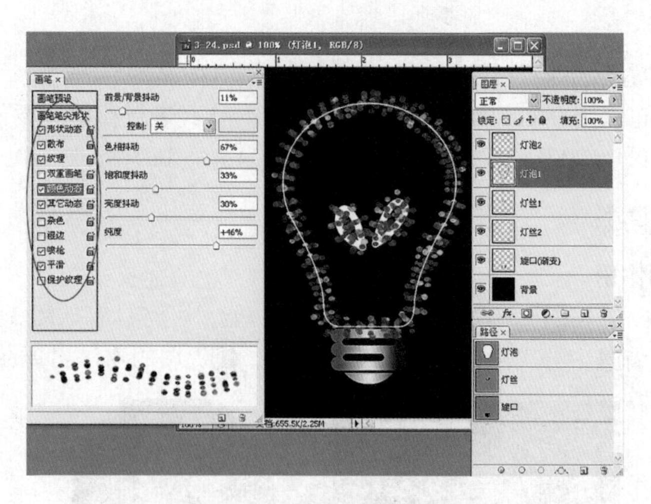

图 3－25

贴路径，则可以分离前景对象，并在打印图像或将图像置入其他应用程序中时使其他对象变为透明的。如图 3－26，在不使用图像剪贴路径的情况下导入到 Illustrator 或 InDesign 中的图像（左侧），以及在使用图像剪贴路径的情况下导入到 Illustrator 或 InDesign 中的图像（右侧）。

剪贴路径的用法如下。

（1）绘制一条工作路径，以定义要显示的图像区域，如果已选定要显示的图像区域，则可以将该选区转换为工作路径。在“路径”调板中，将工作路径存储为一条路径。将路径存储以后，在路径调板右上角的弹出菜单中选择“剪贴路径”命令，出现对话框，如图 3－27所示，在此选择路径的名称（一个文件可有若干个路径，但一次只能有一个剪贴路径），“展平度”是用来定义曲线由多少个直线片段组成，即剪贴路径的复杂程度。“展平度”数值越小，表明组成曲线的直线片段越多，曲线越平滑。

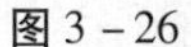

图 3－26

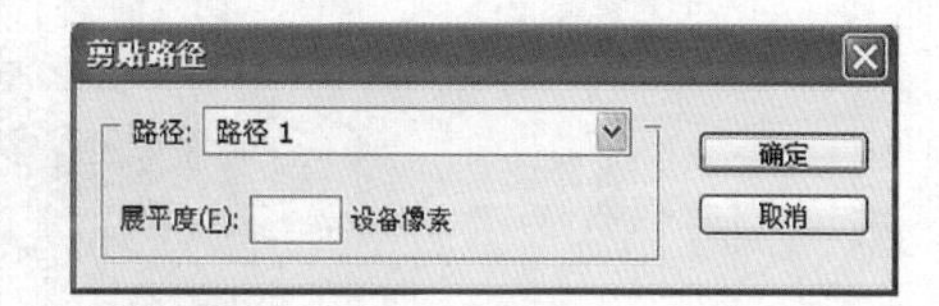

图 3－27

对于“展平度”，将展平度值保留为空白，以便使用打印机的默认值打印图像。如果遇到打印错误，请输入一个展平度值以确定 PostScript 解释程序如何模拟曲线。平滑度值越低，用于绘制曲线的直线数量就越多，曲线也就越精确。值的范围可以从 0. 2 ~ 100。通常，对于高分辨率打印（1200 ~ 2400 dpi），建议使用从 8 ~ 10 的展平度设置；对于低分辨率打印（300 ~ 600 dpi），建议使用 1 ~ 3 的展平度设置。如果打算使用印刷色打印文件，要将文件转换为 CMYK 模式。

（2）当选好“剪贴路径”后，执行“文件” > “存储为”命令，若要使用 PostScript 打印机打印文件，可以用 Photoshop EPS、DCS 或 PDF 格式进行存储。要使用非 PostScript 打印机打印文件，可以用 TIFF 格式存储并将其导出到 Adobe InDesign。

3.1.10 从背景中“抽出”图像

1.“抽出”的作用

“滤镜”菜单下的“抽出”命令提供了强大的功能，可将具有如图 3－28 复杂边缘的物体（如毛发）从其背景中分离出来，并将背景删掉，使提取的物体出现在透明的图层上。

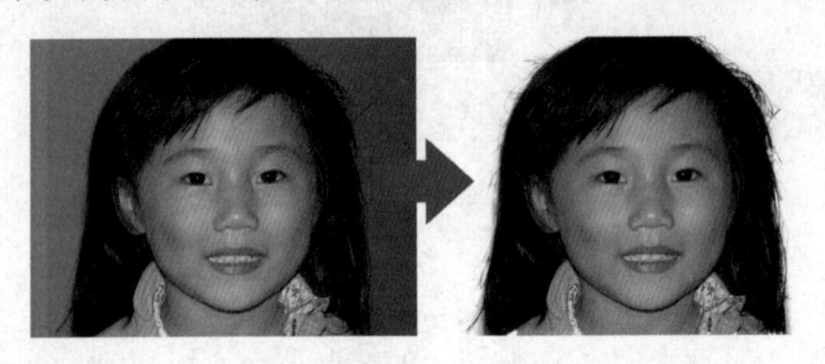

图 3－28

2.“抽出”命令的使用

（1）在图层调板中，选中要执行“抽出”命令的图层。如果选择背景层，执行完“抽出”命令后背景层将变成普通图层。为了避免丢失原来的图像信息，可以先将图层复制或在“历史记录”调板中制作原图像状态的“快照”。如果当前图层包含浮动的选择范围，“抽出”命令只对选择范围有效。

（2）执行“滤镜” > “抽出”命令，将弹出“抽出”对话框，如图 3－29 所示。可以使用“抽出”对话框中的工具指定要提取的图像区域。用鼠标拖曳对话框右下角可改变“抽出”对话框的大小。

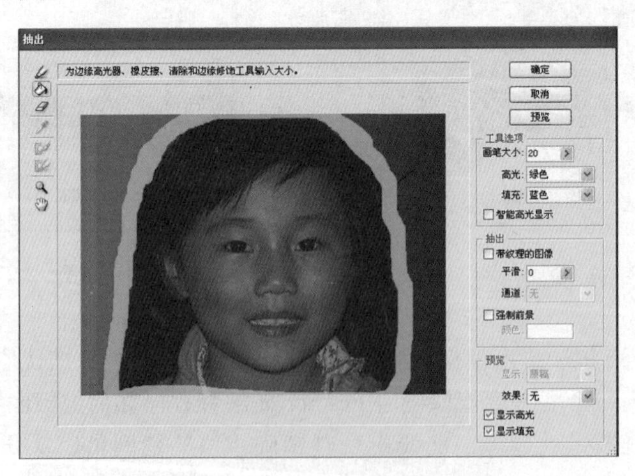

图 3－29

3.2 实例——漂亮的彩色铅笔广告

本实例主要练习本章所学知识：选区与路径及之间转换、颜色填充，文字的处理，巩固前面所学的修饰、渐变的设置，同时预先学习图层样式的处理，为下步学习打好基础。

3.2.1 铅笔制作步骤

1. 新建文件

（1）按“Ctrl + N”键，在弹出的“新建”对话框中设置宽度为 4 cm，高度为 9 cm，分辨率为 300 像素/英寸，色彩模式为 CMYK 颜色，背景色为白色，建立新文件。

（2）按“存储为”键（快捷键“Ctrl + Shift + S”），存储该文件为“铅笔”，PSD 格式。

2. 铅笔的笔身轮廓

（1）用“矩形路径工具”画出铅笔的轮廓，一个细长的矩形，如图 3 – 30 所示。

（2）按“Ctrl + Enter”转路径为选区，新建图层，命名“铅笔”，设前景色为大红色（M100，Y100），按“Alt + Delete”填充，如图 3 – 31 所示。

（3）按“Ctrl + D”取消选择。选择菜单“编辑” > “变换”，按住铅笔下端的变形框，向下拖一点使底部成弧形，如图 3 – 32 所示。

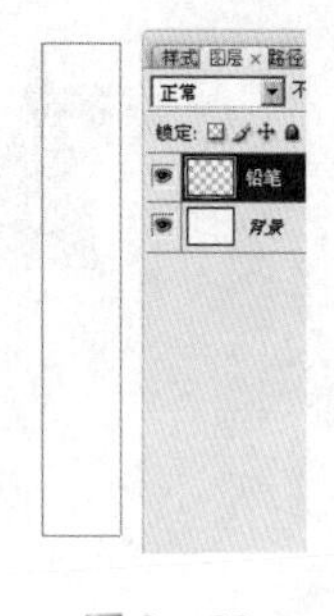

图 3 – 30

图 3 – 31

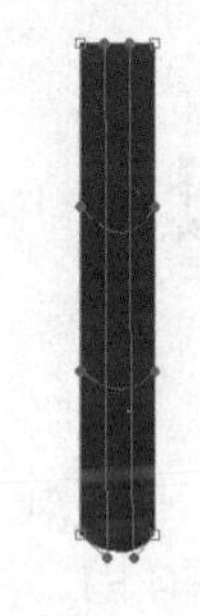
图 3 – 32

3. 铅笔的笔头轮廓

（1）用“矩形选框工具”选取笔头部分，如图 3 – 33 所示。

（2）按“Ctrl + J”复制选区为单独的图层，命名为“笔头”，如图 3 – 34 所示。

（3）按“Ctrl + T”对笔头进行变形，按住“Shift + Ctrl + Alt”的同时将笔头右上方的控制点向内拖动，直到形成三角形后回车确认，如图 3 – 35 所示。

（4）按“Ctrl + U”调出“色相/饱和度”窗口，调节色相和明度值，数值参考图 3 – 36，使笔头呈现木头的颜色。

4. 铅笔的笔芯轮廓

（1）再次用“矩形选框工具”选取笔头的一部分，如图 3 – 37 所示。

（2）按“Ctrl + J”复制选区为单独的图层，命名为“笔芯”，如图 3 – 38 所示。

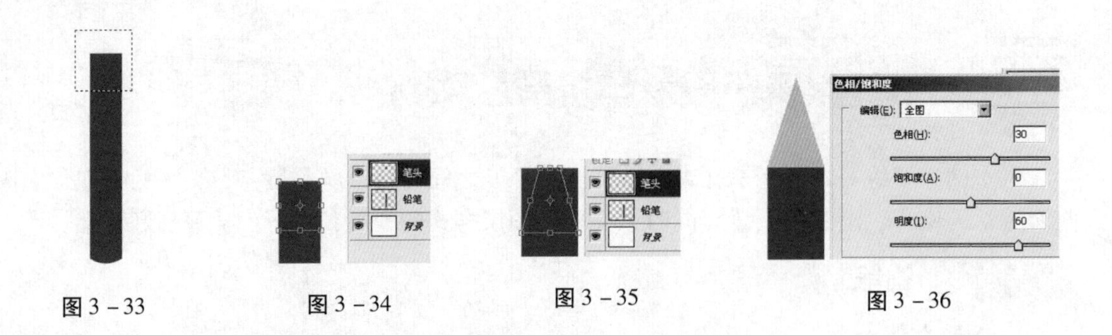

图 3－33　图 3－34　图 3－35　图 3－36

（3）在图层面板按住“Ctrl”键单击笔芯层以载入其选区，然后给它填充和笔杆一样的大红色。

（4）选择“铅笔”图层，选择“减淡工具”，设置如下，按住“Shift”键在铅笔杆表面上下涂抹几次形成一条高光，如图 3－39 所示。

（5）选择笔头图层，先用“多边形套索工具”在笔头上选出一块高光区域，然后用“减淡工具”在选区内涂抹几下，如图 3－40 所示。

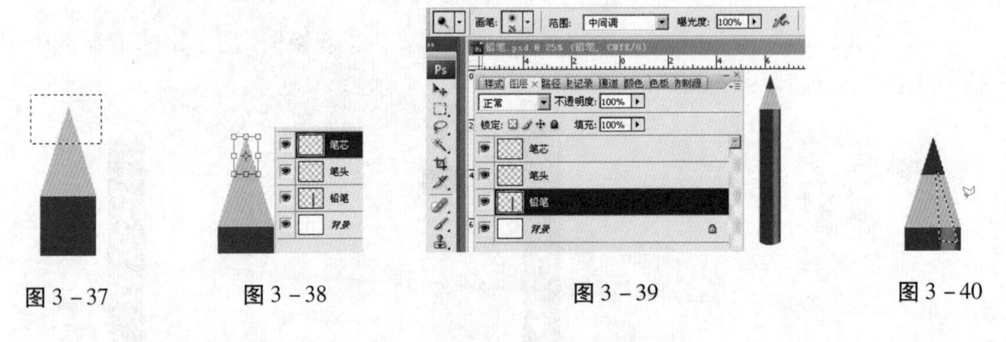

图 3－37　图 3－38　图 3－39　图 3－40

（6）选择“涂抹工具”，设置如下，在笔头下部轻轻地涂抹，形成参差不齐的铅笔削过的样子，同样的，用涂抹工具将笔芯下部也涂抹一下，如图 3－41 所示。

5. 铅笔的美化处理

（1）隐藏背景图层（即去掉背景图层前面的小眼睛），按“Ctrl＋Shif＋Alt＋E”合并可见图层，命名为“铅笔 1”，这样既能得到合并后的铅笔，又不会破坏原图层，如图 3－42 所示。

（2）给铅笔添加阴影效果。在图层面板双击“铅笔 1”调出其图层样式，勾选投影，设置如图 3－43 所示。

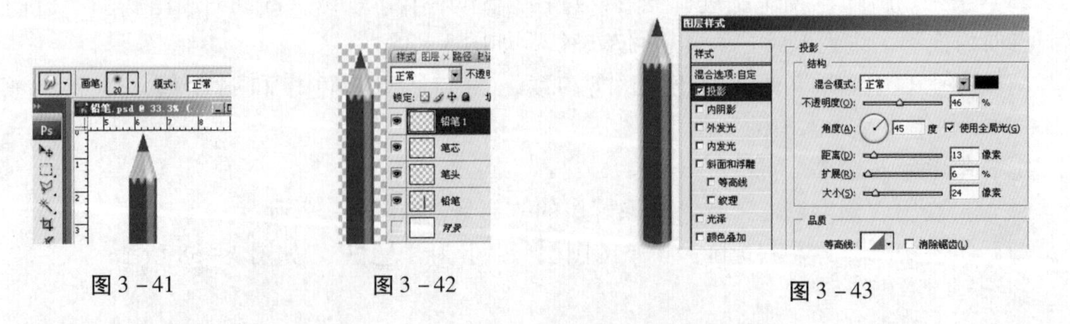

图 3－41　图 3－42　图 3－43

（3）勾选内阴影，设置如图 3－44 所示，使铅笔看起来更有立体感。

（4）复制图层“铅笔 1”，命名为“铅笔 2”，对铅笔图层进行色相/饱和度的调整，数值如图 3－45 所示时笔杆会变成绿色。

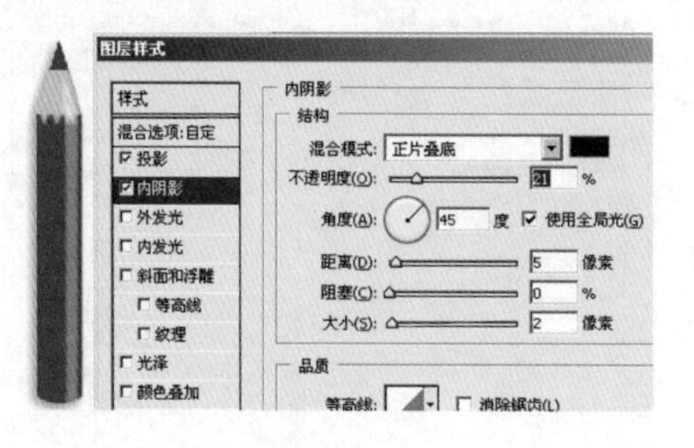

图 3－44

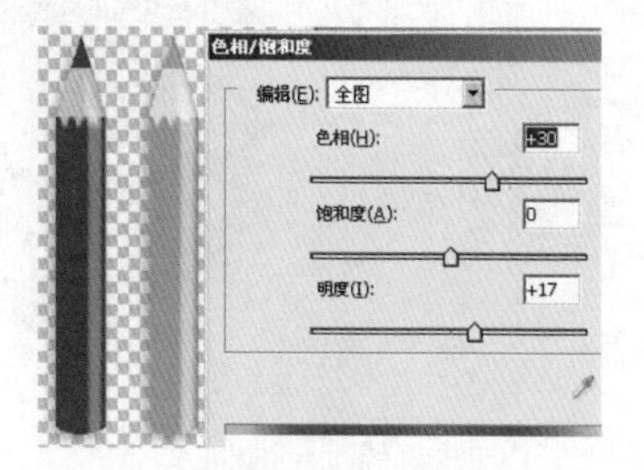

图 3－45

3.2.2 制作铅笔产品海报步骤

1. 新建文件

（1）按“Ctrl + N”键，在弹出的“新建”对话框中设置宽度为 11.4 cm，高度为 21.6 cm，分辨率为 300 像素/英寸，色彩模式为 CMYK 颜色，背景色为白色，如图 3－46 所示建立新文件。

（2）执行“文件” > “存储为”（快捷键“Ctrl + Shift + S”），存储该文件为“铅笔产品海报”，PSD 格式。

2. 背景制作

（1）选择“椭圆选框工具”，按住“Shift”键分别画出正圆，执行“编辑” > “填充”，分别填上如图 3－47 所示标记的颜色。

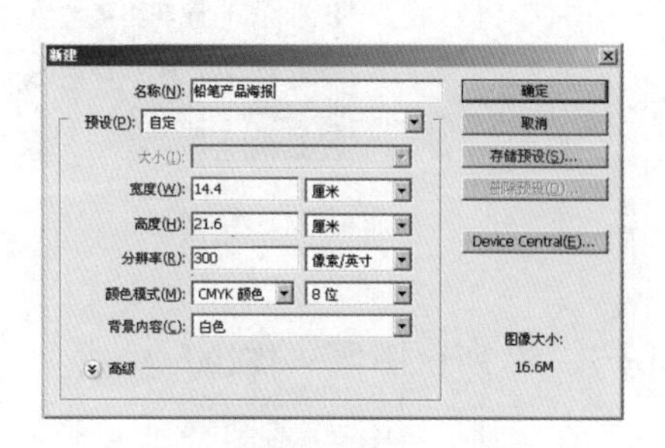

图 3－46

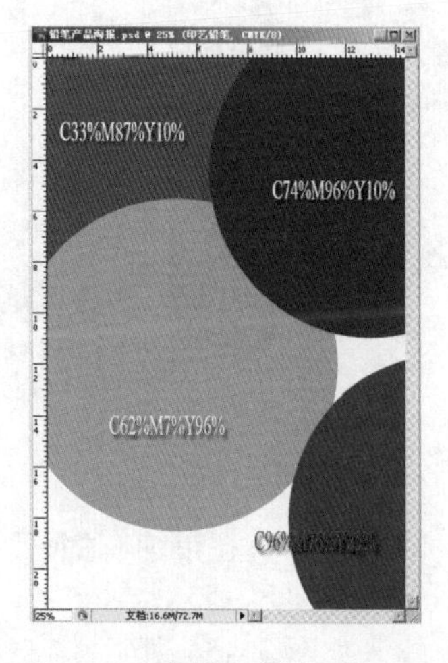

图 3－47

（2）继续选择“椭圆选框工具”，按住“Shift”键分别画出正圆，执行“编辑” > “描边”，成为圆环，添加如图 3－48 所示的图层样式。

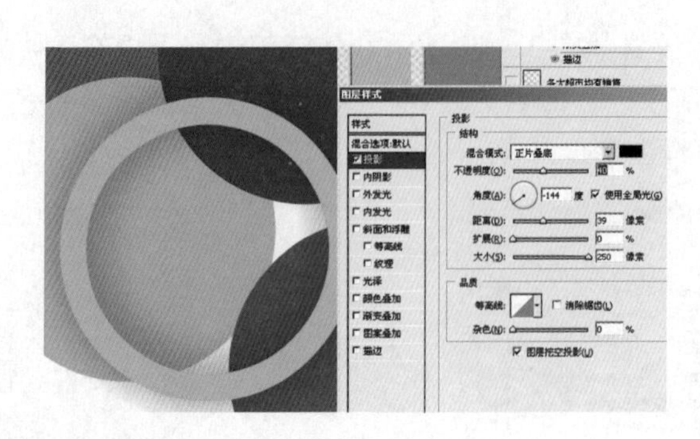

图 3－48

（3）继续选择“椭圆选框工具”，按住“Shift”键分别画出正圆，执行“编辑”>“填充”，蓝色（C96%/M96%/Y4%），再执行“编辑”>“描边”，描边紫色（C64%/M88%），效果如图 3－49 所示。

3. 文字效果制作

（1）输入数字“7”，黑体，按住“Ctrl”键单击本图层以载入其选区，单击“从选区建立工作路径”图标，存取此路径为“7”，即将数字“7”的选区变为路径，用“直接选择工具”选取路径“7”的锚点修整到如图 3－50 所示位置（主要是 7 字底部的锚点移动向左下），添加样式。

（2）输入数字“9.99”，添加如图 3－51 所示样式。

图 3－49

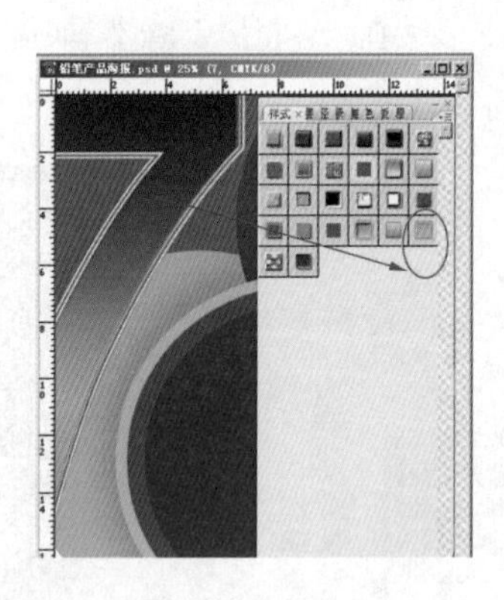

图 3－50

图 3－51

（3）输入“各大超市均有销售”文字，添加如图 3－52 所示图层“描边”样式。

（4）输入如图 3－53 所示文字，添加样式。

（5）输入如图 3－54 所示文字，添加样式。

（6）将前面做好的单个铅笔拖放到本文件中，复制铅笔图层，分别执行“图像”>“调整”>“色相/饱和度”的数值就可以调出各种不同颜色的铅笔，然后分别给它们添加同样的阴影效果，如图 3－55 所示。最终效果如图 3－56 所示。

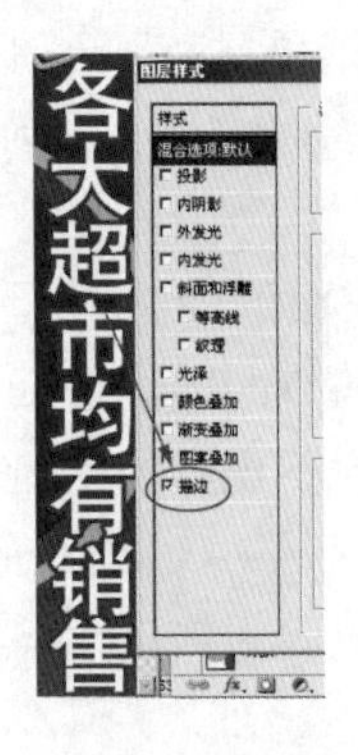

图 3－52

图 3－53

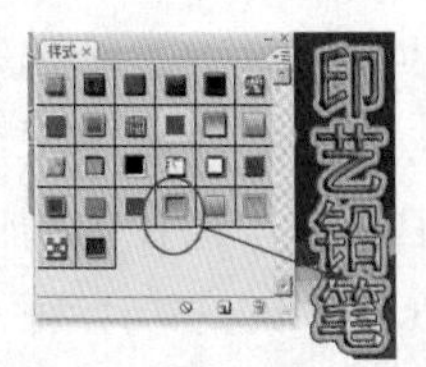

图 3－54

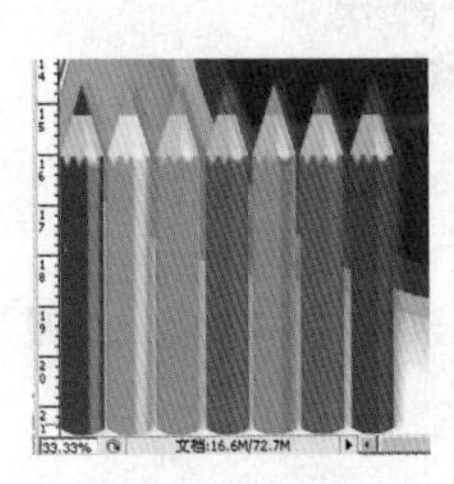

图 3－55

图 3－56

3.3 专家建议

1. **在学习与制作过程中要总结与比较各种选取工具的特点**

工具箱中专门用来选取范围的选取工具包括选框工具、套索工具和魔术棒工具。

（1）套索工具可在图像中快速任意绘制与选取不规则选区，但选取范围不精确，受鼠标等影响较大。

（2）多边形套索工具可以快速设置多个转折点，当回到起始点时，单击封闭选区。但不能绘制与选取曲线选区。

（3）磁性套索工具是一种可识别边缘的套索工具。可以根据选区边缘和背景色的对比度进行快速选取。选中该工具后，鼠标移到图像上单击起点，然后沿物体边缘移动鼠标，无须按住鼠标，当回到起点时，单击就会封闭选区，完成选择。对于文字与色块图像选区有用，但对于没有近似色块的图像没有用。

（4）魔术棒工具是以图像中相近的色素来建立选取范围的，此工具能够选择出颜色相同或相近的区域。魔术棒工具对于“容差”的设定非常重要，选区的结果具有不可预见性。

（5）要细调现有的选区，可以重复使用“色彩范围”命令选择颜色的子集。

2. 熟练掌握路径与选区互换

在使用 Photoshop 处理图像过程中，路径的使用非常灵活。通过前面的课程学习可以知道，使用套索工具等选取工具可以建立选区，但是它无法处理非常有细节的内容，而利用路径则可以较好地解决这个问题，它可以进行精确定位和调整，且适用于不规则的、难以使用其他工具进行选择的图像区域。Photoshop 的路径主要是用于勾画图像区域（对象）的轮廓，在特殊图像的选取、特效字的制作、图案制作、标记设计等方面的应用最为广泛。

3. 灵活运用

注意灵活运用“添加到路径区域”、“从路径区域减去”、“交叉路径区域”、“重叠路径区域除外”来制作一些特殊图形如图 3－57 所示为利用上述几个按钮绘制后的路径，图中正方形为原路径，圆形为子路径。

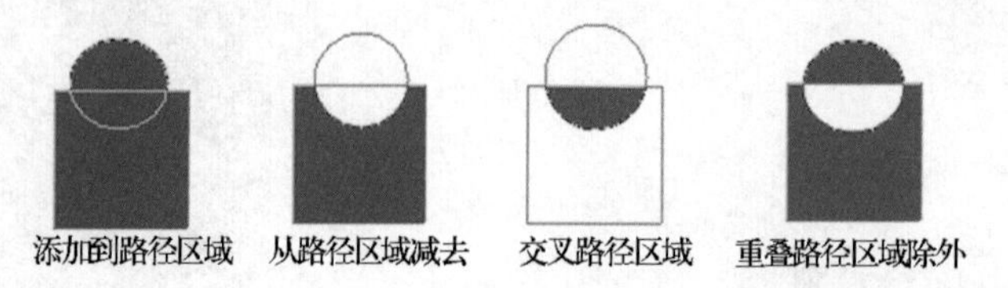

图 3－57

图 3－58 所示的第二章“心形”练习的基本图案，就要用到以上所学，注意好好运用，尤其是一些制作要求规范的标志等图形。

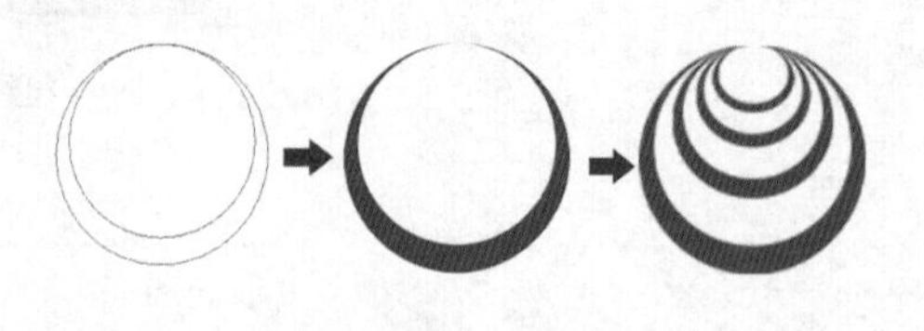

图 3－58

3.4 自我探索与知识拓展

（1）了解套索工具、多边形套索工具、磁性套索工具、圆角矩形选框工具、椭圆选框工具和魔棒工具等选取工具，以及新工具“快速选择工具”。多练习移动、剪切、拷贝或填充选区。和 Illustrator 配合使用制作剪切路径。

（2）熟练路径的使用，特别是钢笔工具的使用，几乎所有平面设计软件都有此软件，一定要掌握贝塞尔曲线的特性与原理。

（3）上机练习如下图像。刀片的制作注意运用“添加到路径区域”、“从路径区域减去”、“交叉路径区域”、“重叠路径区域除外”来制作中间的刀架固定空。卡通人的练习注意运用路径与选区之间的转换。

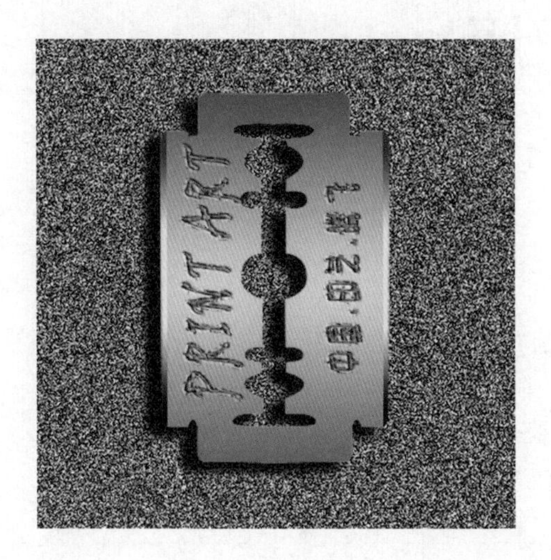

第4章 通道和蒙版

学习要点

◇掌握通道的基本概念和特性，正确使用通道和通道的相关选项。

◇掌握颜色通道、专色通道和 Alpha 选区通道的原理及使用方法。

◇掌握通道运算的原理和操作方法。

◇了解蒙版的基本概念和特性，正确使用蒙版和蒙版的相关选项。

◇掌握快速蒙版模式和 Alpha 选区通道的使用方法。

4.1 通道基本概念

通道是 Photoshop 中处理图像常用的一种工具，主要用于存放图像的颜色和选区信息。通道是存储不同类型信息的灰度图像，在实际应用过程中，通道是选取图层中某部分图像的重要手段，同时也可以利用通道来制作特殊效果，如创建渐隐效果、创建有阴影的文字效果、创建三维效果等图像效果。

4.1.1 通道种类

在 Photoshop 中，通道可以分为颜色通道、专色通道和 Alpha 选区通道 3 种，它们均以图标的形式出现在通道调板当中。

1. 颜色通道

在一幅图像中，像素点的颜色就是由这些颜色模式中的原色信息来进行描述的。

如图 4－1 所示可以在 RGB 图像的通道调板中看到红（Red）、绿（Green）、蓝（Blue）3 个颜色通道和一个 RGB 的复合通道；在 CMYK 图像的通道调板中将看到黄（Yellow）、品红（Magenta）、青（Cyan）、黑（Black）4 个颜色通道和一个 CMYK 的复合通道，如图4－2 所示。Lab 模式图像有 3 个颜色通道，位图、灰度和索引颜色模式图像的颜色通道只有 1 个。

每个颜色通道都是一幅灰度图像，它只代表各种颜色的明暗变化。所有颜色通道混合在一起时，便可形成图像的彩色效果，也就构成了彩色的复合通道。对于 RGB 图像来说，颜色通道中较亮的部分表示这种原色用量大，较暗的部分表示该原色用量小，见图 4－1 图左的单色红光通道和白色光一样；而对于 CMYK 图像来说，颜色通道中较亮的部分表示该原色用量少，较暗的部分表示该原色用量大，见图 4－2 图左的单色青色通道以黑色来记录最大颜色信息。

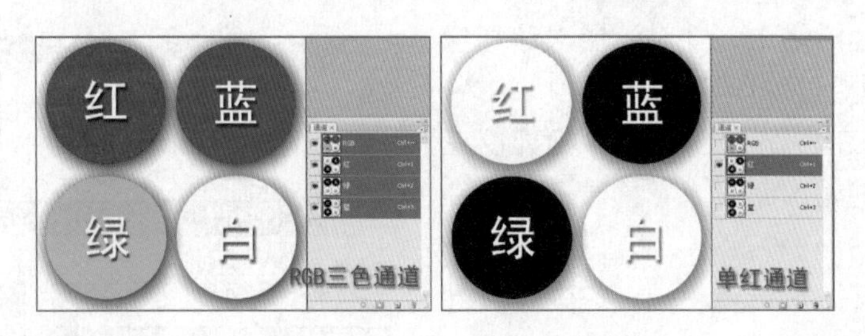

图 4－1

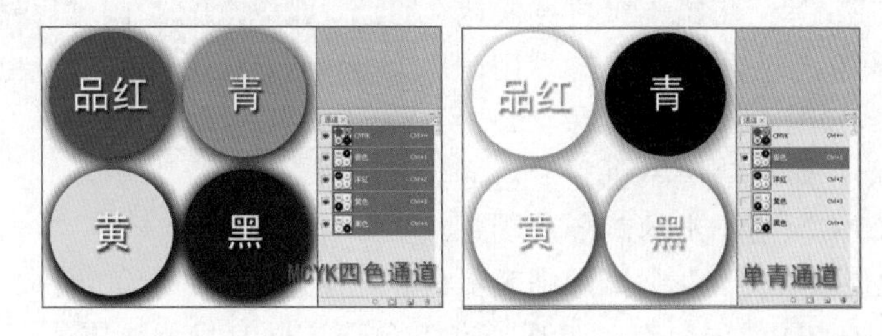

图 4－2

2. 专色通道

（1）印刷专色与专色通道

专色可以简单地理解就是除黄、品红、青、黑 4 种原色油墨以外的其他印刷颜色，可以根据需要在印刷厂调配或在油墨厂定制。如在一些高档的印刷品制作中，人们往往加印一些其他颜色，以便更好地再现其中的纯色信息，特别是凹印和柔印工艺，这些加印的颜色就是所说的“专色”。另外，有时为了在印刷品上制作一些特殊变化，会使用专门的金、银、UV 紫外光固化等油墨来进行印刷，这些金、银和 UV 油墨也是一种专色油墨。

在印刷时，每种专色油墨都对应着一块印版，而 Photoshop 的专色通道便是为了制作相应的专色色版而设置的，使用通道调板弹出菜单中的“新建专色通道”命令，可弹出“新建专色通道”对话框，如图 4－3 所示。

单击“新建专色通道”对话框中“颜色”后面的小颜色块，在弹出的拾色器中选择颜色，也可以单击拾色器中的“颜色库”按钮，如图 4－4 所示，在不同的颜色色谱中选定所需专色，单击“确定”按钮后，“新建专色通道”对话框中的名称就变成色谱中的颜色名称。

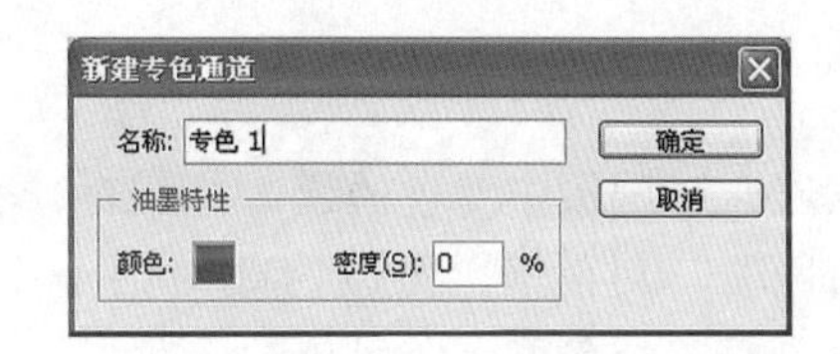

图 4－3

（2）专色通道中颜色表示方法

设定好专色油墨的信息后，在通道调板中选定专色通道，其中做出的任何变化都会以专色颜色体现出来。单一的通道中只能画出黑、白、灰的不同信息，它们代表本通道颜色的不同明暗变化。在 Photoshop 的制作过程中，可以根据需要在图像中添加相应的专色内容，如各种纯色的颜色的变化；也可直接将图像的一部分以专色的形式复制（将原图的一部分剪切，粘贴在专色通道之中，并对其层次作相应的修改），以得到更好的印刷效果。

例如，为了使印刷品更好地体现黄色花朵，可以将花朵的轮廓制作成专色通道，并在Pantone 色谱中选择一种专色。我们首先选择“自由钢笔工具”，在选项栏中选中“磁性的”，描绘花边，得到路径“花边”。单击“新建专色通道”，在“颜色库”中选择“PANTONE 1925 C”，然后将铅笔工具预设为19 px，硬性，在路径“花边”中单击“用画笔描边路径”，得到如图 4－5 所示效果。

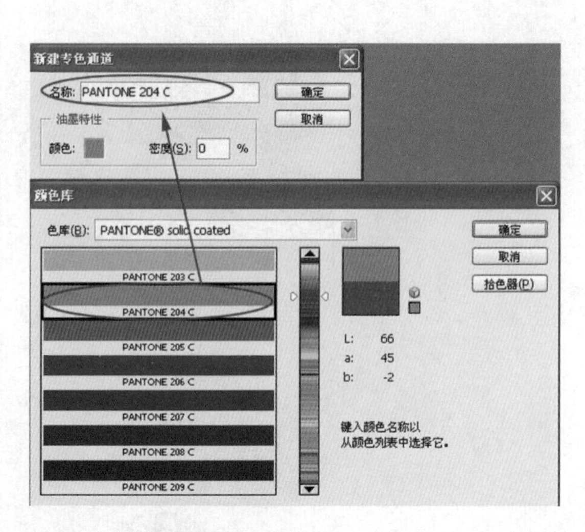

图 4－4

如图 4－6 所示，如果使用黑色在专色通道“PANTONE 1925 C”上画出的圆形在图像中即会以专色实地色出现，而灰色圆形则表示具有一定透明度的专色颜色，白色即为完全透明。在通道调板中，使图像的所有颜色通道和专色通道同时显示，花朵上会蒙上选择的颜色，它只是影响屏幕上的显示效果。

图 4－5

双击通道调板中专色通道的小图标，会弹出“专色通道选项”对话框，可以修改对话框中的各选项。双击专色通道的名称部分可修改名称。

图 4－6

3. Alpha 选区通道

Alpha 选区通道是存储选择区域的一种方法，在使用通道编辑图像时，新创建的通道称为 Alpha 通道，它所存储的是图像选区，用于保存蒙版，不是图像的色彩，许多 Photoshop 特殊效果的制作，实际上都是利用 Alpha 选区通道进行的。

如果制作了一个选择区域，然后执行“选择” > “存储选区”命令，便可以将这个选择区域存储为一个永久的 Alpha 选区通道。此时，通道调板中会出现一个新的图标，它通常会以 Alpha 1、Alpha 2、Alpha 3……方式命名，需要时，执行“选择” > “载入选区”命令，即可调出通道表示的选择区域。

4.1.2 通道基本操作

1. 通道调板

在通道调板中可以同时显示出图像中的颜色通道、专色通道及 Alpha 选区通道，每个通道以一个小图标的形式出现，以便控制。同其他调板一样，它可执行窗口菜单下的显示通道“窗口” > “通道”命令调出。

图 4－7

同时选中图像中所有的颜色通道与任何一个 Alpha 选区通道前的眼睛图标，便会看到一种类似于快速蒙版的状态，见图 4－7 左图，选择区域保持透明，而没有选中的区域则被一种具有透明度的蒙版色所遮盖，可以直接区分出 Alpha 选区通道所表示的选择区域的选取范围。

直接在通道调板上双击任何一个 Alpha 选区通道的图标，或选中一个 Alpha 选区通道后使用调板菜单中的“通道选项”命令，均可调出 Alpha 选区通道的选项对话框，如图 4－7 右图所示，其中可以确定该 Alpha 选区通道使用的蒙版色、蒙版色所标示的位置或选择将 Alpha 选区通道转化为专色通道。

在通道调板中单击某一通道，使该通道处于被选中的状态才能对这个通道进行操作。按住“Shift”键依次单击各通道的图标可以同时针对几个通道进行操作。

2. 将选区存储为 Alpha 选区通道

在图像中制作一个选择区域后，直接单击通道调板下方的“将选区存储为通道”图标，即可将选择区域存储为一个新的 Alpha 选区通道。该通道会被 Photoshop 自动命名为 Alpha 1。如果在单击通道调板中的“创建新通道”图标时按下键盘上的“Alt”键，则可调出“新通道”对话框。

在新建的 Alpha 选区通道中，原来选择区域以内的部分用白色来表示，而未被选中的区域则以黑色表示；如果所制作的选择区域具有一定的羽化值设置，则 Alpha 选区通道中会出现一些灰色的层次，用来表示选择区域中的透明度变化。

此外，还可以执行“选择” > “存储选区”命令，将现有的选择区域存为一个 Alpha

选区通道。如图4－8所示，图像中已经存储了其他的Alpha 1选区通道或专色通道，可以在弹出的对话框中设定当前选择区域和已有的通道间的操作关系。

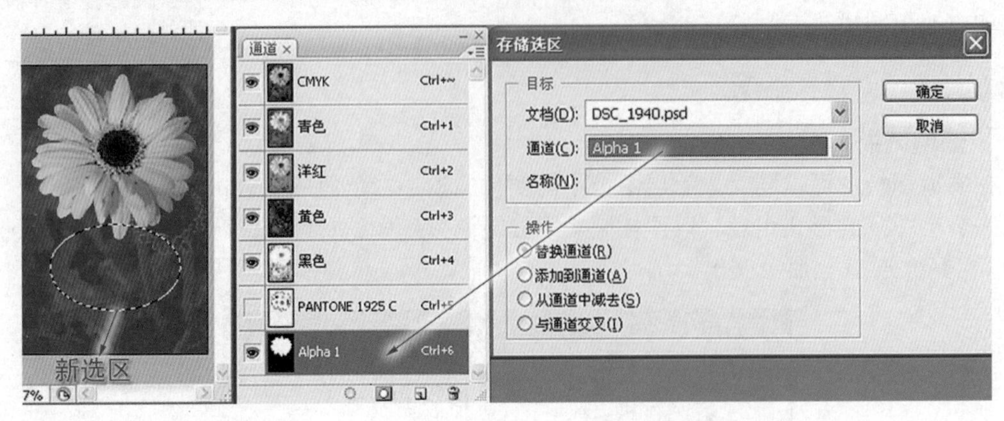

图4－8

3. **载入**Alpha **选区通道**

执行"选择" > "载入选区"命令，可调出"载入选区"对话框，如图4－9所示。按下键盘上的"Ctrl"键，单击调板中的Alpha选区通道图标，或者在调板中选择一个Alpha选区通道，直接单击调板下方的"将通道作为选区载入"图标，都可以将选区载入到图像中。

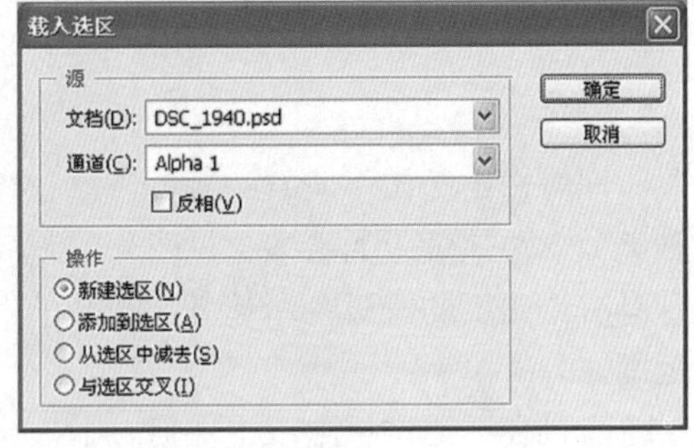

图4－9

4. **通道与选择区域的加减**

比较图4－8和图4－9中"存储选区"与"载入选区"对话框，将选择区域存为通道或载入通道所表示的选择区域时，均可实现通道与选择区域间的加减运算（在对话框中选定）。不同的是，将选区存为通道时，运算的结果会以通道的形式表现；而载入通道选区时，运算的结果就是生成的选择区域。

5. **复制与删除通道**

可以直接将某一个通道拖到如图4－10所示的通道调板下方的图标上进行复制或删除；或者选中某一个通道，使用调板右上角的弹出菜单中的"复制通道"、"删除通道"命令完成同样操作。如果删除了一个颜色通道，图像的颜色模式会自动转为"多通道"模式。

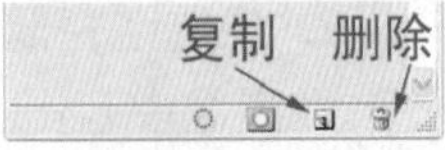

复制 删除

图4－10

6. Alpha **选区通道形状的修改**

Alpha选区通道中只能表现出黑、白、灰的层次变化，其中的黑色表示未选中的区域，白色表示选中的区域，而灰色则表示具有一定透明度的选择区域。所以，可以通过Alpha选区通道内的颜色变化来修改Alpha选区通道的形状。

（1）通道的绘图工具的绘制

用各种绘图工具在Alpha选区通道中绘制不同层次的黑、白、灰色，或使用各种填充的方法来改变 Alpha 选区通道的形状，从而最终改变它所代表的选择区域。

（2）通道的扩展与收缩

执行“选择” > “修改” > “扩展”或“收缩”菜单命令来改变它的形状；而对于单独选中的一个 Alpha 选区通道，则可以使用“滤镜” > “其他” > “最大值”或“最小值”命令来完成对它的扩张或收缩。需要注意的是，在通道中使用各种命令时，最好取消画面中存在的选择区域，否则它们的作用范围会受到一定的限制（如做最大值操作时便无法使通道中的白色扩张）。

（3）通道的模糊

执行“滤镜” > “模糊” > “高斯模糊”命令来制作羽化的效果，通过其中模糊半径的设定，可以确定羽化效果边缘的虚晕程度；而使用“动态模糊”命令时，又可以制作出一些其他的变化效果来。

（4）通道的位移

执行“滤镜” > “其他” > “位移”命令，使用位移后的通道与其他通道进行运算操作，往往可以起到一些意想不到的效果。

4.1.3 通道计算

Alpha 选区通道是存储起来的选择区域，利用计算的方法可以实现各种复杂的效果，制作出新的选择区域形状。

执行“图像” > “计算”命令，直接以不同的 Alpha 选区通道进行计算，以生成一些新的 Alpha 选区通道（新的选择区域）。如图 4－11 所示，在“计算”对话框中，可以选择计算“源”、计算使用的“混合”方式以及计算结果存储的位置（结果），其中，计算源可以是 Alpha 选区通道，也可以是颜色通道，还可以是图像中所有像素点折算出的灰度值，或者是某个图层中的“不透明”区域；在“混合”方式中可以设置透明度的变化，也可以选择一个蒙版通道，使计算局限于图像的某一个局部区域；而单击“确定”按钮后，这个结果会以一个新的 Alpha 选区通道（在“结果”一栏中选择“新通道”选项）的形式出现在通道调板中，当然，也可将这个新的通道存储在一个“新文档”中，或使结果以一个选择区域的形式出现在图像之中。

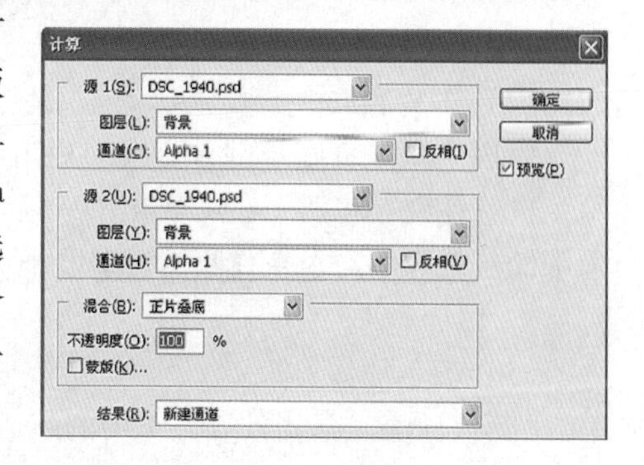

图 4－11

4.1.4 通道间的不同算法实例

打开任意一个图像文件，在其中建立两个不同的通道一个矩形（Alpha 1）和一个圆形（Alpha 2），并执行“滤镜” > “模糊” > “高斯模糊”命令设置一定的羽化值（20 px），如图 4－12 所示。以下的介绍中，将以这两个通道的计算为例，简单分析一下各种不同算法的计算结果。为了对比效果，也将矩形（Alpha 1）和颜色通道中的红通道在相同情况下的计算结果列出。

如图 4－13 所示，可以假定计算源 1 为矩形（Alpha 1）通道，计算源 2 为圆形（Alpha 2）

通道。不使用蒙版功能，不选择计算源中的“负相”开关，只考虑这些算法的基本效果。

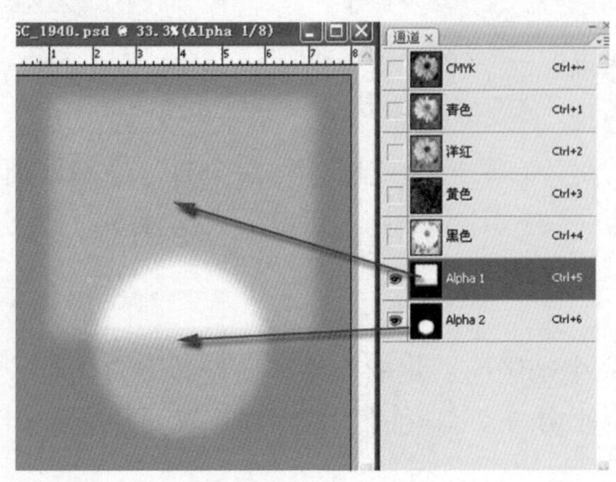

图 4 – 12

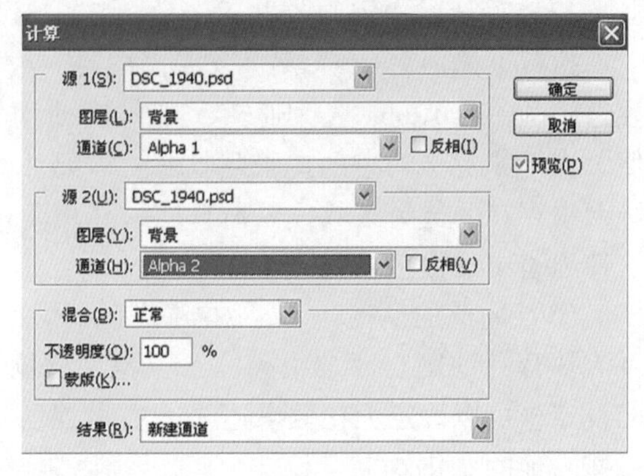

图 4 – 13

1. 正常

在“正常”模式下，计算的结果就是所设置的计算源 1（Alpha 1 通道），或者说，相当于将计算源 1 复制了一份，如图 4 – 14 所示。

图 4 – 14

2. 变暗系列

（1）变暗

“变暗”算法实际上是对比两个作为计算源通道中的颜色值，以其中的较暗的颜色作为最终计算的结果。任何颜色与黑色作用都为黑色，与白色作用没有任何变化。所以在两个通道间采用变暗算法时，只能是相交部分的颜色能保留下来，且两个通道相接的地方颜色一致，不产生变化，因此会有条亮线。

（2）正片叠底

使用“正片叠底”混合方式，也就是相乘算法，可以得到作为计算源的两个通道的交集，也就是说，将两个通道重叠在一起时，两个通道中都为白色的部分可以保留下来；源通道中的灰色部分与白色作用可保持原样不变；任一个通道中的黑色部分在结果通道中都为黑色。

（3）颜色加深

“颜色加深”是指计算源 1 中的暗色使计算源 2 变得更暗。计算源 1 中的白色不会影响计算源 2 的变化；计算源 1 中的灰色会根据与计算源 2 的比较值变化；如果其更暗的话，则会降低计算源 2 的亮度；计算源 1 中的黑色会使计算源 2 中的非白色区域变为纯黑。

（4）线性加深

使用“线性加深”算法，将两个通道重叠在一起时，两个通道中都为白色的部分可以保留下来；源通道中的灰色部分与白色作用可保持原样不变；灰色和灰色部分作用的结果是使灰色更暗；任一个通道中的黑色部分在结果通道中都为黑色。

（5）深色

使用“深色”算法，它将从计算源 1 和计算源 2 中选择最小的通道值来创建最暗颜色。

变暗系列效果如图 4－15 所示。

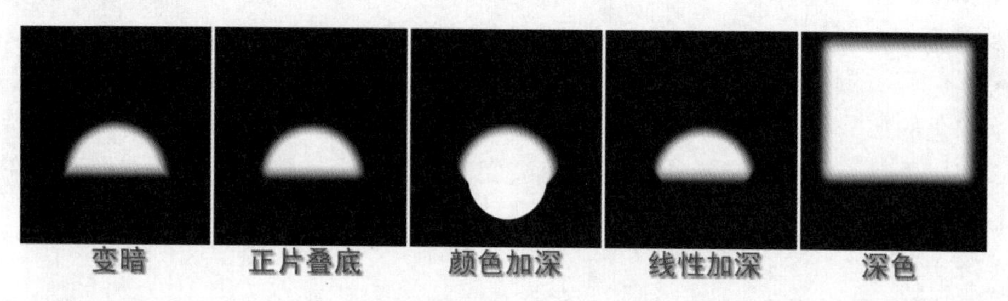

图 4－15

3. **变亮系列**

（1）变亮

与“变暗”算法正好相反，“变亮”算法可以得到两个计算源通道的并集，且在通道的接缝处产生一条暗线，“变亮”算法在计算过程中，同样比较两个计算源通道中的颜色值，以其中的较浅的颜色作为结果值。任何颜色与白色作用都为白色，与黑色作用没有变化。所以在“变亮”计算中，将得到两个通道的并集，由于接缝处两个计算源的颜色一致不产生变化，因此会形成一条暗线。

（2）滤色

与“正片叠加”算法相反，使用“滤色”算法，可得到两个通道的并集，即两个通道选区形状相加的结果。换句话说，在两个通道叠加时，“滤色”算法将选择两个通道中较亮的部分保留下来。

（3）颜色减淡

“颜色减淡”算法实际上是计算源 1 中的白色部分将使计算源 2 中对应的部分变为纯白；计算源 1 中的黑色部分对计算源 2 不起任何作用；而计算源 1 中的灰色则需与计算源 2 进行比较，如果其更亮的话，则会提高计算源 2 的亮度，反之没有变化。

（4）线性减浅

使用“线性减浅”算法，将两个通道重叠在一起时，两个通道中都为白色的部分可以保留下来；源通道中的灰色部分与黑色作用可保持原样不变；灰色和灰色部分作用的结果是使灰色变亮；任一个通道中的白色部分在结果通道中都为白色。

（5）浅色

使用“浅色”算法，它将从计算源 1 中和计算源 2 中选择最大的通道值来创建最浅颜色。

变亮系列效果如图 4－16 所示。

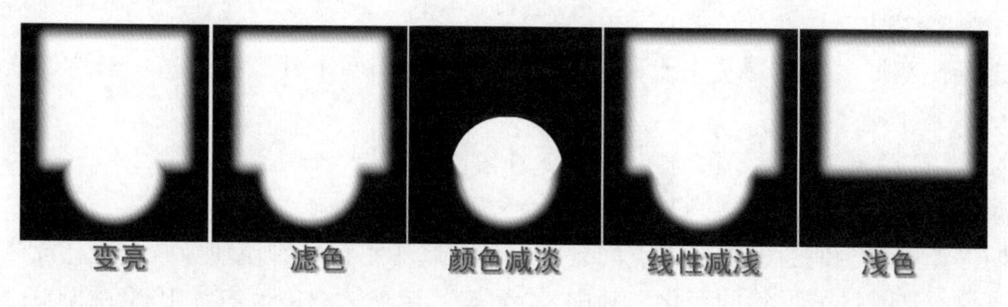

图 4－16

4. 叠加系列

（1）叠加

“叠加”算法的作用在于，其结果会以计算源 2 为基础，而将计算源 1 作用其上，计算源 1 中为白色的部分将使结果中的计算源 2 变得更亮；计算源 1 中的黑色部分将使结果中的计算源 2 变得更暗。所以两通道相交的部分会变亮，而作为计算源 2 的椭圆形通道在结果中会向内收缩一小圈。

（2）柔光

“柔光”算法的结果也会以计算源 2 为基础，使椭圆形向内收缩一小圈，使两个通道相交的部分变亮一些，但这里的变化相对柔和得多。因为“叠加”风格在计算时需要保持计算源 2 的亮度，所以其变化幅度会大一些。

（3）强光

“强光”算法的效果可以说与“叠加”算法正好相反，其结果以计算源 1 为基础，使计算源 1 向内收缩一小圈，并使其与计算源 2 相交的部分形成一块较亮的区域。

（4）亮光

“亮光”算法是根据计算源 2，决定进行“加深”或“减淡”计算，如果计算源 2 的亮度高于 50%，则通过降低对比度使计算结果更亮，如果计算源 2 的亮度低于 50%，则通过增加对比度使计算结果更暗。任何颜色与白色作用都为白色，与黑色作用没有变化。

（5）线性光

“线性光”算法和“亮光”算法类似，其结果是以计算源 1 为基础，使计算源 1 向内收缩一小圈，并使其与计算源 2 相交的部分形成一块较亮的区域。

（6）点光

“点光”算法以计算源 1 为基础，使计算源 1 向内收缩一小圈，并使其与计算源 2 相交的部分形成一块较亮的区域。且两个通道相接的地方会有一条亮线和一条暗线。

（7）实色混合

模式根据计算源 1 与计算源 2 的颜色数值相加，当相加的颜色数值大于该颜色模式颜色数值的最大值，混合颜色为最大值；当相加的颜色数值小于该颜色模式颜色数值的最大值，混合颜色为 0；实际上是计算源 1 中的白色部分将使计算源 2 中对应的部分变为纯白；计算源 1 中的黑色会使计算源 2 中的非白色区域变为纯黑。实色混合能够产生颜色较少、边缘较硬的图像效果。

叠加系列效果如图 4－17 所示。

5. 相加和减去

在进行“相加”或“减去”计算时，Photoshop 会用两个计算源通道中对应像素点的亮度值进行如下计算：

相加：（计算源 2＋计算源 1）÷缩放＋补偿值＝结果

相减：（计算源 2－计算源 1）÷缩放＋补偿值＝结果

它们的作用在于使通道内像素点的亮度值变大或变小，或者说使像素点变亮或变暗，这实际上也就是选择区域形状的变化。其中，“缩放”选项的取值范围为 1000～2000；而“补偿值”选项在－255～＋255 之间取值；参加计算的像素点亮度值则由 Photoshop 中关于灰度

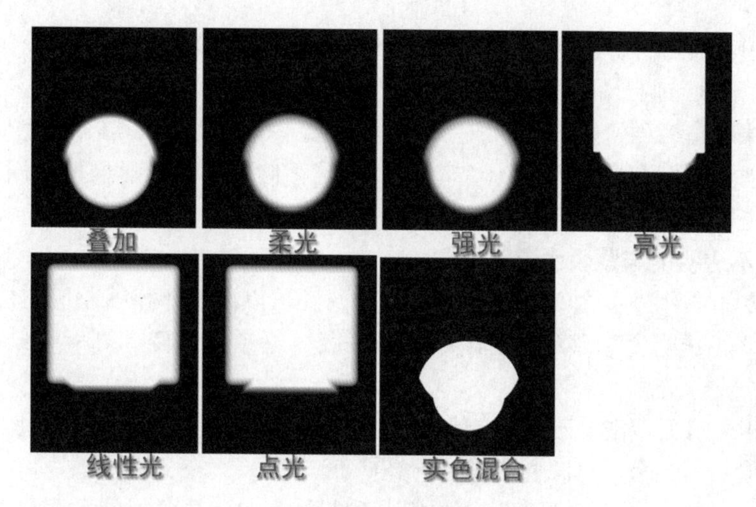

图 4 – 17

的定义，在 0 ~ 255 间取值，其中 0 为黑色，最暗；255 为白色，最亮。

在两个计算源通道中，Photoshop 会依据上式得出每一个像素点对应的亮度值，也就可以得出一个新通道中所有像素点的亮度值，建立一个新的 Alpha 选区通道。

相加和减去效果如图 4 – 18 所示。

6. 差值与排除

（1）差值

“差值”算法是，比较用来计算的两个计算源通道，用大一些的亮度值减去小一些的亮度值，并用计算的结果作为计算的结果，也就是最终得到的 Alpha 选区通道中相应像素点的亮度值。所以，两个计算源中的白色部分叠加得到黑色，两个通道中的黑色部分叠加也会得到黑色，其他部分与白色作用可得到它的补色、与黑色作用没有变化，因此在两通道的相交处会产生一条黑线。

在“差值”算法中，通道相交处黑色线条所产生的光影变化很像金属表面反光所产生的质感，所以很多金属效果的制作过程中都会使用“差值”算法。

（2）排除

“排除”算法与“差值”算法的结果类似，同样得到两个通道的并集减去二者交集的效果，只是其虚晕的相交处不再是黑色的线条，而是一种较平和的过渡，因此结果略显柔和，经常用它来制作一些金属表面或塑料表面不同的光影变化。

差值和排除效果如图 4 – 19 所示。

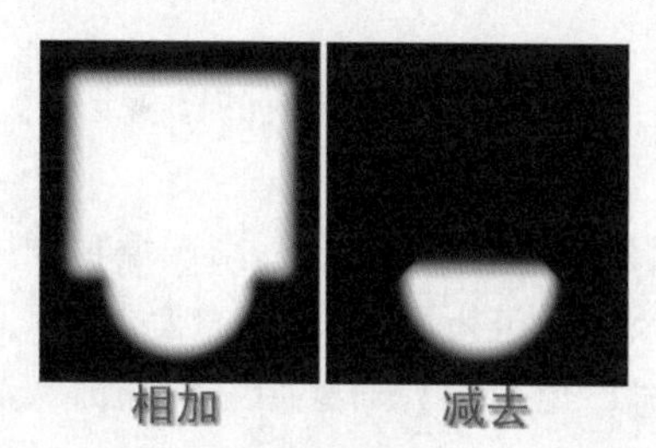

图 4 – 18

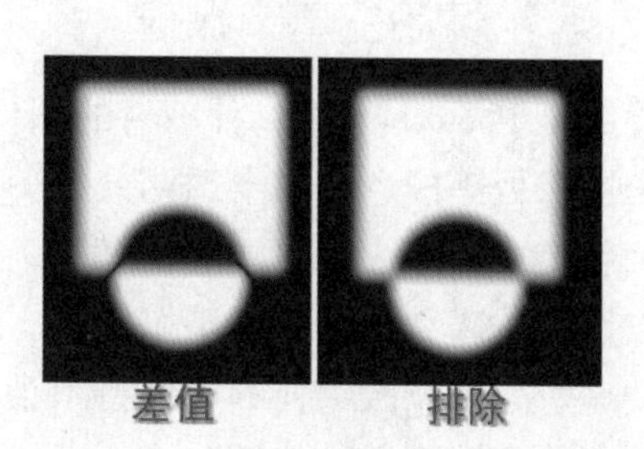

图 4 – 19

以上是通道间各种计算方法的基本效果及结果分析。在实际运用中，由于作为计算源的Alpha 选区通道形状与位置的不同关系，这些计算方法可以生成各种各样的复杂效果，也就形成了在图像中制作各种特效的基础。无论计算的结果多么复杂，其最终的结果都会以一个Alpha 选区通道的形式出现，而 Alpha 选区通道即是存储起来的选择区域，因此所有通道计算的目的实际上是在制作一个新的选择区域。

7. 反相、不透明度与蒙版通道

除了以上基本操作外，在“计算”对话框中，还可以设定计算源通道的“反相”、使用各种算法时的“不透明度”以及指定计算的“蒙版”通道等，使计算所得结果产生更多的变化。

（1）“反相”，即是相当于使用该计算源通道的反相选区进行计算，或者说是用这个计算源通道的补集与另一个计算源通道进行计算。

（2）计算方法中的“不透明度”则决定了参与计算的计算源 1 的透明程度。也就是说，进行计算时，Photoshop 是以具有指定透明度变化的计算源 1 与计算源 2 相互作用，产生所需的结果。

（3）指定计算时的“蒙版”通道。蒙版同样是一个通道，加入蒙版后，相当于使用蒙版通道与计算源 1 先做一个相乘计算，得到二者的交集，再用这个交集与计算源 2 进行各种计算。当然，也可使用某一个颜色通道（必须指定一个图层），一个图层中的非透明区域，或一个通道的反相区域（需要在蒙版选项中选择“反相”开关）来作为蒙版通道进行这些计算。

8. 应用图像命令

（1）执行“图像” > “复制”命令：可产生一个当前图像文件的拷贝。

（2）执行“图像” > “应用图像”命令：可使另一个文件的通道和当前图像文件执行计算功能，同样要求两个图像文件具有完全相同的大小和分辨率，也就是说具有相同数量的像素点。

（3）“应用图像”命令与“计算”命令的区别

“应用图像”命令可以使用图像的彩色复合通道做计算，而“计算”命令只能使用图像的单一通道来做计算，如红通道，“计算”命令如果使用通道的所有亮度信息，可选择“灰色”通道；“应用图像”命令的“源”只有一个，而“计算”命令最多可以有两个计算源；“应用图像”命令的计算结果会被加到图像的图层上，而“计算”命令的结果将被存储为一个新通道或建立一个全新的通道文件。

4.1.5 蒙版的基本操作

蒙版是 Photoshop 中一种独特的图像处理方式，主要用于保护被屏蔽的图像区域，并可将部分图像处理成透明和半透明效果。

蒙版实质上是一个独立的灰度图，任何绘图、编辑工具和滤镜等都可用来编辑蒙版。蒙版可以用来隔离和保护图像某个区域，当对图像的其余区域进行颜色变化、滤镜效果和其他效果处理时，被蒙版蒙住的区域将不会发生改变。同时，也可以只对蒙版蒙住的区域进行处理，而不改变图像的其他部分。

1. **创建快速蒙版实例**

（1）我们将对如图 4－20 所示的图像进行处理，即对面部进行模糊处理，而眼、嘴、眉毛等部位不能模糊。

（2）在工具箱中单击快速蒙版模式按钮，如图 4－21 所示。单击“以快速蒙版模式编辑”，在以快速蒙版制作选择区域时，通道调板中会出现一个以斜体字表示的临时蒙版通道，它表示蒙版所代替的选择区域，切换回正常编辑状态时，这个临时通道便会消失，而它所代表的选择区域便重新以虚线框的形式出现在图像之中。实际上，快速蒙版就是一个临时的选区通道。

图 4－20

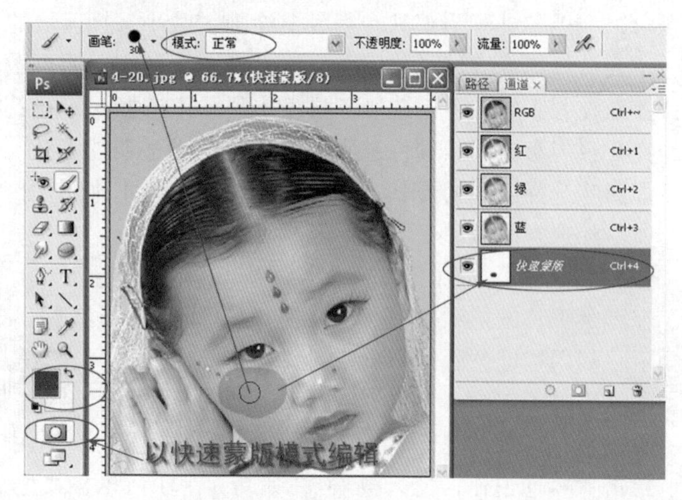

图 4－21

（3）双击“以快速蒙版模式编辑”，弹出如图 4－22 所示对话框。缺省状态下，蒙版是以一种透明度为 50% 的红颜色来表示的，也就是说，图像中选择区域以外的部分会由一种红颜色遮盖起来。

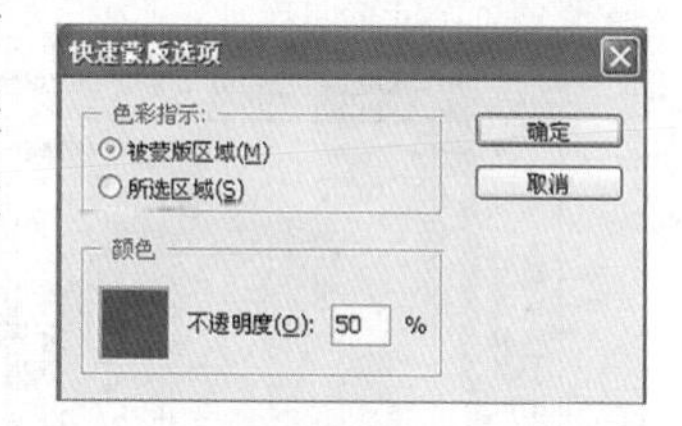

图 4－22

2. **编辑快速蒙版**

（1）快速蒙版与选择区域

快速蒙版可以说是选择区域的另外一种表现形式。

在快速蒙版状态下，原先选择区域的虚线框不见了，而选中的部分与未被选中的部分会由一种“遮罩”的方式区分开来：选区以内的部分维持原样不变，选区以外的内容则被一种半透明的红色“膜”所遮盖住，这就是 Photoshop 所定义的蒙版形式。这种形式下，只能使用黑、白、灰系列的颜色在图像中进行操作，可以用各种绘图工具来修改蒙版的形状，也就是将“遮罩”扩大、缩小或改变其透明度。

再次单击工具箱中的标准编辑状态图标，又可将图像切换为标准编辑状态。此时，Photoshop 又会恢复以闪动虚线框表示选择区域的方式，可以在图像中绘出各种不同颜色的色彩变化。但同时，选择区域的形状也会根据快速蒙版中遮罩的变化而产生相应的改变。

（2）蒙版羽化值

如果选择区域本身具有一定的羽化值，则切换到快速蒙版状态时，羽化效果会通过蒙版颜色的透明度变化体现出来，即在蒙版的边缘出现一些虚晕的变化（当蒙版色本身具有一定不透明度时，这种虚晕的变化不是十分明显）。

（3）蒙版形状

缺省状态下，快速蒙版中的透明部分表示被选中的区域，被遮盖住的部分表示非选择区域，蒙版透明度的变化则可表示选择区域透明度的不同设置。因此，蒙版的形状也就决定了选择区域的形状，可以通过对蒙版形状的修改来制定和修改所需的选择区域。

可以使用各种绘图工具在蒙版上涂画，减小选择区域的范围；使用橡皮工具擦除蒙版颜色，扩大被选择的区域；使用渐变工具做一个渐变，便可做出一个透明度由大到小的选择区域；甚至在蒙版状态下用选取工具做出另一个选择区，在其中填入相应的蒙版色……只是这时的变化只能影响蒙版颜色透明、不透明、半透明的变化，或者说切换回标准编辑状态时，它只能影响选择区域的形状，并不能对图像产生任何作用。因此可以利用“快速蒙版”来制作所需的选择区域。

（4）快速蒙版实例

在画笔工具的选项栏中，确认模式是“正常”，在弹出式画笔调板中选择一个中等大小的画笔，利用快速蒙版提供的功能来实现选区的准确选择，将选择人像的面部，而不选择眼、嘴、眉毛等部位（通常是把脸部选取进行模糊，使皮肤光滑，而眼、嘴、眉毛是要锐化，看起来有精神），如图 4－23 所示，红色的“膜”是用画笔描画填充的。

单击“将通道作为选区载入”，如图 4－24 所示，红色的“膜”外的部分成为“选区”，出现选区的闪动选择线。

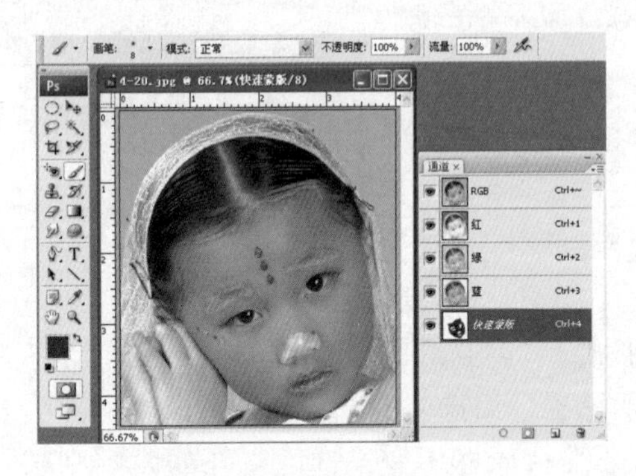

图 4－23

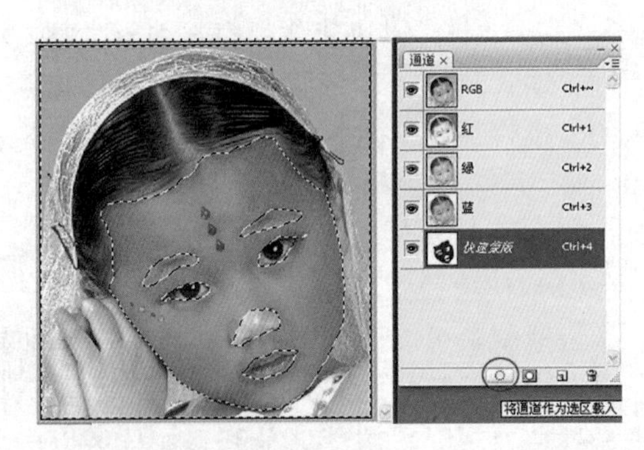

图 4－24

3. **将选区存储为蒙版通道**

执行“选择” > “存储选区” 命令。在弹出的对话框中，会出现当前文件的名字，在“通道”后的弹出菜单中会出现“新建”字样。

当将存储的 Alpha 选区通道载入后，通道调板中此通道依然存在，并不会消失，可以在任何需要的时候调用 Alpha 选区通道。

4. **编辑通道蒙版**

（1）当用白色的绘图工具时，表示增加选区（即减少蒙版的面积）。

（2）当用黑色的绘图工具时，表示减少选区（即增加蒙版的面积）。

（3）当用不同程度的灰色绘图工具时，会导致不同透明度的蒙版（如渐变蒙版的情况）。

5. **创建一个渐变蒙版**

下面我们将取如图 4－25 所示“图层 1”的图像下部，而需要背景层的云彩。

图 4－25

（1）在通道调板中，单击调板最下方的创建新通道的按钮，在通道调板中就会出现一个新的 Alpha 选区通道，在此通道上双击，将名称修改为“渐变”。

（2）选择工具箱中的渐变工具，在渐变工具的选项栏中，单击向下的小黑三角，在弹出的渐变调板中选择黑白渐变。

（3）在通道调板中选中新建的“渐变”通道，此时图像中显示的是黑色“渐变”通道，为了保证渐变的垂直方向，可在按住“Shift”键的同时，用渐变工具由上向下拖曳鼠标。

（4）在通道调板中，单击 RGB 通道，使图像窗口中显示彩色图像，将“渐变”通道拖曳到通道调板底部左边的第一个图标上，此操作和执行“选择”>“载入选区”命令的效果是完全相同的。确认工具箱中的前景色和背景色是内定状态，在“图层 0”按键盘上的“Delete”键，即把图层 0 下面部分删除，可看到如图 4－26 图中所示的效果。

图 4－26

4.2 实例——儿童数码照片光盘封面

本实例主要练习本章所学知识：综合练习蒙版、通道和选区等知识，巩固前面所学的画笔预设，同时预先学习路径文字的处理，为下一步学习打好基础。

1. **新建文件（制作光盘）**

（1）按“Ctrl + N”键，在弹出的“新建”对话框中设置宽度为 13 cm，高度为12 cm，分辨率为 300 像素/英寸，色彩模式为 CMYK 颜色，背景色为白色，建立新文件。

（2）按“存储为”键（快捷键“Ctrl + Shift + S”），存储该文件为“儿童数码照片光盘封面”，PSD 格式。

2. **制作光盘**

（1）创建新图层，命名“光盘”，选择圆形选框工具，按住“Shift”键创建一个圆，执行“选择” > “存储选区”命令，命名通道为“光盘”。选择如图 4 – 27 图左所示“金属”渐变，填充，添加图层样式（阴影），效果如图 4 – 27 图右。

（2）复制图层“光盘”，选择如图 4 – 27 图左所示最右蓝色“金属”渐变，用方向箭头键移动位置，制作出光盘的厚度效果，效果如图 4 – 28 所示。

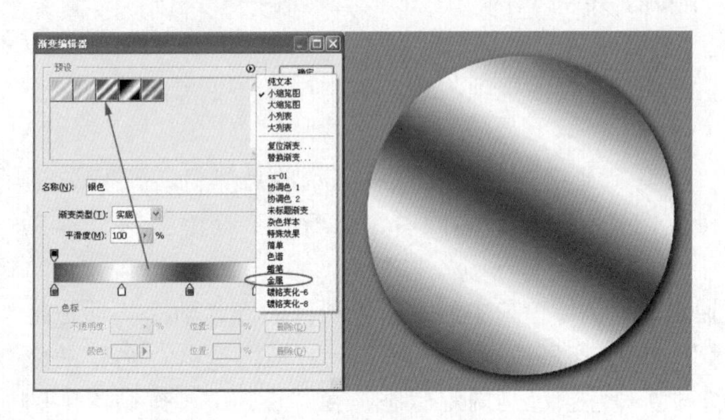

图 4 – 27

图 4 – 28

3. **图像处理**

（1）将两张女孩照片置入，调整图像大小，效果如图 4 – 29 所示。

（2）将“光盘”通道拖曳到通道调板底部左边的第一个图标上载入选区，选中图层“图像 1”，单击“添加矢量图层蒙版”，同样也给“图像 2”添加“添加矢量图层蒙版”，效果如图4 – 30所示。

图 4 – 29

（3）从图 4 – 30 可以看到很明显的照片边印，我们可以利用前面所学，用画笔工具选择合适的画笔预设，选中“图像 1”的“矢量图层蒙版”去掉照片边印（画笔工具所画出的线条，只要前景色为纯黑，所画上的点就是蒙版色），就像抹掉边线，记住必须在“矢量图层蒙版”修改，效果如图 4 – 31 所示。

4. **制作光盘中心**

如图 4 – 32 所示，用“椭圆工具”画 4 个正圆，注意整理成同心圆，填充不同颜色。

5. **制作文字**

添加如图 4 – 33 所示的文字，选择字号大小、颜色、图层样式，其中“嘉颖儿童数码工作室”是圆形路径文字，用“椭圆工具”画个正圆路径，选择文字工具，当文字光标（Ɨ）靠近正圆路径时会变成（Ɨ）时单击鼠标左键，输入文字即可，输入完后可以对其进行调整位置，软件默认字是向外沿路径流动，按住鼠标向圆形内拖放可以使文字变成如图 4－33 的路径文字样式。

图 4－30

图 4－31

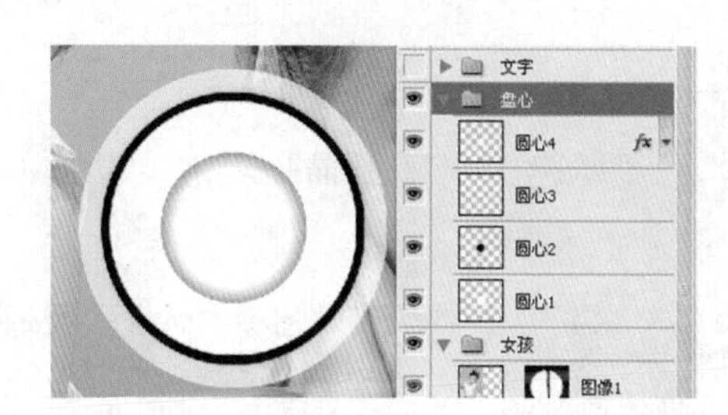

图 4－32

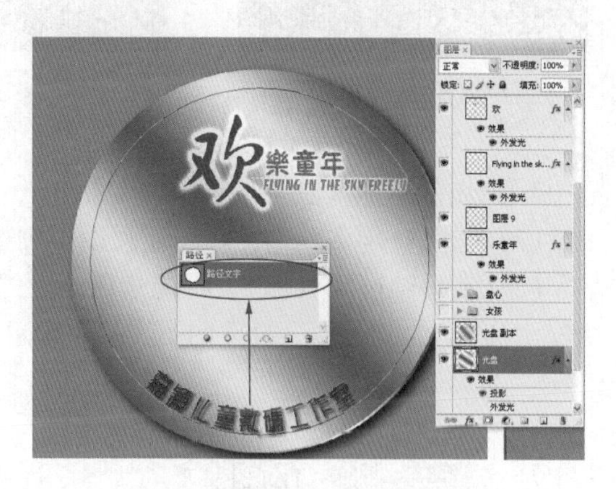

图 4－33

6. **制作漂亮浪漫的气泡**

（1）新建 500×500 像素的文件，RGB 模式，背景用黑色填充。

（2）创建新图层，选择圆形选框工具，按住“Shift”键创建一个圆。“编辑”>“描边”，宽度“10”像素，颜色“灰色”，位置“居中”。

（3）“选择”>“存储选区”，并命名为“Alpha 1”。

（4）按下“Ctrl＋D”并执行“滤镜”>“模糊”>“高斯模糊”，半径“12～15”。

（5）打开通道调板，按下“Ctrl”并单击 Alpha 1 通道。创建新图层，“编辑”>“描边”，宽度“1”像素，颜色“白色”，位置“居中”，并将图层不透明度改为“10%”左右。

（6）按下“Ctrl＋Alt＋T”缩小之前进行模糊处理的圆环，得到如图 4－34 所示效果。

（7）创建新图层，选择画笔工具，并将强度设为“0%”，调节画笔大小并绘制两个高光点。

（8）打开通道面板，按下“Ctrl”并单击 Alpha 1 通道获得选区，“滤镜”>“扭曲”>“挤压”，数量“60%”左右。

（9）选择“笔刷工具”，强度为“100%”，绘制另两个高光点。选择柔边画笔并在气泡底部绘制高光效果。效果如图 4-35 所示。

（10）选择所有图层并合并，“图像”>“调整”>“反相”。“编辑”>“自定义画笔”。现在就可以在笔刷选框中找到我们制作的气泡画笔了，如图 4-36 所示。

图 4-34

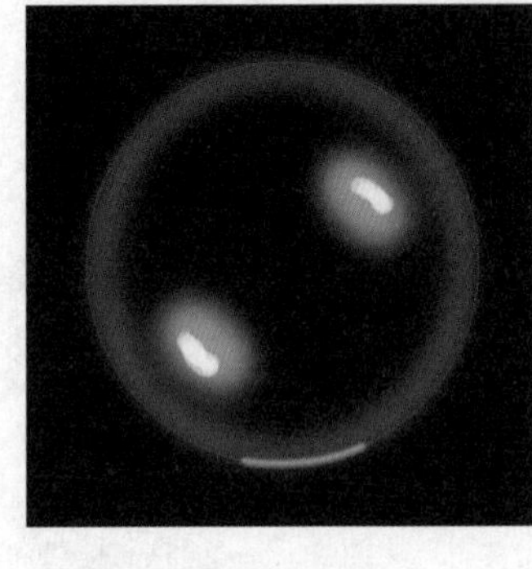

图 4-35

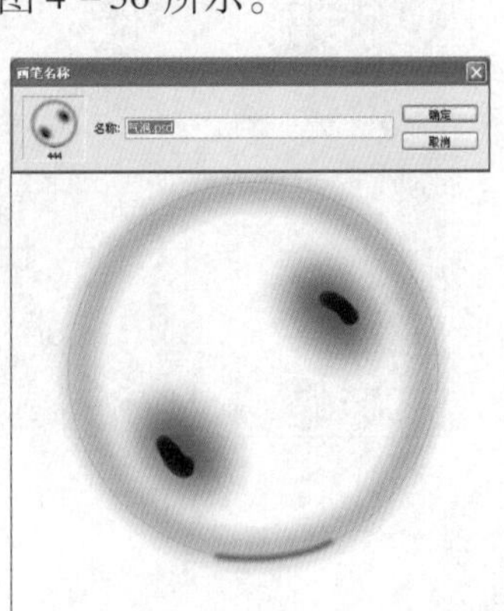

图 4-36

7. **给光盘添加气泡**

（1）选择自定义画笔，在画笔预设中按图 4-37 设置。

（2）新建图层“气泡”，将前景色设为“白色”，用画笔工具随意描画气泡，设置不透明度“68%”，改变最终效果如图 4-38 所示。

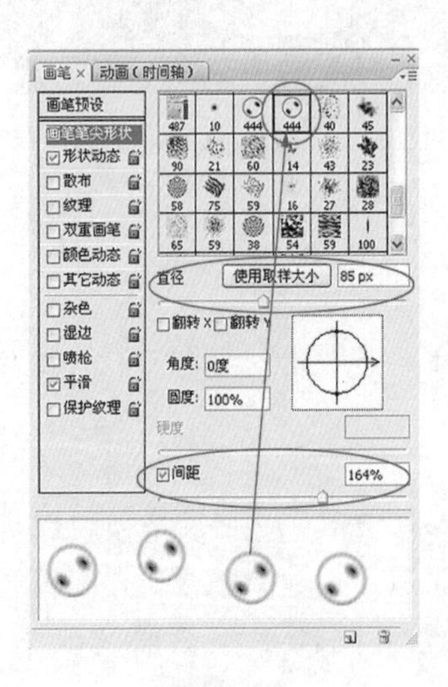

图 4-37

图 4-38

4.3 专家建议

1. 印刷专色与软件描述

专色油墨通常是由印刷厂预先混合好或是油墨厂生产的。对于印刷品的每一种专色，在印刷时都有专门的一个色版相对应。见图 4－39，左边为正常 CMYK 分色，图像金黄色边框通过 C、M、Y 三色叠印印刷而成；而右边的边框为 PANTONE 457C 专色印刷，一次而成。由此可见专色是用于代替或补充 CMYK 四色油墨的特殊预混合油墨，并且在印刷机上需要有自己的印版。印刷专色的确切颜色效果由印刷厂商所混合的油墨和所用纸张共同决定，而不是由图像软件指定的颜色值或色彩管理决定。当指定专色值时，软件描述的仅是显示器和彩色打印机的颜色模拟外观（取决于这些设备的色域限制）。

图 4－39

图像中包含专色通道时，如需在组版软件（如 InDesign CS）中单独输出专色色版，可将图像存储为 DCS2.0 格式，DCS（桌面分色）格式是 EPS 的一种版本，可以存储 CMYK 或多通道文件的分色。然后在组版软件的输出选项中进行相应设定。

2. 处理专色注意事项

在图像软件处理专色时，请注意下列事项：

（1）对于具有锐边并挖空下层图像的专色图形，请考虑在页面排版或图形应用程序中创建附加图片。

（2）要将专色作为色调应用于整个图像，请将图像转换为“双色调”模式，并在其中一个双色调印版上应用专色。最多可使用 4 种专色，每个印版一种。

（3）专色名称打印在分色片上。

（4）在完全复合的图像顶部压印专色。每种专色按照在“通道”调板中显示的顺序进行打印，最上面的通道作为最上面的专色进行打印。

（5）除非在多通道模式下，否则不能在“通道”调板中将专色移动到默认通道的上面。

（6）不能将专色应用到单个图层。

（7）在使用复合彩色打印机打印带有专色通道的图像时，将按照“密度”设置指示的不透明度打印专色。

（8）可以将颜色通道与专色通道合并，将专色分离成颜色通道的成分。Photoshop 会按指定的色谱颜色配比，将专色分配到黄、品红、青、黑 4 个色版之中，而通道调板中的专色通道也会因此消失。

3. 通道的分离与合并

如果编辑的是一幅 CMYK 模式的图像，其中没有专色通道或 Alpha 选区通道，则可以使用通道调板右上角弹出菜单中的“分离通道”命令，将图像中的颜色通道分为 4 个单独的灰度文件，并以“. 青色”、“. 品红”、“. 黄色”、“. 黑色”为后缀来命名，表明其代表哪一个颜色通道；如果是 RGB 模式的图像，通道分离后将产生 3 个灰度文件，并以红、绿、蓝为后缀命名；如果图像中有专色或 Alpha 选区通道时，则生成的灰度文件会多于 4 个，多出的文件会以专色通道或 Alpha 选区通道的名称来命名；如果图像是图层文件，则不能执行“分离通道”命令。

这种做法通常用于双色或三色印刷中，可以将彩色图像按通道分离，然后单取其中的一个或几个通道置于组版软件之中，并设置相应的专色进行印刷，如图 4－40 所示。或者对于一些特别大的图像，整体操作时的速度太慢，将其分离为单个通道后，针对每个通道单独操作，最后再将通道合并，则可以提高工作效率。

图 4－40

4.4 自我探索与知识拓展

（1）了解通道和蒙版命令的有关知识，这两个命令是除图层和路径命令外的又一重要命令，其主要功能是可以快速地创建或存储选区，并对复杂图像的选取或制作图像的特殊效果非常有帮助。用通道和蒙版修改方便，不会因为使用橡皮擦或剪切删除而造成不可返回的遗憾，可运用不同滤镜，以产生一些意想不到的特效，任何一张灰度图都可用来用作蒙版。

（2）上机练习通道和蒙版的主要用途：用来抠图、做图的边缘淡化效果、图层间的融合等。

（3）上机练习如下图像。（具体方法在配套光盘中有说明）

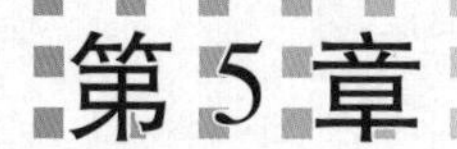

第5章　图层的应用

学习要点

◇理解图层的概念，熟悉图层的基本操作。

◇熟悉常用图层类型，掌握图层的各种使用技巧。

◇熟悉图层的混合模式。

◇掌握如何创建并管理图层复合。

◇熟悉图层样式的应用。

5.1 基本概念

图层是 Photoshop 应用的重点学习内容。如图 5－1 所示，可以将图层想象成是一张张叠起来的可以改变透明度的薄膜纸，可以透过图层的透明区域看到下面的图层。通过更改图层的顺序和属性，可以改变图像的合成。另外，调整图层、填充图层和图层样式这样的特殊功能可用于创建复杂效果。

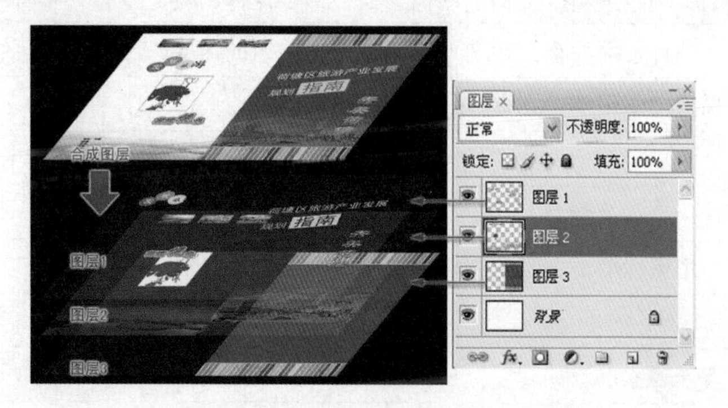

图 5－1

5.1.1 图层调板

1. 图层调板说明

执行“窗口” > “图层”命令将图层调板调出，如图 5－2 所示。图层调板是用来管理和操作图层的，几乎所有和图层有关的操作都可以通过图层调板完成。表 5－1 是图 5－2 中的各项分别表示的内容。

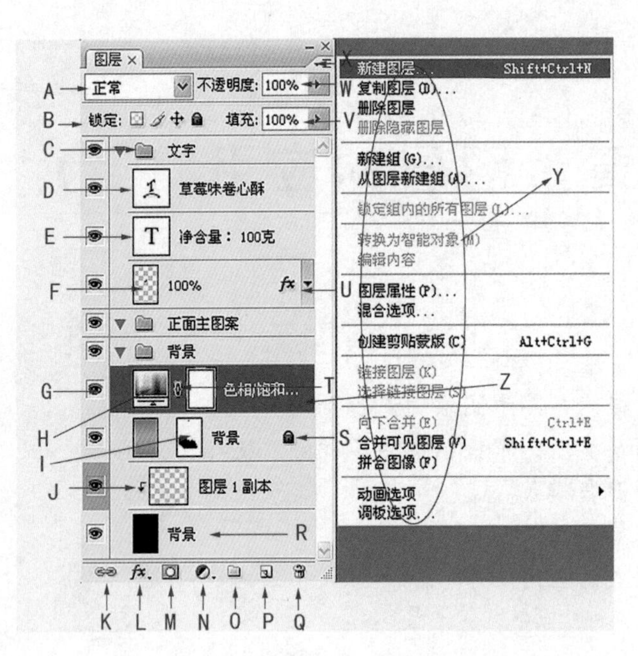

图 5－2

表 5－1　“图 5－2”中的各项分别表示的内容

标志	含　义
A	用鼠标单击此处可弹出菜单，用来设定图层之间的混合模式
B	图层锁定选项。当用鼠标单击，图标凹进，表示选中此选项，再次单击图标弹起，表示取消选择。从左至右分别为：锁定透明度、锁定图像编辑、锁定位置、锁定全部
C	图层组。文件夹图标前面的小三角向下表示展开图层组的内容，再次单击可收回
D	采用了弯曲效果的文字图层
E	文字图层
F	透明图层（图像中有部分像素）
G	显示当前图层。用鼠标单击，眼睛图标消失，表示此图层隐藏
H	调整图层
I	图层蒙版（是基于像素的）
J	带折线的小箭头表示当前图层和位于其下的图层是剪贴蒙版
K	链接图标。表示和当前操作图层可以一起移动。再次单击，链接图标消失，表示取消链接（使用 Shift 键可辅助选择连续图层，使用 Ctrl 键可以辅助选择多个非连续的图层）
L	单击此图标可在弹出菜单中选择新的图层样式
M	单击此图标可给当前图层增加图层蒙版
N	单击此图标可在弹出菜单中选择新调整图层或填充图层
O	单击此图标可创建图层组

续　表

标志	含　义
P	单击此图标可创建新图层
Q	垃圾桶，用来执行删除操作
R	表示背景图层
S	表示此图层锁定
T	表示该图层被链接
U	表示此图层执行的图层样式
V	单击填充右侧的三角按钮，将弹出一个三角滑钮，拖动滑钮可调整当前图层的填充百分比，也可直接输入数字
W	单击不透明度右侧的三角按钮，将弹出一个三角滑钮，拖动滑钮可调整当前图层的不透明度，也可直接输入数字
X	单击此三角，可弹出调板菜单
Y	调板菜单
Z	颜色加深表示此图层是当前操作层

2. 基本概念解释

（1）图像图层

“图像图层”是创作各种合成效果的重要途径。可以将不同的图像放在不同的图层上进行独立操作而对其他的图层不会产生影响。透明区域是图层所特有的特点，如果将图像中某部分删除时，该部分将变成透明，而不是像“背景”那样显示工具箱中的背景色。

（2）图层蒙版

“图层蒙版”附加在图层之上，可以遮住图层上部分的区域而让其下方的图层中的图像显露出灰度图像，蒙版相当于一个 8 位灰阶的 Alpha 通道。

（3）填充图层

“填充图层”采用填充的图层制造出特殊效果，填充图层共有 3 种形式：“纯色”、“渐变”和“图案”。

（4）调整图层

“调整图层”建立一个调整图层，在调整图层中进行各种色彩调整。调整图层还同时具有图层的大多数功能，包括不透明度、色彩模式及图层蒙版等。

（5）智能对象

“智能对象”可以包含栅格或矢量图像。智能对象实际上是一个嵌入在图像文件中的一个文件，当使用一个或者多个选定的图层创建智能对象，实际上是在该图像文件中创建了一个新的图像文件，这个新的图像文件就是源数据。

（6）图层样式

“图层样式”是一种在图层中应用投影、发光、斜面、浮雕和其他效果的快捷方式，将图层效果保存为图层样式以便重复使用。

5.1.2 关于图层的基本操作

1. 创建新图层

（1）单击图层调板底部的图标（如图 5－2 的“P”），在图层调板中就会出现一个“图层 1”的空图层。

（2）在图层调板中，单击调板右边的小三角会弹出菜单（如图 5－2 的“X”），选择菜单中的“新图层”命令，接着弹出“新图层”对话框，如图 5－3 所示，单击“确定”按钮后，将在图层调板中产主一个新图层。

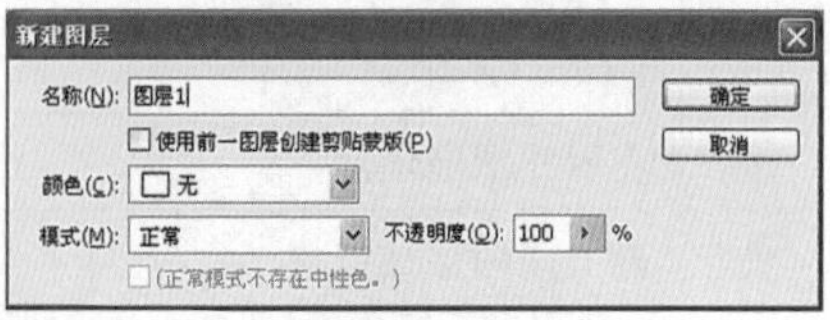

图 5－3

（3）首先使用选框工具确定选择范围，如果整幅图像都要粘贴过去，可通过执行“选择” > “全选”（Ctrl + A）命令将图像全选后，执行“编辑” > “拷贝”（Ctrl + C）命令进行拷贝。切换到另一幅图像上，执行“编辑” > “粘贴”（Ctrl + V）命令。软件会自动给所粘贴的图像建一个新图层。

（4）同时打开两张图像，然后选择工具箱右上角的移动工具，按住鼠标将当前图像拖曳到另一张图像上，拖曳的图像被复制到一个新图层上，而原图不受影响。

2. 图层编辑

（1）图层的显示与隐藏。

（2）选择当前图层。

（3）图层的复制、删除与移动。

3. 图层的锁定功能

将图层的某些编辑功能锁住，可以避免不小心将图层中的图像损坏。在图层调板中的“锁定”后面提供了 4 种图标（如图 5－2 的“B”），可用来控制锁定不同的内容。

执行“图层” > “锁定组内所有图层”命令，弹出对话框，如图 5－4 所示，在该对话框中可以分别设定各锁定项：“透明区域”、“图像”、“位置”或“全部”。

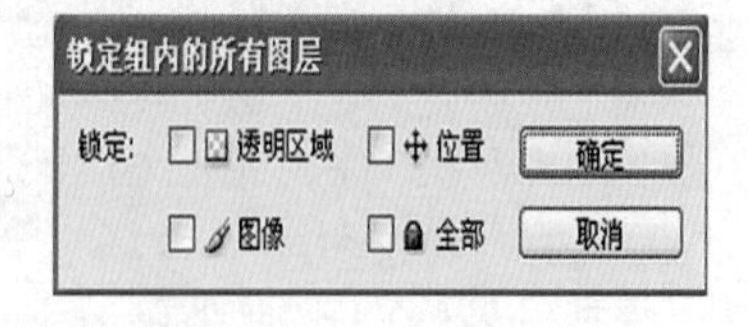

图 5－4

4. 图层之间的对齐和分布

执行“图层” > “对齐”命令，在其后的子菜单中可选择不同的对齐命令，如图 5－5（a）所示。“分布链接图层”命令后面的子菜单中也有类似的命令，如图 5－5（b）所示。

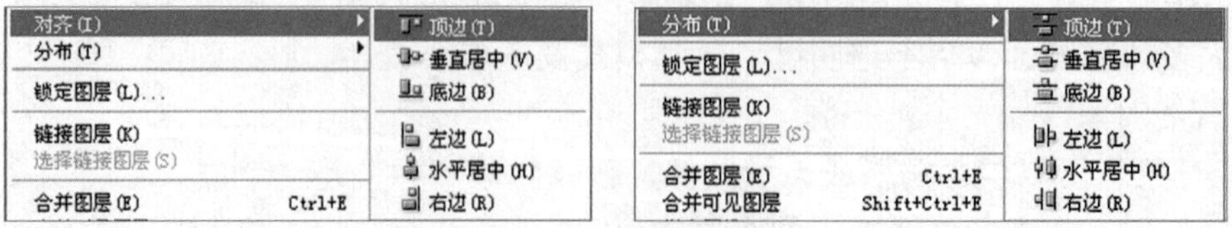

（a）　　（b）

图 5－5

以上所提到的所有子菜单项目都可通过单击选项栏中的各种对齐和分布的按钮来实现，如图 5－6 所示。

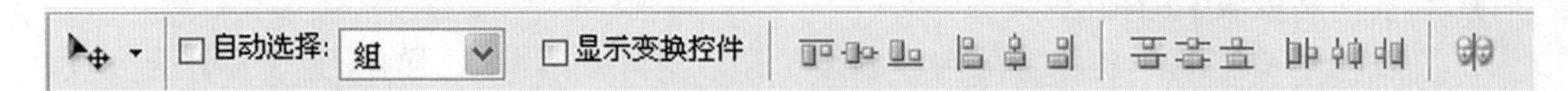

图 5 - 6

5. **改变图层的排列顺序**

在图层调板中，可以直接用鼠标任意改变各图层的排列顺序，如果想将“图层 2”放到“图层 0”的下面，只需用鼠标将其拖曳到“图层 1”的下线处，当下线变黑后，松开鼠标即可。另外，也可以通过执行“图层” >“排列”命令来实现同样的操作。

6. **图层的合并**

在图层调板右边的弹出菜单中，有“向下合并”、“合并可见图层”、“拼合图层”三个命令。

7. **修边**

执行“图层” >“修边”命令，这个功能可以轻松地将多余的像素清除，使合成图像的边缘更加平滑与自然。

8. **图层组**

执行“图层” >“新建” >“图层组”命令，或在图层调板中单击如图 5 - 2 的“O”所示按钮，或在调板的弹出菜单中选择“新图层组”命令，都可以创建一个新的图层组。

5.1.3 剪贴蒙版

1. **使用剪贴蒙版遮盖图层**

剪贴蒙版可使用某个图层的内容来遮盖其上方的图层。遮盖效果由底部图层或基底图层决定的内容。基底图层的非透明内容将在剪贴蒙版中裁剪（显示）它上方的图层的内容。剪贴图层中的所有其他内容将被遮盖掉。如图 5 - 7 图左所示，图层 3 是图形人物，图层 4 为圆形；图 5 - 7 图中所示为选中图层 3 点鼠标右键，选中“创建剪贴蒙版”选项，执行结果如图 5 - 7 图右所示，剪贴图层的内容（图形人物）仅在基底图层（圆形）范围内的内容中可见，蒙版中的基底图层名称带下画线，上层图层的缩览图是缩进的。

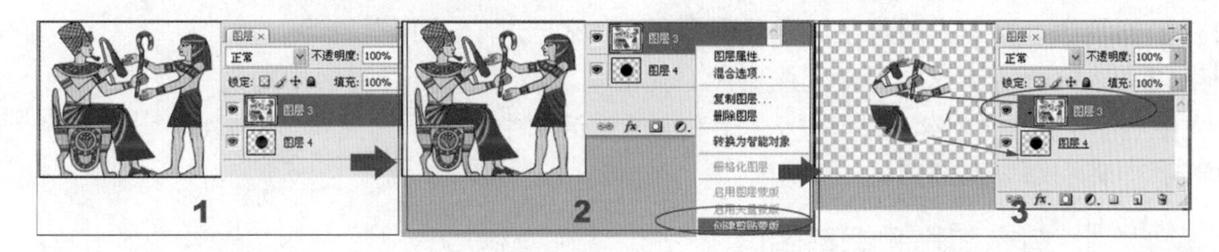

图 5 - 7

2. **创建剪贴蒙版**

（1）在“图层”调板中排列图层，以使带有蒙版的基底图层位于要蒙盖的图层的下方。

（2）按住“Alt”键，将指针放在“图层”调板上用于分隔要在剪贴蒙版中包含的基底图层和其上方的第一个图层的线上（指针会变成两个交叠的圆），然后单击。或者选择“图层”调板中的基底图层上方的第一个图层，并选取“图层” >“创建剪贴蒙版”。

3. **移去剪贴蒙版中的图层**

(1) 按住“Alt”键，将指针放在“图层”调板上分隔两组图层的线上（指针会变成两个交叠的圆），然后单击。

(2) 在“图层”调板中，选择剪贴蒙版中的图层，并选取“图层” > “释放剪贴蒙版”。此命令从剪贴蒙版中移去所选图层以及它上面的任何图层。

5.1.4 图层蒙版

1. **添加图层蒙版**

执行“图层” > “添加图层蒙版” > “显示全部”命令，生成的就是白色的蒙版，如图5-8图左；如果执行“图层” > “添加图层蒙版” > “隐藏全部”命令，生成的就是黑色的蒙版，如图5-8图中。当在图层中有选择范围时，可执行“图层” > “添加图层蒙版” > “显示选区”和“隐藏选区”两项命令，如图5-8图右。

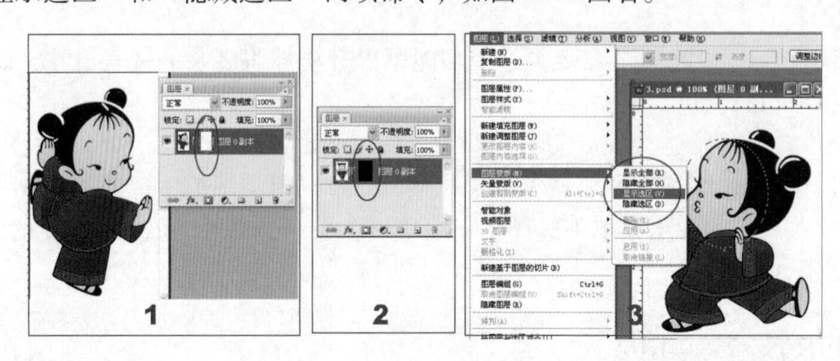

图5-8

当创建一个图层蒙版时，它是自动和图层中的图像链接在一起的，在图层调板中图层和蒙版之间有链接符号，此时若用移动工具在图像中移动，则图层中的图像和蒙版将同时移动。单击链接符号，符号就会消失，此时可分别选中图层图像和蒙版进行移动。

2. **删除图层蒙版和临时关闭**

(1) 执行“图层” > “移去图层蒙版”命令，如果要完全删掉蒙版，就选择子菜单中的“扔掉”命令，如果要将蒙版合并到图层上，就选择“应用”命令。

(2) 选中图层调板中的蒙版缩览图，然后将其拖曳到图层调板中的垃圾桶图标上，或选中蒙版缩览图后单击垃圾桶图标，在弹出的对话框中有3个选项：“不应用”、“取消”和“应用”，根据需要选择即可。

5.1.5 填充图层和调整图层

1. **填充图层**

执行“图层” > “新建填充图层”命令，或者单击图层调板上的“创建新的填充或调整图层”按钮（如图5-2的“N”），会弹出一个菜单显示各种类型的填充图层和调整图层，当设定新的填充图层时，软件会自动随之生成一个图层蒙版。

(1) 纯色填充图层

执行“图层” > “新增填充图层” > “纯色”命令，弹出拾色器对话框。在对话框中选择要作为填充图层所使用的颜色。在图层调板上会出现新增的填充图层，如图 5－9 所示，左边的缩览图显示当前填充的颜色，右边的缩览图表示图层蒙版，用来设定填充图层在图像中的显示内容。

单击图层调板中的图层蒙版缩览图，然后选择渐变工具，并设定一种黑白渐变，填充图层蒙版后的效果如图 5－10 所示。它与下面渐变填充图层效果是不同的，它是蒙版，使填充的黄色形成渐变透明效果。

图 5－9

图 5－10

（2）渐变填充图层

执行“图层”>“新增填充图层”>“渐变”命令，将弹出“渐变填充”对话框，如图 5－11 所示。

（3）图案填充图层

执行“图层”>“新增填充图层”>“图案”命令，将弹出“图案填充”对话框，在此对话框中选择填充材质，并在缩放栏中设定图案的大小，如果选中与“图层链接”复选框时，图案图层与图层蒙版之间具有链接关系，在移动图案图层时，图层蒙版也会随之移动。单击“贴紧原点”按钮可以恢复图案位置。设定完成后单击“确定”按钮，适当调整图案图层的透明度，结果如图 5－12 所示。

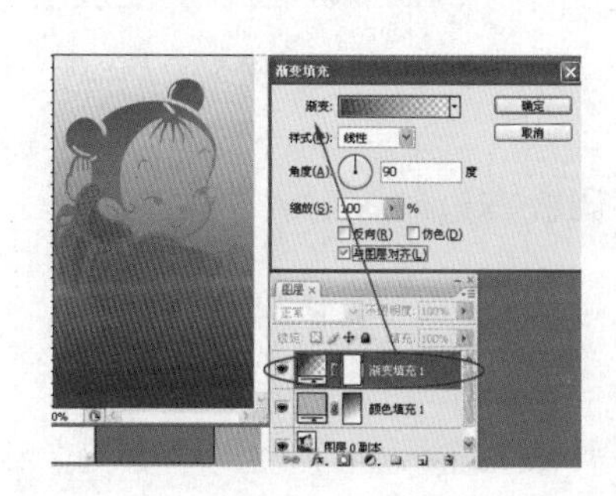

图 5－11

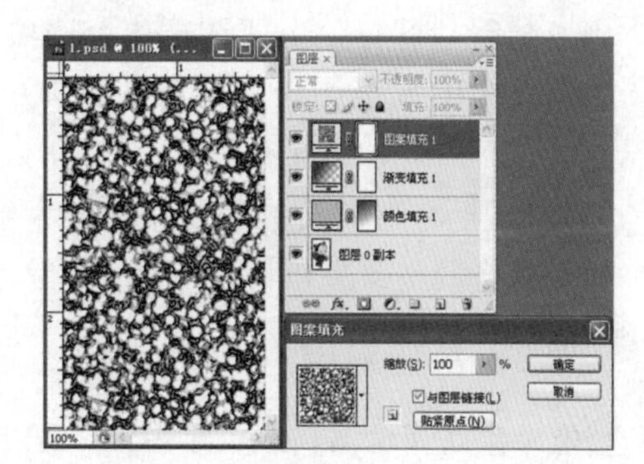

图 5－12

2. 填充图层转化为图像图层

在图层调板中选择填充图层，然后执行“图层”>“栅格化”>“填充内容”命令，在图层调板中可看到转化前后的图标不同。转化后的图层不可以再更换其他的图案，但可以执行图像图层所有的操作。

3. **调整图层**

调整图层和前面讲到的填充图层非常相似，当建立新的调整图层时，在图层调板中，其右侧都会同时出现图层蒙版缩览图，如果当前图像中有一个激活的路径，当生成新的调整图层时，就会同时生成图层矢量蒙版，而不是图层蒙版。

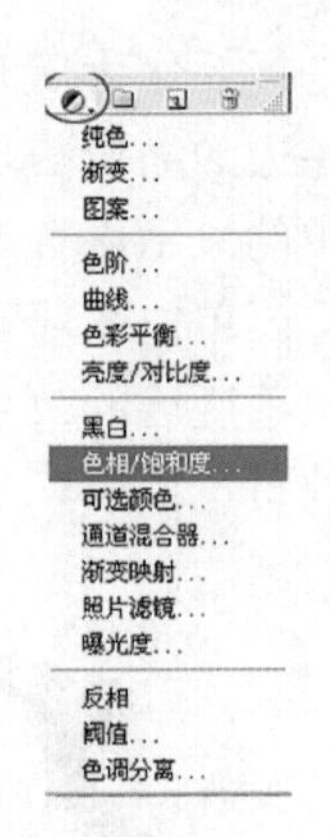

图 5 – 13

调整图层可以用来调整如图 5 – 13 所示色彩等选项，还具有调整不透明度、设定不同的混合模式并可通过修改图层蒙版达到特殊效果。

在创建的调整图层中进行各种色彩调整，效果与对图像执行色彩调整命令相同。并且在完成色彩调整后，还可以随时修改及调整，而不用担心会损坏原来的图像。

调整图层的使用方法如下：

（1）在菜单中执行“图层” > “新调整图层” > “色相/饱和度”，弹出“新图层”对话框，在对话框中可设定新图层的名字，内定情况下根据所选的颜色调节方式进行命名，还可以设定调整图层在图层调板中显示的“颜色”，并可设定作用“模式”及“不透明度”。

（2）在“新图层”对话框中单击“确定”按钮，会弹出“色相/饱和度”对话框，如图 5 – 14 所示，用鼠标拖曳滑动三角可调节图像的颜色色相饱和度等。

图 5 – 14

（3）如果不想使调整图层中使用的效果施加在下面的整个图像上，而只想对图像的一部分进行修饰，可选中工具箱中的绘图工具，用黑色绘制要保护图像中的区域，用白色绘制可增加图像中被作用的区域，用灰色绘制可使图像中部分受影响。这些操作和蒙版的所有概念完全相同。当选择某调整图层时，在通道调板中就将建立一个临时的 Alpha 通道。

（4）执行“图层” > “图层内容选项”命令，或者双击图层调板中的调整图层缩览图，会弹出相应的对话框，可以重新对调整图层进行调节。

（5）“图层” > “合并图层”命令，或者在图层调板右边的弹出式菜单中选择“向下合并”可以将调整图层和紧邻其下的图像图层合并。

5.1.6 智能对象

智能对象是包含栅格或矢量图像（如 Photoshop 文件或 Illustrator 文件）中的图像数据的图层。嵌入的图像数据将保留其所有的原始数据，对智能对象进行任意的缩放、旋转以及图层变形等多次，得到的结果都是以基于源数据计算的结果。从而能够对图层执行非破坏性编辑。

1. **创建智能对象**

（1）选择“文件” > “打开为”，选择文件，然后单击“打开”。

（2）选择“文件”>“置入”以将文件作为智能对象导入到打开的 Photoshop 文档中。尽管可以置入 JPEG 文件，但最好是置入 PSD、TIFF 或 PSB 文件，因为这可以添加图层、修改像素并重新存储文件，而不会造成任何损失。（要存储修改的 JPEG 文件，需要拼合新图层并重新压缩图像，从而导致图像品质降低。）

（3）选择“图层”>“智能对象”>“转换为智能对象”以将选定图层转换为智能对象。

（4）在 Bridge 中，选择“文件”>“置入”>“在 Photoshop 中”以将文件作为智能对象导入到打开的 Photoshop 文档中。

（5）处理相机原始数据文件的一种简单方法是将其作为智能对象打开。可以随时双击包含原始数据文件的智能对象图层以调整 Camera Raw 设置。

（6）选择一个或多个图层，然后选择“图层”>“智能对象”

（7）“转换为智能对象”。这些图层将被绑定到一个智能对象中。当您将图层组合到一个智能对象中时，将不会保留剪贴蒙版。

（8）将 PDF 或 Adobe Illustrator 图层或对象拖动到 Photoshop 文档中。

（9）将 Illustrator 中的图片粘贴到 Photoshop 文档中，然后在“粘贴”对话框中选择“智能对象”。要获取最大的灵活性，请在“首选项”对话框的“文件处理”部分中启用“PDF”和“AICB”（不支持透明度）。

2. 智能对象的作用

（1）执行非破坏性变换。可以缩放、旋转图层或使图层变形，而不会丢失原始图像数据或降低品质，因为变换不会影响原始数据。（一些变换选项不可用，如“透视”和“扭曲”。）

（2）处理矢量数据（如 Illustrator 中的矢量图片），若不使用智能对象，这些数据在 Photoshop 中将进行栅格化。

（3）非破坏性应用滤镜。可以随时编辑应用于智能对象的滤镜。

（4）编辑一个智能对象并自动更新其所有的链接实例。

无法对智能对象图层直接执行会改变像素数据的操作（如绘画、减淡、加深或仿制），除非先将该图层转换为常规图层（将进行栅格化）。要执行会改变像素数据的操作，可以编辑智能对象的内容，在智能对象图层的上方仿制一个新图层，编辑智能对象的副本或创建新图层。当变换已应用智能滤镜的智能对象时，Photoshop 会在执行变换时关闭滤镜效果。变换完成后，将重新应用滤镜效果。

3. 智能滤镜

要使用智能滤镜，请选择智能对象图层，选择一个滤镜，然后设置滤镜选项。应用智能滤镜之后，可以对其进行调整、重新排序或删除。

4. 将智能对象转换为图层

选择智能对象，然后选择“图层”>“栅格化”>“智能对象”。

如果要重新创建智能对象，请重新选择其原始图层并从头开始。新智能对象将不会保留您应用于原始智能对象的变换。

5. 导出智能对象的内容

从“图层”调板中选择智能对象，然后选择“图层”>“智能对象”>“导出内容”。

选择智能对象内容的位置，然后单击“存储”。

Photoshop 将以智能对象的原始置入格式（JPEG、AI、TIF、PDF 或其他格式）导出智能对象。如果智能对象是利用图层创建的，则以 PSB 格式将其导出。

6. 替换智能对象的内容

选择智能对象，然后选择“图层” > “智能对象” > “替换内容”；导航到要使用的文件，然后单击“置入”；单击“确定”。新内容即会置入到智能对象中，链接的智能对象也会被更新。

7. 复制智能对象

（1）要创建链接到原始智能对象的重复智能对象，请选择“图层” > “新建” > “通过拷贝的图层”，或将智能对象图层拖动到“图层”调板底部的“创建新图层”图标。对原始智能对象所做的编辑会影响副本，而对副本所做的编辑同样也会影响原始智能对象。

（2）要创建未链接到原始智能对象的重复智能对象，请选择“图层”>“智能对象”>“通过拷贝新建智能对象”。一个名称与原始智能对象相同并带有“副本”后缀的新智能对象将出现在“图层”调板上。

8. 隐藏智能滤镜

（1）要隐藏单个智能滤镜，请在“图层”调板中单击该智能滤镜旁边的眼睛图标。要显示智能滤镜，可在该列中再次单击。

（2）要隐藏应用于智能对象图层的所有智能滤镜，请在“图层”调板中单击智能滤镜行旁边的眼睛图标。要显示重新排序、复制或删除智能滤镜，可以在“图层”调板中对智能滤镜重新排序，复制智能滤镜或删除智能滤镜（如果不再需要将这些滤镜应用于智能对象）。

9. 对智能滤镜重新排序

在“图层”调板中，将智能滤镜在列表中上下拖动。无法对从滤镜库应用的智能滤镜重新排序。Photoshop 将按照由下而上的顺序应用智能滤镜。

10. 复制智能滤镜

在“图层”调板中，按住“Alt”键并将智能滤镜从一个智能对象拖动到另一个智能对象，或拖动到智能滤镜列表中的新位置。

11. 删除智能滤镜

要删除单个智能滤镜，请将该滤镜拖动到“图层”调板底部的“删除”图标。

要删除应用于智能对象图层的所有智能滤镜，请选择该智能对象图层，然后选择“图层” > “智能滤镜” > “清除智能滤镜”。

12. 拷贝矢量图形实例

在 Illustrator 拷贝矢量图像粘贴入 Photoshop，会弹出如图 5－15 所示对话框，选中“智能对象”复选框进行粘贴，该“智能对象”将保存矢量的特性，在图层调板中双击“智能对象”的符号，能够在 Illustrator 中打开该对象，对矢量图像编辑后进行保存，可以使“智能对象”得到更新。

（1）在 Illustrator 中打开图形“青蛙”，如图 5－16 所示，选择“青蛙”，按“Ctrl + C”。然后在 Photoshop 中新建一个空白图像，按“Ctrl + V”将“青蛙”复制到空白图像中，并执行“图层”>“智能对象”>“编辑内容”命令，可以使“青蛙”回到 Illustrator 图形软件中进行编辑。

（2）复制多个智能对象“青蛙”图层，通过旋转、缩放、移动，并调整图层的不透明度，得到如图 5－17 所示的结果。

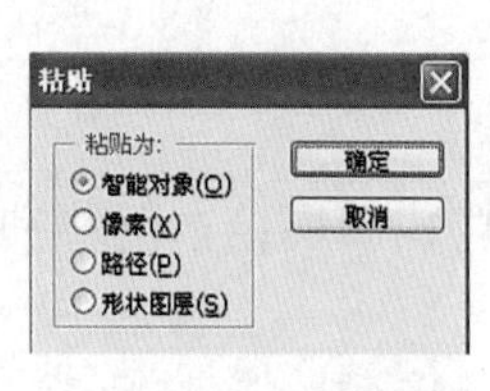

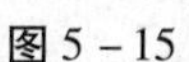

图 5－15

图 5－16

图 5－17

5.1.7 图层复合

1. 关于图层复合

“图层复合”的作用是记录图层调板的状态，它可以将图像中所有图层的“可视性（显示或隐藏）”、“位置”以及“图层外观（图层样式的应用说明）”记录下来，作为状态快照（即图层复合）保存在“图层复合”调板中。这样，在处理图像的过程中，可以随时在“图层复合”调板中调用已存储的“图层复合”，以回到该图层所记录的图层状态。在一个图像中可以建立多个“图层复合”，如图 5－18 所示，因此设计师运用图层的变化并可以利用这一功能在一幅图像中设计出多种方案，并将每种方案存储为“图层复合”。在向客户介绍时，只需逐个应用“图层复合”，便可以快捷地一一展示每个设计方案，这无疑大大加快了设计师的工作效率。

图 5－18

2. 图层复合调板

执行“窗口”>“图层复合”来显示调板。图层复合调板如图 5－19 所示，A 为“应用图层复合”图标；B 为最后的文档状态；C 为选定复合；D 为“无法完全恢复图层复合”图标。

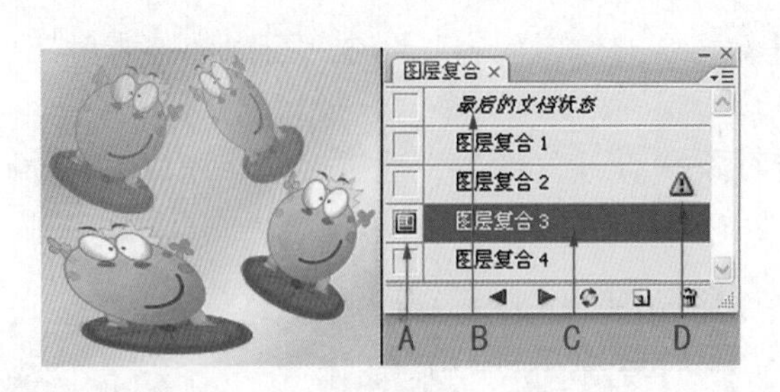

图 5－19

3. **图层复合的创建**

（1）打开要设计调整的图像，在该图像中已经建立了几个不同的样式图层，本例将利用“图层复合”的方法，建立四种设计方案。

（2）在图层调板中，分别进行“色彩平衡”、“色相/饱和度”、“选取颜色”、“反相”等设计调整。

（3）执行“窗口”>“图层复合”命令，显示“图层复合”调板，单击“图层复合”调板底部的“创建新的图层复合”按钮，新的图层复合将根据所选择的选项并基于图层调板中图层的当前状态进行存储。单击“确定”按钮，即可建立图层复合。分别将图层调板中进行了“色彩平衡”、“色相/饱和度”、“选取颜色”、“反相”等设计调整的不同效果在图像中建立四个图层复合，把当时的图层状态都记录下来，在以后处理图像的过程中可以随时调用它们，以回到当时的状态。最终效果如图 5－20 所示。

图 5－20

5.2 实例——制作电梯按钮

本实例主要练习本章所学知识：综合练习图层的应用。

1. **新建文件**

（1）按“Ctrl＋N”键，在弹出的“新建”对话框中设置宽度为 3.5 cm，高度为8 cm，分辨率为 300 像素/英寸，色彩模式为 RGB 颜色，背景色为白色，建立新文件。

（2）执行“文件”>“存储为”（快捷键“Ctrl＋Shift＋S”），存储该文件为“电梯按钮”，PSD 格式。

2. **制作背景**

（1）前景色的 RGB 分别为 174、174、174。新建一个图层图层 1，并填充前景色，效果如图 5 – 21 所示。

（2）执行菜单栏中的“滤镜”>“杂色”>“添加杂色”命令，效果如图 5 – 22 所示。

（3）接着执行菜单栏中的“滤镜” > “模糊” > “动感模糊”命令，图像效果如图 5 – 23所示。

图 5 – 21

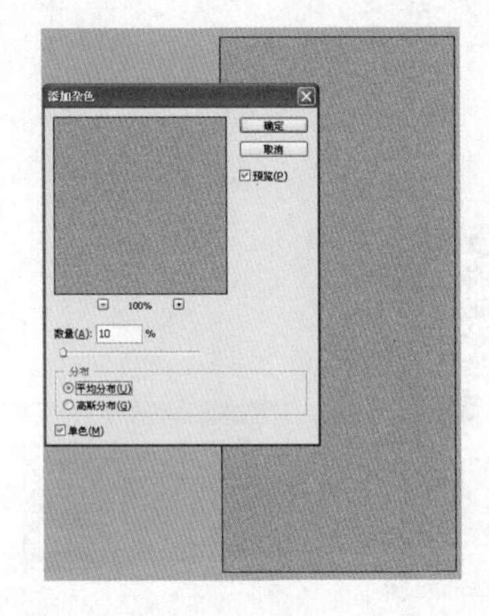

图 5 – 22

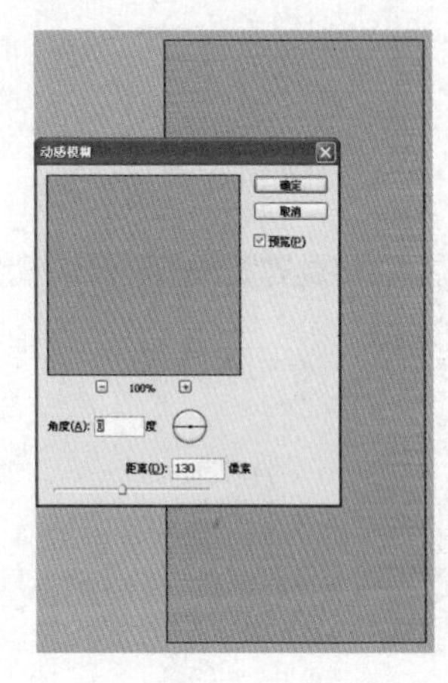

图 5 – 23

3. **制作上下按钮面板**

（1）单击工具箱中的“矩形选框工具”，按住“Shift”键进行拖动，绘制大小合适的矩形，新建一个图层，并用前景色填充选区，按“Ctrl + T”键将图像旋转 45°，效果如图 5 – 24 所示。

（2）取消选区。设置前景色为白色，选择工具箱中的“圆角矩形工具”，设置半径为 10，按住“Shift”键拖动鼠标，绘制矩形。以矢量图形绘制出来的图像会自动生成图层，命名图层为 01。复制图层 01 为 01 副本图层，效果如图 5 – 25 所示。

（3）将图层 01 和 01 副本图层隐藏。选择图层 1，按住“Ctrl”键单击图层 01，然后按“Delete”键删除选择区域，用同样的方法删除 01 副本的选择区域，效果如图 5 – 26 所示。

图 5 – 24

图 5 – 25

图 5 – 26

（4）双击图层 1，打开图层样式对话框，选择“投影”设置如图 5 – 27 所示，“斜面和浮雕”样式图 5 – 28 所示，等高线设置如图 5 – 29 所示，其中等高线设置如图 5 – 30 所示，图像效果如图 5 – 31 所示。

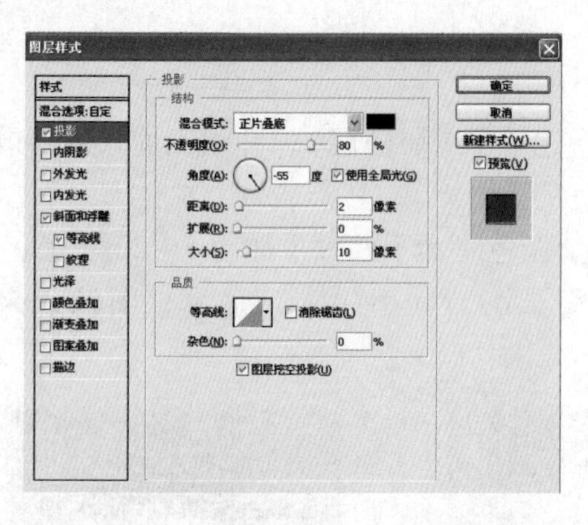

图 5－27

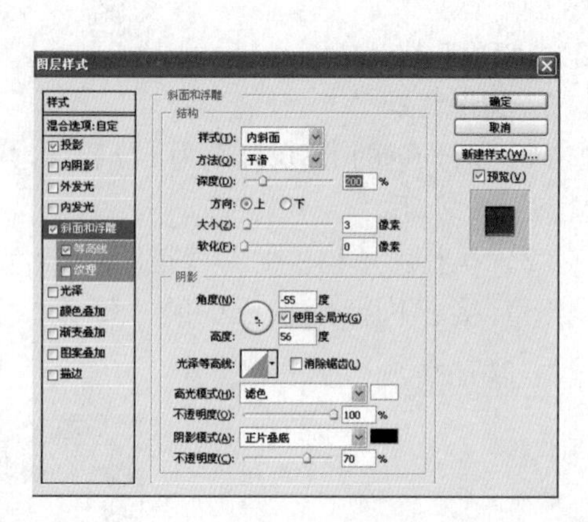

图 5－28

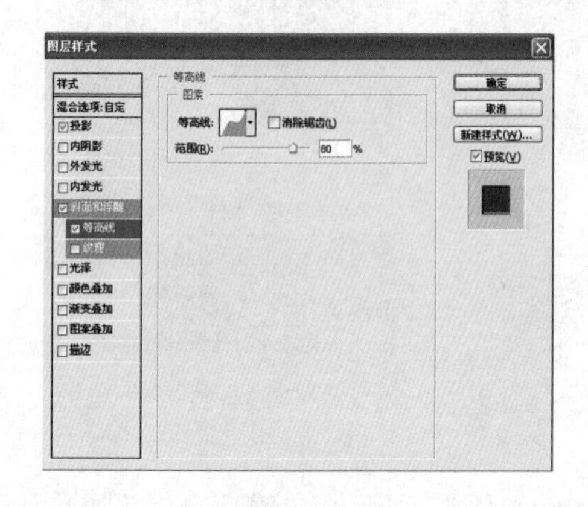

图 5－29

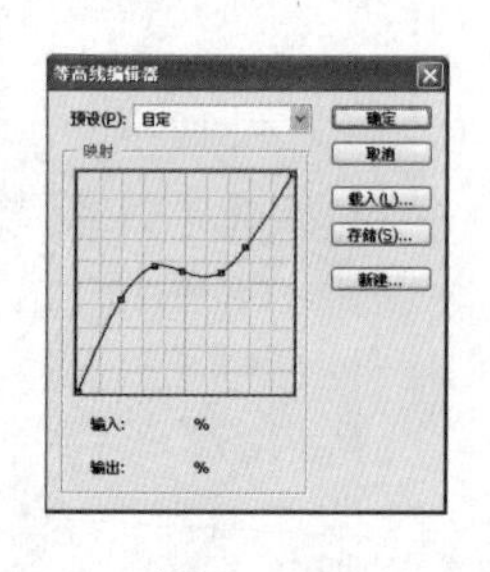

图 5－30

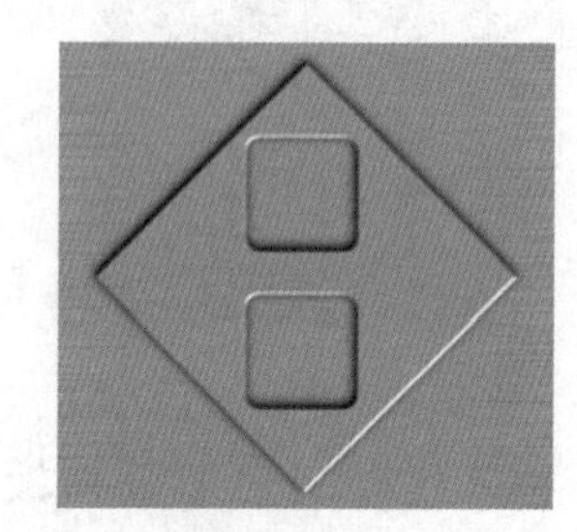

图 5－31

4. **制作按钮**

（1）将图层 01 和图层 01 副本取消隐藏。选择 01 副本图层，按“Ctrl + T”键，设置 W 为 95%，H 为 95%。利用同样的方法将图层 01 的大小也调节为 95%。

（2）双击 01 图层，打开图层样式对话框，选择“投影”设置如图 5－32 所示，“斜面和浮雕”设置如图 5－33 所示，“渐变叠加”设置如图 5－34 所示，渐变颜色设置的 RGB 分别为 208、208、208 和 255、255、255。

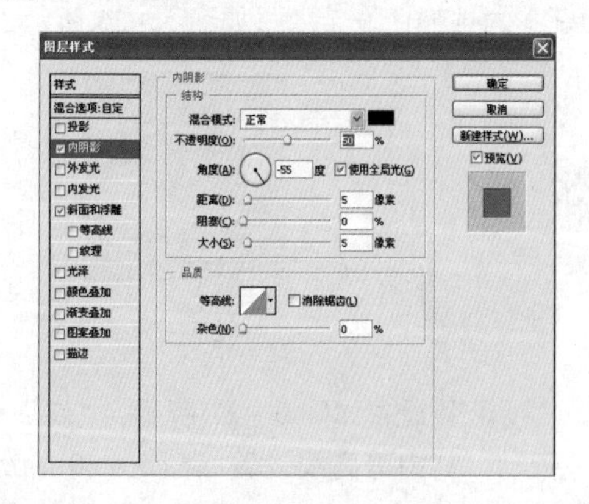

图 5－32

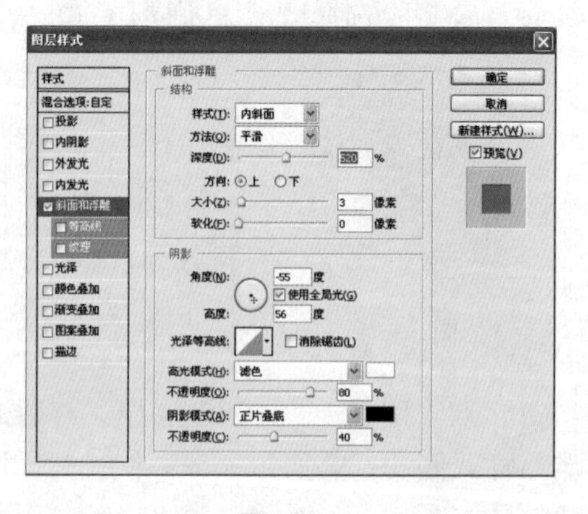

图 5－33

（3）在图层面板中将图层的混合模式为“正片叠底”，图像效果如图 5－35 所示。

（4）新建一个图层，图层 02。单击矩形选框工具绘制一个矩形。设置前景色的 RGB 分别为 225、225、225，填充矩形选区，效果如图 5－36 所示，取消选区。

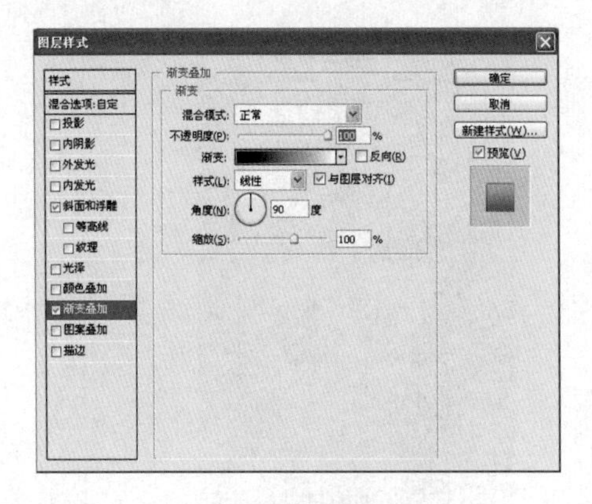

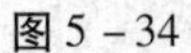
图 5－34

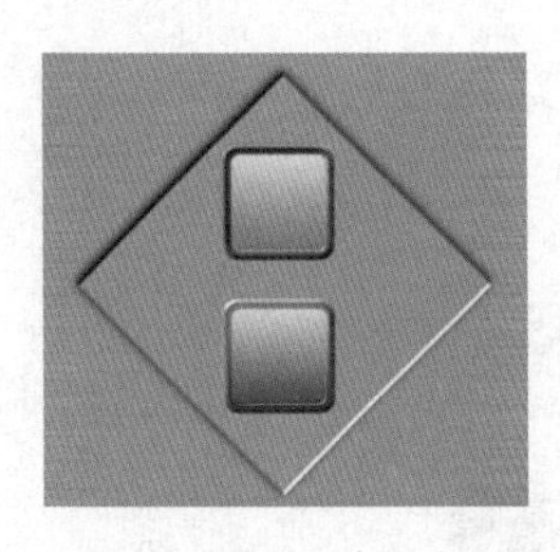
图 5－35

图 5－36

（5）执行菜单栏中的“滤镜”＞“杂色”＞“添加杂色”命令，设置参数如图 5－37 所示。

（6）执行菜单栏中的“滤镜”＞“模糊”＞“动感模糊”命令，图像效果如图 5－38 所示。

（7）选择图层 02，按住“Ctrl”键单击 01 图层，添加图层蒙版，设置混合模式为“正片叠底”，效果如图 5－39 所示。

图 5－37

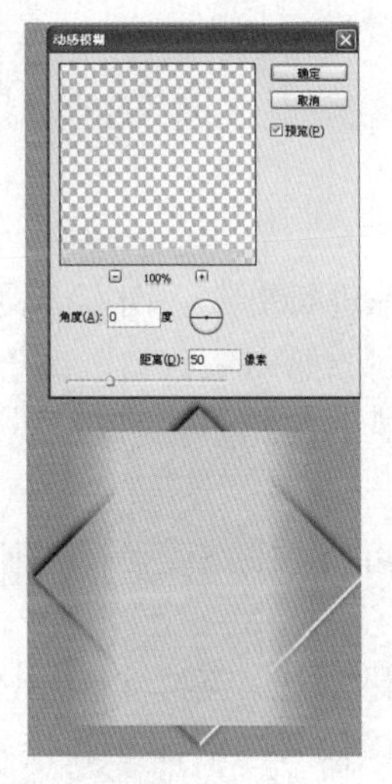

图 5－38

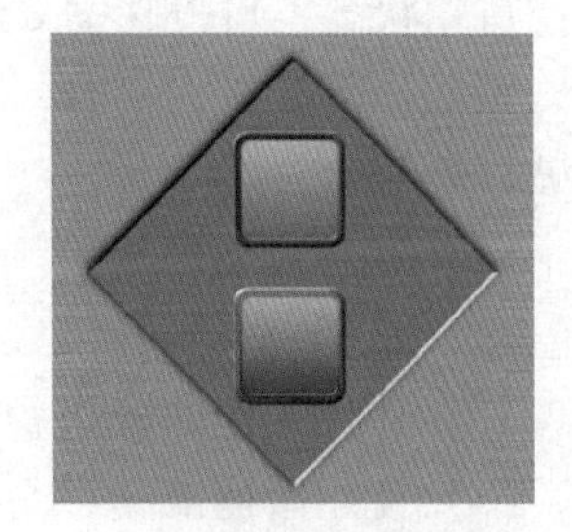

图 5－39

（8）选择工具箱中的“自定形状工具”，设置前景色 RGB 分别为 240、240、20，绘制向上箭头图案，命名图层为 03。双击 03 图层，打开图层样式对话框，选择“内阴影”和“斜面和浮雕”样式；复制图层 03 为图层 04，双击图层 04 的图层缩览图，打开拾色器对话框，设置 RGB 分别为 255、10、10。上下箭头图像效果如图 5 – 40 所示。

5. 制作数字按钮

根据上面的学习方法，制作电梯楼层数字按钮，最终电梯面板效果如图 5 – 41 所示。

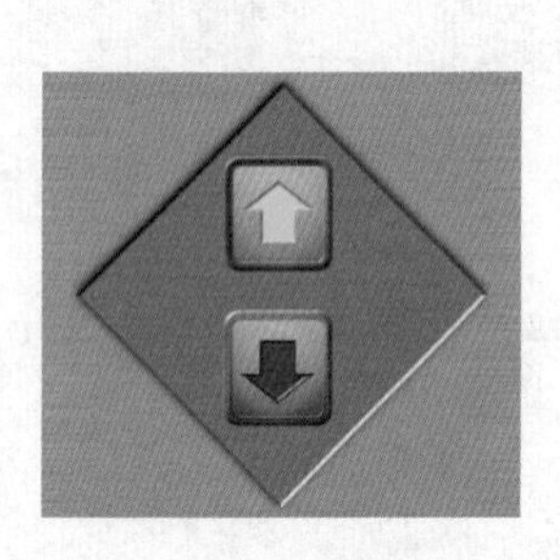

图 5 – 40

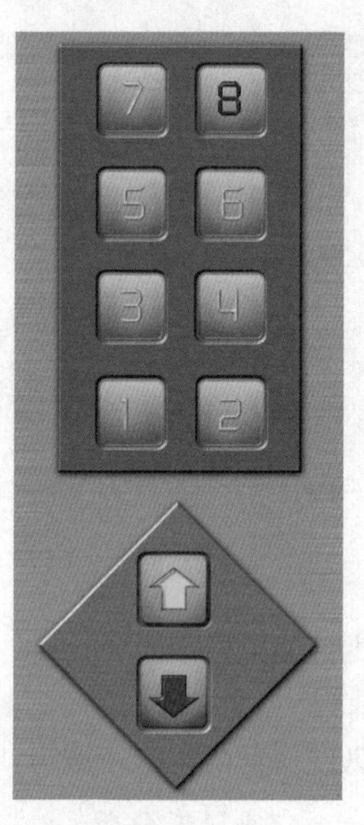

图 5 – 41

5.3 专家建议

1. 关于非破坏性编辑

非破坏性编辑允许使用者对图像进行更改，而不会覆盖原始图像数据，原始图像数据将保持可用状态，可以在需要时恢复到原始图像数据。由于非破坏性编辑不会移去图像中的数据，因此，当进行编辑时，不会降低图像品质。可以通过以下几种方式在 Photoshop 中执行非破坏性编辑：

（1）处理调整图层。调整图层可将颜色和色调调整应用于图像，而不会永久性更改像素值。

（2）使用智能对象进行变换。智能对象支持非破坏性缩放、旋转和变形。

（3）使用智能滤镜进行应用滤镜效果。应用于智能对象的滤镜将成为智能滤镜并允许使用非破坏性滤镜效果。

（4）使用智能对象调整变化、阴影和高光。可以将“阴影/高光”和“变化”命令应用于作为智能滤镜的智能对象。

（5）在单独的图层上修饰。仿制图章、修复画笔和污点修复画笔工具可让您在单独的图层上修饰，而不会造成任何破坏。确保从选项栏中选择“对所有图层取样”（选择“忽略调整图层”以确保调整图层不会影响单独图层两次）。必要时，可以扔掉不满意的修饰。

（6）在 Camera Raw 中编辑对成批的原始图像、JPEG 图像或 TIFF 图像进行的调整将保留原始图像数据。Camera Raw 会根据每幅图像将调整设置与原始图像文件分开存储。

（7）将相机原始数据文件作为智能对象打开。在 Photoshop 中可以编辑相机原始数据文件之前，必须使用 Camera Raw 配置这些文件的设置。一旦在 Photoshop 中编辑相机原始数据文件，则无法在重新配置 Camera Raw 设置的同时而又不丢失更改。若在 Photoshop 中将相机原始数据文件作为智能对象打开，就能够随时重新配置 Camera Raw 设置，即使在编辑文件后也可以。

（8）非破坏性裁剪。使用裁剪工具创建裁剪矩形后，从选项栏中选择“隐藏”可保留图层中的裁剪区域。随时可以通过以下方式恢复所裁剪的区域：选择“图像” > “显示全部”或将裁剪工具拖动到图像的边缘之外。“隐藏”选项不适用于只包含背景图层的图像。

（9）蒙版。图层和矢量蒙版是非破坏性的，因为您可以重新编辑蒙版，而不会丢失蒙版隐藏的像素。滤镜蒙版可用来遮盖智能滤镜对智能对象图层的效果。

2. 生成 Web 图形的 CSS 图层

可以使用 Illustrator 图稿中的图层，在生成的 HTML 文件中生成 CSS 图层。CSS 图层是具有绝对位置的元素，可与网页中其他元素重叠。准备在网页中创建动态效果时，导出 CSS 图层非常有用。

通过使用“存储为 Web 和设备所用格式”对话框中的“图层”调板，可以控制将图稿中的哪些顶层图层导出为 CSS 图层，以及导出的图层是可见的还是隐藏的。

（1）单击“存储为 Web 和设备所用格式”对话框中的“图层”选项卡。

（2）选择“导出为 CSS 图层”。

（3）从“图层”弹出菜单选择一个图层，并根据需要设置下列选项：

“可见”：在生成的 HTML 文件中创建可见的 CSS 图层。

“隐藏”：在生成的 HTML 文件中创建隐藏的 CSS 图层。

CSS 图层同于 GoLive 图层。通过使用 Adobe GoLive，可以对 CSS 图层进行动画处理，并使用内置 JavaScript 动作来创建交互效果。

5.4 自我探索与知识拓展

（1）了解“图层”的含义、“图层”面板、常见的图层类型、图层的基本操作及图层混合模式和图层样式的有关知识，了解什么是图层以及图层的作用和不同的功能，其主要功能是可以快速地创建或存储选区，这对复杂图像的选取或制作图像的特殊效果非常有帮助。用通道和蒙版修改方便，不会因为使用橡皮擦或剪切删除而造成不可返回的遗憾，可运用不同滤镜，以产生一些意想不到的特效，任何一张灰度图都可用来用为蒙版。

（2）上机练习中能灵活运用“图层混合模式”选项和“图层样式”命令进行各种图像特殊效果的制作；使用调整图层、图层编组；设置图层混合模式、调整图层的不透明度、添加图层样式效果以及查看和修改图层样式效果。

（3）上机练习如下图像："图层调整及复合练习——毕业纪念册的制作"和"图层样式练习——水晶球的制作"。

第6章 文本及特效字处理

学习要点

◇掌握各种文字工具的使用方法。

◇掌握如何创建点文字和段落文字。

◇了解并掌握文字图层的特性和使用方法。

◇了解并掌握“字符”调板和“段落”调板的使用方法。

◇学会文字的变形方法，掌握制作特殊效果文字效果的方法。

6.1 基础知识

Photoshop 可采用3种方式来创建文字：在某个点创建、在段落内创建以及在 Photoshop 中沿路径创建。Photoshop 中的文字由基于矢量的文字轮廓（即以数学方式定义的形状）组成，这些形状描述的是某种字样的字母、数字和符号。

6.1.1 创建文字图层

1. 创建文字

在工具箱中选择文字输入工具，然后在图像上单击鼠标，出现闪动的插入光标，此时可直接输入文字。在工具箱中共包含4种文字工具，如图6－1所示。

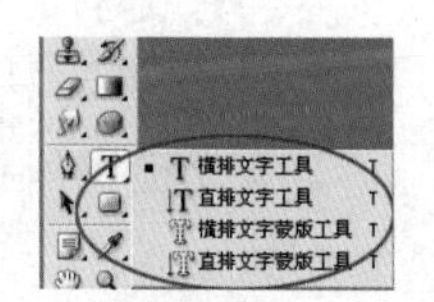

图6－1

2. 编辑文字

在输入文字之前，将各项属性设定完成后再输入文字；也可以在插入标状态下拖曳鼠标，将文字选中，然后在文字工具的选项栏中进行改变字体、字号等，如图6－2所示。表6－1为图6－2中的各项分别表示的内容。

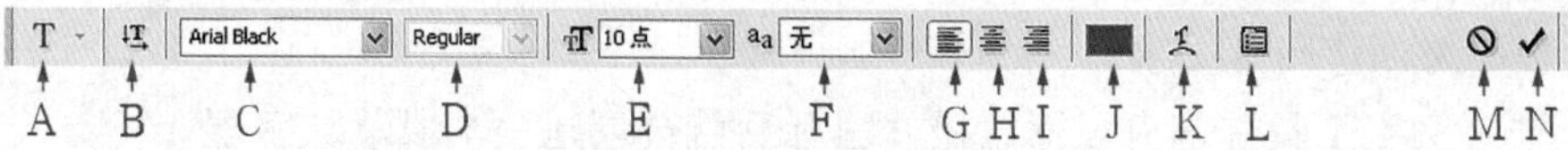

Arial Black　Regular　10点　无

A　B　C　D　E　F　G H I　J　K　L　M N

图6－2

表 6－1 “图 6－2”中的各项分别表示的内容

A	当前选中的文字工具
B	改变文字排列方向（直排或横排）
C	在弹出菜单中选择字体
D	设定字形，如粗体、斜体等
E	设定字号，可在弹出菜单中选择，也可直接输入数字
F	设定消除锯齿的选项
G	文字左齐
H	文字居中
I	文字右齐
J	设定文字颜色
K	调出文字弯曲对话框
L	调出字符和段落调板
M	取消当前的编辑
N	执行当前的编辑

输入文字后，在图层调板中可以看到新生成了一个文字图层，在图层上有一个 T 字母，表示当前的图层是文字图层，并且会自动按照输入的文字命名新建的文字图层。

文字图层是随时可以再编辑的。直接用工具箱中的文字工具在图像中的文字上拖曳，或用任何工具双击图层调板中文字图层上带有字母 T 的文字图层缩览图，都可以将文字选中，然后通过文字工具的选项栏中的各项设定进行修改。

3. 改变文字颜色

首先拖曳鼠标将文字选中，然后单击工具箱中的前景色，在弹出的“拾色器”中选择新的颜色。

在“字符”调板中也可以设定文字的颜色。

4. 点文字和段落文字

点文字是一个水平或垂直文本行，它从在图像中鼠标点按的位置开始，是不会自动换行的，需通过按“Enter”键使之进入下一行。

段落文字使用以水平或垂直方式控制字符流的边界。段落文字具备自动换行的功能。下列 3 种方法用来创建段落文字。

（1）选择文字工具并拖曳鼠标，松开鼠标后就会创建一个段落文字框。

（2）在按住“Alt”键的同时单击鼠标，在弹出的“段落文字大小”对话框中输入宽度和高度，单击“确定”按钮即可创建一个指定大小的文字框。

（3）按“Alt”键的同时拖曳鼠标（拖曳出的矩形框以鼠标的击点为中心），同样会弹出段落文字大小对话框，通过对话框可以看到当前拖曳产生的文字框的大小，当然，也可以改变其大小。

生成的段落文字框有 8 个把手可控制文字框的大小和旋转方向，文字框的中心点图标表示旋转的中心点，按住“Ctrl”键的同时可用鼠标拖曳改变中心点的位置，从而改变旋转的中心点，如图 6－3 所示。

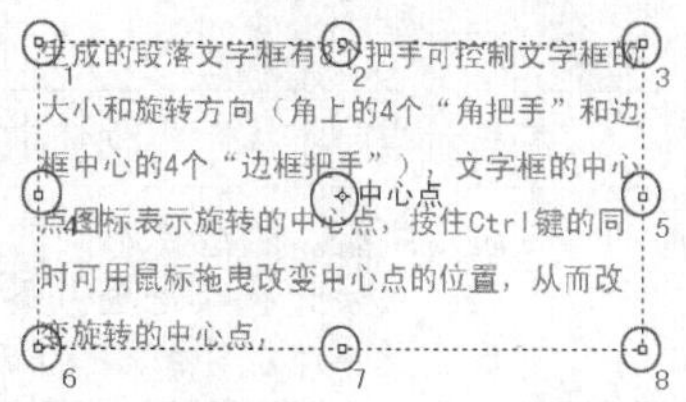

图 6－3

创建完文字框后，在左上角会有闪动的文字输入标，可以直接输入文字，也可以从其他软件中拷贝一些文字粘贴过来。

5. 文字框的基本操作

（1）用鼠标拖曳文字框的把手可缩小段落文字框，但不影响文字框内文字的各项设定，只是放不下的文字会被隐含，文字框右下角的角把手成为“田”字形，表明还有文字没有显示出来。

（2）按住“Ctrl”键的同时拖曳文字框四角的角把手，不仅可放大或缩小文字框，文字也同时被放大或缩小，如果加按“Shift”键，是成比例缩放，文字不会被拉长或压扁。

（3）按住“Ctrl”键的同时，将鼠标放在文字框各边框中心的边框把手上拖曳，可使文字框发生倾斜变形，文字也会倾斜变形，如图 6－4 所示，加按“Shift”键可限制变形的方向。

（4）在不按住任何键的情况下，当鼠标移动到文字框的任何一个把手上时都会变成双向箭头，拖曳鼠标，即可旋转文字框，在旋转文字框的同时，文字也随之旋转，但不变形，如图 6－5 所示。

6. 点文字与段落文字转换

点文字与段落文字在建立后可以互相转换，首先要判断类型，用文字工具在文字上单击，有文字框显示，表示此文字是段落文字，没有文字框显示，表示该文字是点文字。

（1）首先要在图层调板中选中要转换的点文字图层，然后执行“图层” > “文字” > “转换为段落文本”菜单命令。

（2）在图层调板中选中要转换的段落文字图层，然后执行“图层” > “文字” > “转换为点文本”菜单命令。

7. 文字的字符属性

执行“窗口” > “字符”命令，或是在文字工具选项栏中单击显示字符和段落调板按钮可以调出字符调板，如图 6－6 所示。表 6－2 为图 6－6 中字母标志的说明。

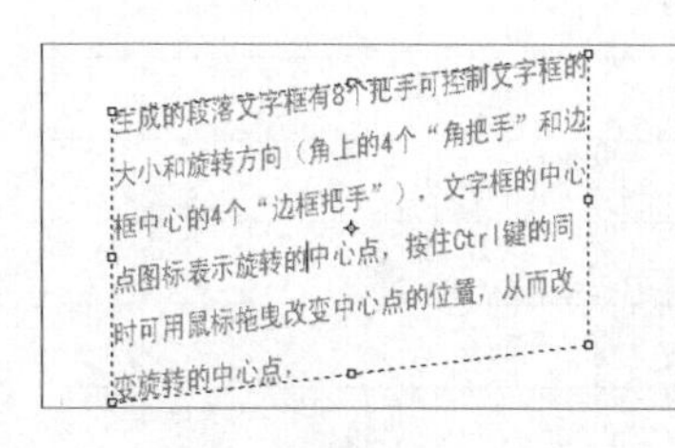

图 6－4

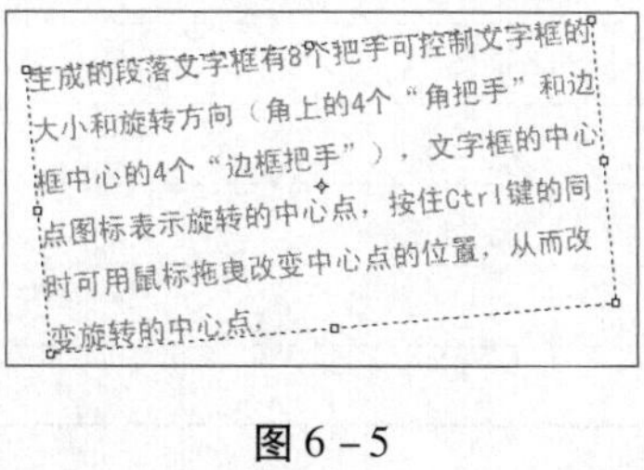

图 6－5

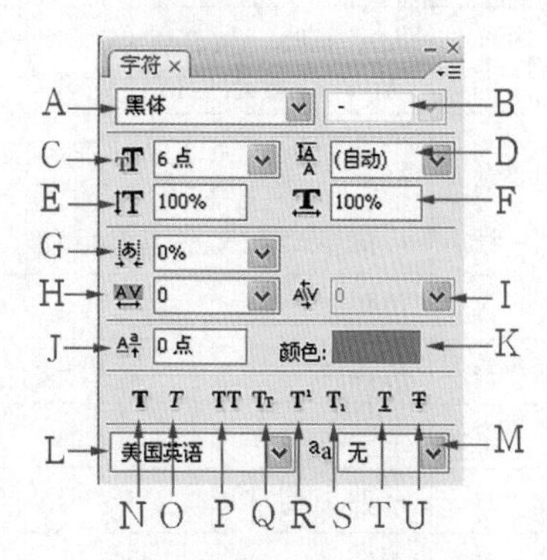

图 6－6

表 6-2 “图 6-6”中字母标志的说明

标志	含义
A	显示当前字体。要改变字体，可用鼠标单击右侧的小三角，从弹出菜单中进行选择
B	设定字型。当选择不同的字体后，在此处可选择粗体或斜体等字型，通常英文字体常用到这些选项。如果此选项是灰色不可选的，可在字符调板右上角的弹出菜单中选择“仿粗体”、“仿斜体”来实现字体加粗或斜体的效果
C	字体大小。先将文字选中，然后直接在栏内输入数值，或单击右侧的小三角，在弹出式菜单中选择固定的字体大小。字体大小通常以“点”为度量单位
D	行距。行距是指两行文字之间的基线距离。基线是一条不可见的直线，文字的大部分都位于这条线的上面。可以在同一段落中应用一个以上的行距量，但是文字行中的最大行距值决定该行的行距值。调整行距需要选中文字段落，然后在栏内输入数值，或是单击小三角，在弹出式菜单中直接选择设定好的行距
E/F	垂直/水平缩放比例。缩放比例用于改变文字宽度和长度的比例，也就是可将字体拉长或压扁。选择字符或整个文字图层，在垂直比例栏中输入数值，或在其弹出式菜单中选择百分比数值，即可决定文字的垂直缩放比例。用同样的方法可以改变文字的水平缩放比例，根据使用直排文字时输入的不同值，水平缩放比例可能使文字显得较窄；对于垂直缩放比例则相反
G	调整比例间距。比例间距按指定的百分比值减少字符周围的空间。因此，字符本身并不会被伸展或挤压。相反，字符的定界框和 em 框之间的间距被压缩。当向字符添加比例间距时，字符两侧的间距按相同的百分比减小
H	字距调整。字距调整是指在一定范围内的字母之间生成相同间距的过程。将一行文字用文字工具拖曳选中，然后在字符调板上的栏内输入数值，若输入的为正数会使字距加大，若输入的为负数则会缩小字距
I	字距微调。字距微调是增加或减少特定字母对如 A 和 T 之间间距的过程。可以手动控制字距微调，也可以使用自动字距微调（字体设计者内置在字体中的字距微调）。使用文字工具在两个字母间单击，鼠标会变成插入点，然后在栏中输入数值。若输入的数值为正数，则两个字母的间距会加大，如果输入的数值为负数，那么两个字母之间的间距会缩小。如果选中某个范围内的文字，则不能对字符进行手动字距微调，而要使用字距调整
J	基线位移。栏中的数字控制文字与文字基线的距离，可以使选择的文字随设定的数值上下移动。升高或降低选中的文字可以用来创建上标或下标。正值使水平文字上移，使直排文字移向基线右侧；负值使水平文字下移，使直排文字移向基线左侧
K	颜色。选择文字后，可以给输入的文字设定颜色，不过文字不能被填入渐变或图案（只有将文字图层转化为一般像素图层后才能进行渐变或图案填充）
L	设定字典。可在弹出菜单中选择不同语种的字典。主要用于连字的设定（换行时在何处用分隔符），并可进行拼写检查
M	消除锯齿。在此处的弹出菜单中可选择不同的消除字体的锯齿边缘的方法（从主菜单中执行“图层”>“文字”>“消除锯齿”命令，或在文字工具的选项栏中也有相同的弹出菜单）。消除锯齿命令会在文字边缘自动填充一些像素，使之融入文字的背景色中
N	仿粗体
O	仿斜体
P	全部大写字母
Q	全部小写字母
R	上标

续　表

标志	含义
S	下标
T	下划线
U	删除线

注：字距调整和字距微调的度量单位都是 1/1000 em，这是一种相对测量单位，以当前的全角字宽作为参考单位。在 6 点大小的字体中，1 em（即 1 个全角字宽）等于 6 点；在 10 点的字体中，1 em 等于 10 点。字距微调和字距调整与当前的文字大小成严格比例。

8. **文字的段落属性**

执行“窗口” > “段落”命令调出段落调板，如图 6－7 所示。表 6－3 为图 6－7 中字母标志的说明。

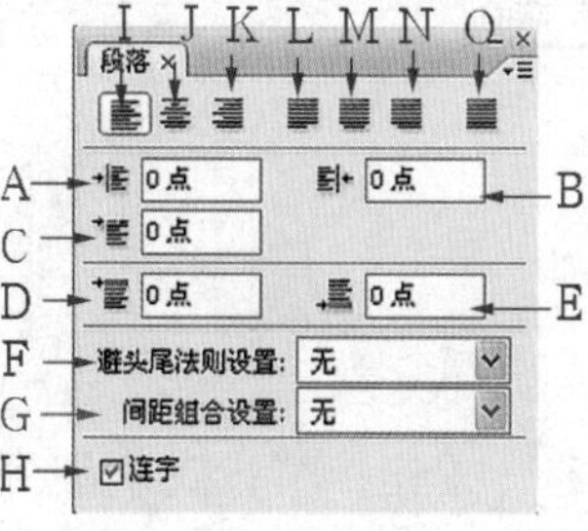

图 6－7

表 6－3　“图 6－7”中字母标志的说明

标志	含义
A	左缩进。即从段落左端缩进，对于直排文字，该选项控制从段落顶端的缩进
B	右缩进。即从段落右端缩进，对于直排文字，该选项控制从段落底部的缩进
C	首行缩进。即缩进段落文字的首行。对于横排文字，首行缩进与左缩进有关；对于直排文字，首行缩进与顶端缩进有关。若要创建首行悬挂缩进（所谓悬挂缩进，是指首行突出整个文字块的情况），应在此处输入负值
D/E	段前距/段后距。用来设定段落之间的距离
F	避头尾法则设置
G	间距组合设置
H	连字。连字选项确定是否可以连字，确定允许使用的分隔符。连字和对齐设置仅适用于 Roman 字符，用于中文字体的双字节字符不受这些设置的影响
I	齐左
J	居中
K	齐右
L	末行齐左
M	末行居中
N	末行齐右
O	左右强制齐行

6.1.2 修改文字图层

1. 文字弯曲变形

（1）选择工具箱中的文字工具，输入一些文字，并在文字工具选项栏中对文字进行设定，这时在图层调板上会看到产生一个新的文字图层。

（2）在文字工具选项栏上单击弯曲变形按钮，弹出“变形文字”对话框，如图 6－8 图左所示。

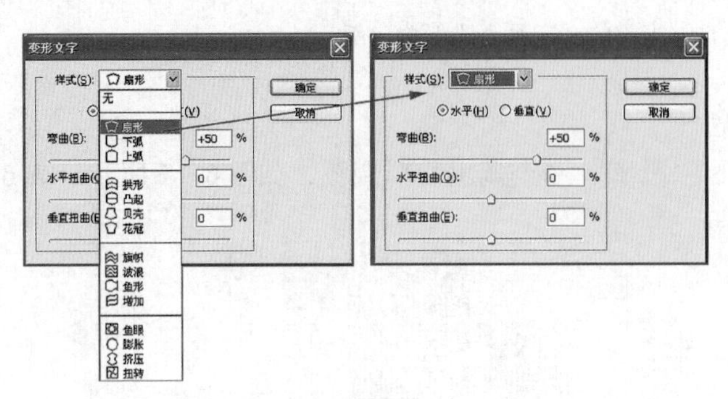

图 6－8

（3）设定完成后，单击“确定”按钮，将设定应用到当前编辑的文字中可看到文字弯曲效果。15 种效果如图 6－9 所示，“水平扭曲”和“垂直扭曲”的设置均为“0”。

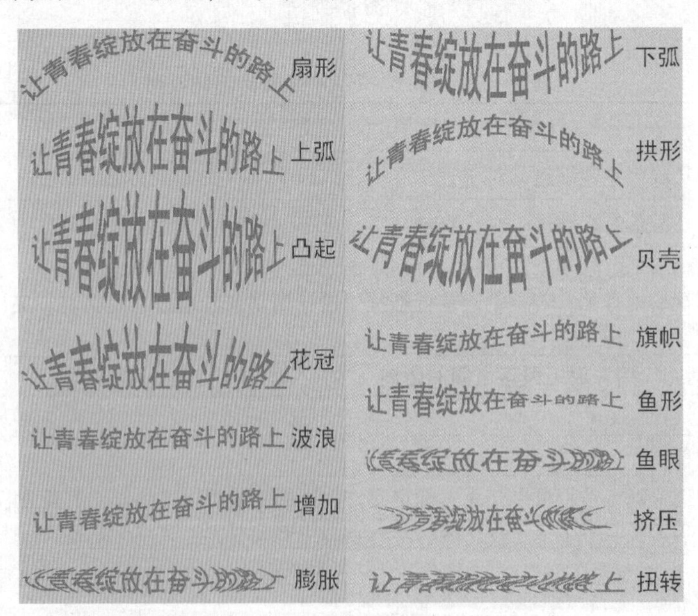

图 6－9

2. 文字转换

创建文字图层后，可以更改文字方向，可以在点文字与段落文字之间转换；可以像处理正常图层那样移动、重新排放、拷贝；可以更改文字图层的图层选项。

3. 文字图层转换为图像图层

执行“图层” > “栅格化” > “文字”命令，可看到图层调板上文字图层缩览图上的 T 字母消失了，即文字图层变成了普通的像素图层，此时图层上的文字就完全变成了像素信息，不能再进行文字的编辑，但可以执行所有图像可执行的命令。

4. 文字图层转换为工作路径或形状

（1）使用文字工具，输入一些文字后调整文字大小，并将文字设定成不同的颜色，如图 6 – 10 所示，只用图层样式执行了阴影效果。

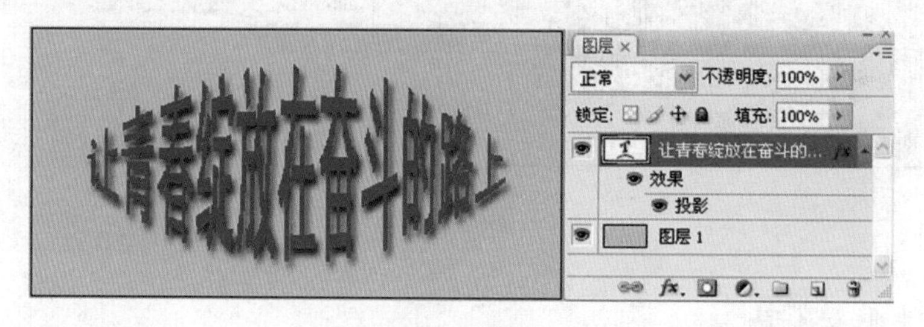

图 6 – 10

（2）在图层调板中选中文字图层，执行“图层” > “文字” > “创建工作路径”命令，可以看到文字上有路径显示，在路径调板中看到一个根据文字图层创建的工作路径，如图 6 – 11 所示。但工作路径的创建对原来的文字图层并没有任何影响。

图 6 – 11

（3）可以在图层调板中创建一个新的图层，创建了“描边”为新图层。选中这个新图层，然后在路径调板中给路径描边，效果如图 6 – 12 所示。

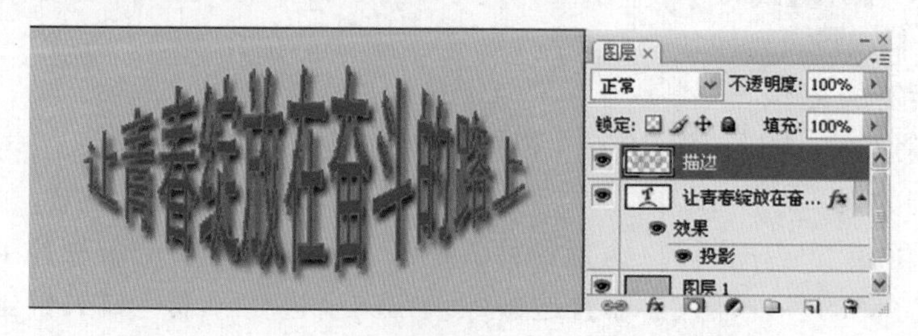

图 6 – 12

(4) 再次选中图层调板中的文字图层，为了不影响对后面操作结果的观察，可将“描边”图层隐藏。执行“图层” >“文字” >“转化为形状”命令，在图层调板中可看到文字图层转变成了形状图层。左侧的图标表示形状图层的填充颜色（此时文字图层已经转换为单色），右侧的图标表示图形的形状，在路径调板中可看到临时的矢量蒙版所表示的路径，如图 6 – 13 所示。

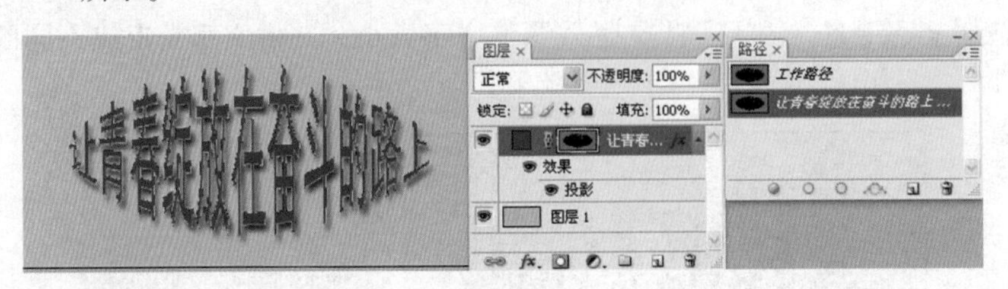

图 6 – 13

5. **在路径上放置文字**

可以使用钢笔、直线或形状工具绘制路径，然后沿着该路径键入文本。路径没有与之关联的像素。可以将它想象为文字的模板或引导线。例如，要使文本成圆形分布，可以使用椭圆工具绘制一条椭圆路径，然后在该路径上键入文本，如图 6 – 14 所示。

路径上放置文字操作方法如下所示：

(1) 选择适当的工具：钢笔工具、直线工具、自由钢笔工具或某种形状工具。在工作区顶部的选项栏中，选择“路径”按钮，然后绘制希望文本遵循的路径。当使用钢笔或直线工具创建路径时，文字将沿着绘制路径的方向排列，当到达路径的末尾时，文字会自动换行；如果从左至右绘制路径，则可以获得正常排列的文字。如果从右到左绘制路径，则会得到反向排列的文字。

图 6 – 14

(2) 在“字符”调板中选择字体和文本的其他文字属性。在工具箱中选择所需的文字工具。横排文字将与路径垂直，垂直文字将与路径平行。指针将变为一个带有横线的“I”形光标。横线标记文字的基线，即字母所依托的假想线。

(3) 调整指针的位置，将“I”形光标的基线置于路径上，然后单击鼠标左键，这时路径上会出现一个插入点。

(4) 键入所需的文本。

(5) 获得满意的文本后，按“Ctrl + Enter”组合键即可。

6. **文字图层效果**

文字图层和其他图层一样可以执行各种“图层样式”中定义的各种效果，也可以使用“样式”调板中存储的各种样式。而且这些效果在文字进行像素化或矢量化之后，仍然保留，并不受影响。图 6 – 15 所示的是执行一些图层样式后的文字效果。

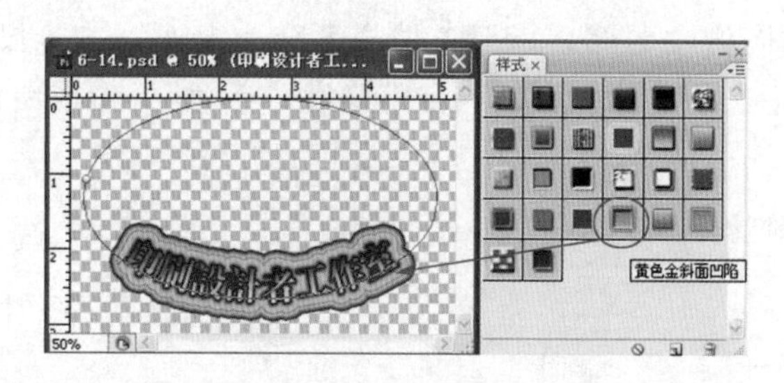

图 6－15

6.2 实例——以文字为主的广告海报设计

本实例主要练习本章所学知识：综合练习文本处理及应用。

1. 新建文件

（1）按“Ctrl＋N”键，在弹出的“新建”对话框中设置宽度为 15 cm，高度为 21.5 cm，分辨率为 300 像素/英寸，色彩模式为 RGB 颜色，背景色为白色，建立新文件。

（2）执行“文件” ＞“存储为”（快捷键“Ctrl＋Shift＋S”），存储该文件为“电脑促销海报”，PSD 格式。

2. 制作背景

首先在图层调板中添加“背景”组。

（1）将背景图像置入，并按“Ctrl＋T”调整图像大小及位置，效果如图 6－16 所示。

（2）用矩形工具在图像底部画矩形，填充渐变，颜色为深金黄（C60%、M70%、Y100%、K30%），位置 0 和 100%，位置 50% 处颜色为浅金黄（M40%、Y90%）；同样用钢笔工具勾画出月弯图形，填充渐变，颜色为红色（M100%、Y100%），位置 0，位置 100% 处颜色为深红色（C60%、M100%、Y100%、K50%），效果如图 6－17 所示。

（3）用矩形工具在图像底部画矩形，填充颜色为（M83%、Y94%），同样复制此图层，载入选区，填充颜色为黑色，图层放置在下面，效果如图 6－18 所示。

图 6－16

图 6－17

图 6－18

（4）用矩形工具在图像中下部画矩形，填充渐变为上面第二步设定的渐变。图层样式设置如图 6－19 所示，注意“外发光”，混合模式为“溶解”，形成白色点状效果如图 6－20 所示。

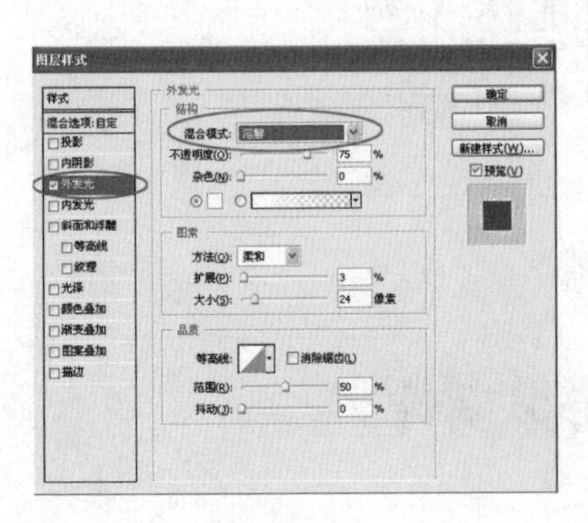

图 6－19

图 6－20

3. **制作“活动”**

首先在图层调板中添加“活动”组。

（1）输入文字“超值服务”，黑体；变形选择“鱼形”，默认设置、填充黄色；图层样式“投影”。

（2）输入文字“礼品丰富”，黑体；变形选择“凸起”，默认设置、填充红色；图层样式“投影”。

（3）输入文字“活动精彩”，黑体；变形选择“倾斜变形”并旋转 15°，填充红色；图层样式“投影”。

（4）输入文字“无限精彩的电脑世界”，黑体；变形选择“下弧”，水平、弯曲 1%、水平扭曲 75%、垂直扭曲 －10%，填充红色；文字底板图层是扩大文字选区，再填充白色；图层样式“斜面和浮雕”。

（5）数字“1、2、3”是选择的“样式”效果。“活动”效果如图 6－21 所示。

4. **制作“梦想旅程”**

首先在图层调板中添加“梦想旅程”组。

（1）输入文字“梦”、“想”、“旅程”、“2010”图层，黑体、白色；用“Ctrl＋T”变形文字大小，移动到相应位置。

（2）用“多边形套索工具”画出纸飞机形状（也可用钢笔工具形成路径再用前景色填充路径），填充白色。

（3）用钢笔工具形成路径（从“想”字飞机尾部），形成路径文字“嘉颖电脑”，品红色。“梦想旅程”效果如图 6－22 所示。

5. **制作“说明文字”**

（1）输入文字“嘉颖科技”图层，执行“窗口”＞“样式”，选择软件本身的“样式”。

（2）输入文字“电脑行业新形象”图层，红色、行楷字体。

（3）输入文字“嘉颖电脑买就送”图层，图层样式设置“投影”、“外发光”混合模式为“溶解”，形成白色点状效果。

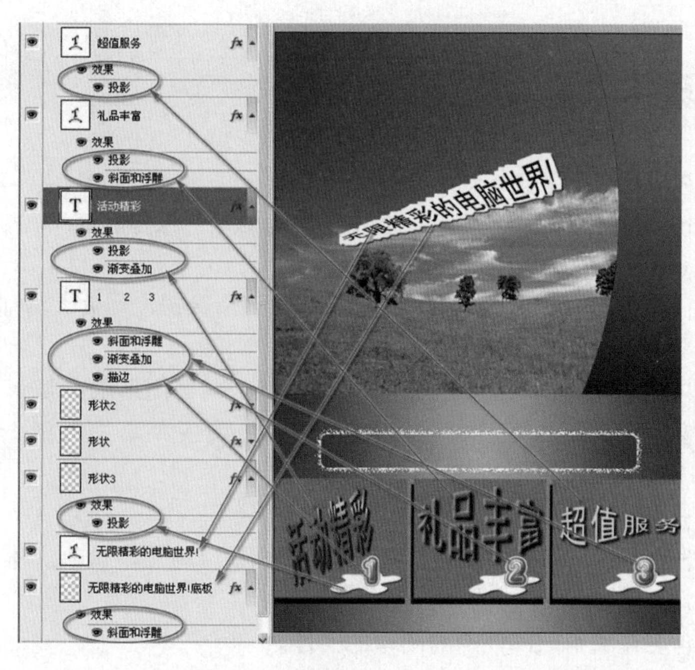

图6－21

（4）输入文字“开学送好礼、精彩上大学”图层，白色，图层样式设置“投影”、“外发光”混合模式为“溶解”，形成白色点状效果。

（5）输入文字“在9月1日至10月5日活动期间，只要购买任何一款嘉颖电脑，将获得以下服务”图层，单黑色（K100%）。

（6）输入文字“嘉颖电脑JOY－FAN精彩登场”图层，单黑色（K100%）。

最终“说明文字”效果如图6－23所示。

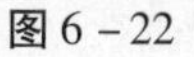
图6－22

图6－23

6.3 专家建议

1. 将消除锯齿应用到文字图层

用于印刷输出，我们需要消除锯齿，通过部分地填充边缘像素来产生边缘平滑的文字。这样，文字边缘就会混合到背景中。

但当在创建用于显示在网页上的文字时，需考虑到消除锯齿会大大增加原图像中的颜色数量。

使用消除锯齿功能时，小尺寸和低分辨率（如用于网页图形的分辨率）的文字的呈现可能不一致。要减少这种不一致性，可以在“字符”调板菜单中取消选择“分数宽度”选项。

2. 用图像填充文字

通过前面所学的内容，将剪贴蒙版应用于在“图层”调板中位于文本图层上方的图像图层，可以用图像填充文字。

（1）打开包含要在文本内部使用的图像的文件。

（2）单击“字符”选项卡使“字符”调板出现在前面。较大的、粗体的粗线字母效果最好。

（3）单击文档窗口中的插入点，并键入所需的文本。

（4）单击“图层”选项卡使“图层”调板出现在前面。如果图像图层是背景图层，背景图层是锁定的，无法在“图层”调板中移动它们。必须将背景图层转换为常规图层才能解除它们的锁定。

（5）在“图层”调板中，拖动图像图层，使之正好位于文本图层的上面。

（6）在图像图层处于选中状态时，选取“图层” > “创建剪贴蒙版”。图像将出现在文本内部。选择移动工具，然后拖动图像以调整它在文本内的位置。

（7）要移动文本而不是图像，可以在“图层”调板中选择文本图层，然后使用移动工具来移动文本。

通过将剪贴蒙版应用于在“图层”调板中位于文本图层上方的图像图层，可以用图像填充文字，如图 6－24 所示。

图 6－24

3. 使用常用字体与输出

字体最好采用常用字体，如方正、文鼎，尽量不使用少见字体。如已使用，Photoshop 先将文字图层复制一个图层，将复制图层转换为普通图层（栅格化），原文字图层关闭（保留此图层主要为方便文字编辑修改），就可避免因输出中心无此种字体而报无此字体的错误、无法输出的问题。小于 2 mm 的文字不要用宋体或者比较细的字体，太细了印刷不出来。小色块、细线条、小文字（6 号字以下）不要做几色，想出效果就单色直压底色。如果非要几色套的强烈建议做专色。

通常，纯文字或细小文字不做在 Photoshop 里，除非非要 Photoshop 出效果的。做在矢量软件的也要给留两个版本，一个是转曲线的、一个是不转曲线的（转是怕没字体，不转是方便修改）。

6.4 自我探索与知识拓展

（1）了解“图层”的含义、“图层”面板、常见的图层类型、图层的基本操作及图层混合模式和图层样式的有关知识，了解什么是图层以及图层的作用和不同的功能，其主要功能是可以快速地创建或存储选区，并对复杂图像的选取或制作图像的特殊效果非常有帮助。用通道和蒙版修改方便，不会因为使用橡皮擦或剪切删除而造成不可返回的遗憾，可运用不同滤镜，以产生一些意想不到的特效，任何一张灰度图都可用来用为蒙版。

（2）上机练习中能灵活使用文字工具、创建段落文本和文本选区等基本方法。在实际的作图过程中，很多作品都需要有文字来说明，也有很多画面需要输入特殊文字的要求。

（3）上机练习如下图像：“路径区域内文字练习——花朵上的文字”和“环绕路径文字练习——环绕地球文字”。

第 7 章 图像色彩的调整

学习要点

◇主要学习图像的各种颜色调整方法。

◇了解并掌握不同的色彩调节命令的特性和使用范围。

◇通过调整图像色彩了解与印刷叠印颜色变化的关系。

7.1 基础知识

色彩调整在图像的修饰中是非常重要的一项内容，Photoshop 提供了很多工具来改变色调和图像中的色彩平衡，必须灵活运用这些命令才能调出预期的图像颜色效果。

选择“图像” > “调整”菜单命令，将弹出如图 7－1 所示子菜单，通过其中的命令可以方便地调整图像的亮度、对比度、色相、饱和度等，从而可以使图像的色彩更加艳丽。

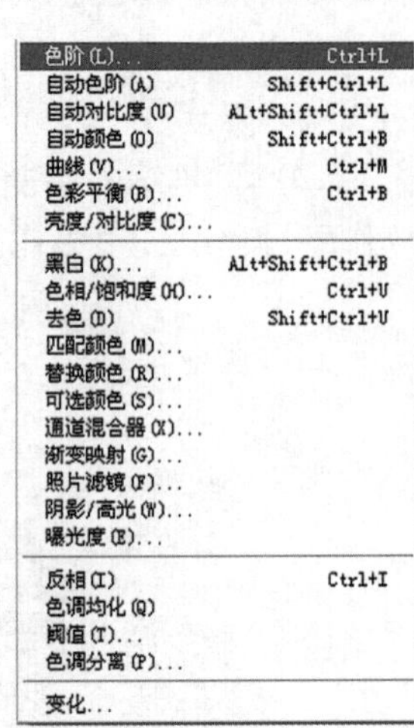

图 7－1

7.1.1 色阶

1. “色阶”对话框

执行“图像” > “调整” > “色阶”命令，会弹出“色阶”对话框，如图 7－2 所示，此图是根据每个亮度值（0～255 阶）处像素点的多少来划分的，最暗的像素点在左面，最亮的像素点在右面，“输入色阶”用于显示当前的数值；“输出色阶”用于显示将要输出的数值。

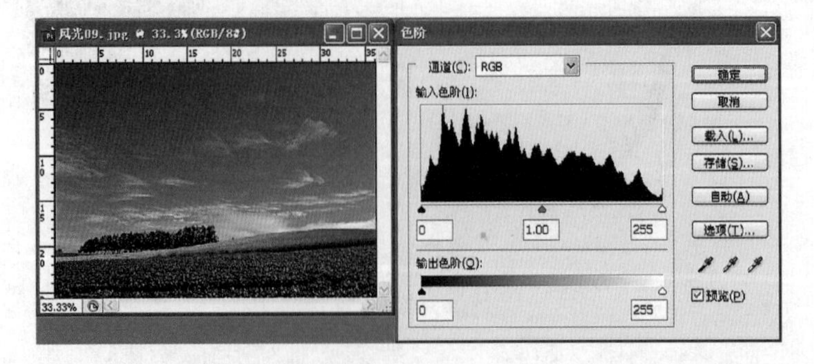

图 7－2

2. 直方图

（1）关于直方图

直方图用图形表示图像的每个亮度级别的像素数量，展示像素在图像中的分布情况。直方图显示图像在阴影（显示在直方图中左边部分）、中间调（显示在中间部分）和高光（显示在右边部分）中包含的细节是否足以在图像中进行适当的校正。

（2）如何读取直方图

“直方图”调板提供许多选项，用来查看有关图像的色调和颜色信息。默认情况下，直方图显示整个图像的色调范围。若要显示图像某一部分的直方图数据，可以先选择该部分。图 7－3中，A 为曝光不足的照片；B 为具有全色调的曝光正常的照片；C 为曝光过度的照片。

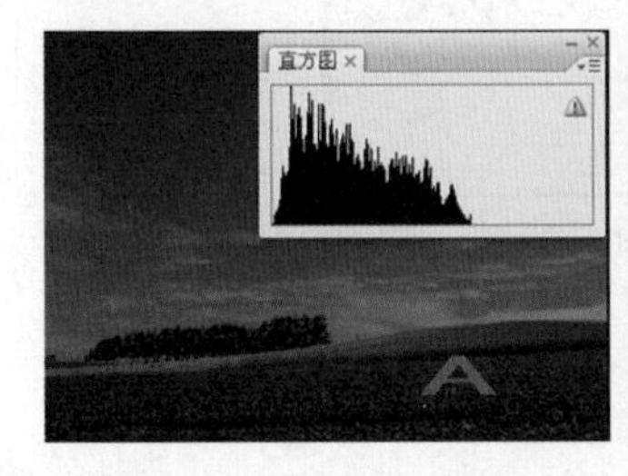

图 7－3

3. 调整色阶方法

可使用“输入色阶”来增加图像的对比度，直方图下面左边的黑三角用来增加图像中暗部的对比度，右边的白色三角用来增加图像中亮部的对比度，中间的灰色三角用来控制 Gamma 值，Gamma 值用来衡量图像中间色调的对比度，调整 Gamma 值的同时还可改变图像中间色调的亮度值，但不会对暗部和亮部有太大影响，调整数值在 0.1～9.99，“输入色阶”后面的 3 个数值和下面三角的位置相对应。

4. 调整色阶实例

（1）增加图像的对比度

假设一幅图像包含 0 阶～255 阶的所有像素点，若要增加图像的对比度，将“输入色阶”的黑三角拖到 50，那么原来亮度值 50 的像素都变为 0，并且比 50 高的像素点也被相应地减少了像素值，这样做的结果是图像变暗（和图 7－3 中 B 图相比），并且暗部的对比度增加，如图 7－4 所示。

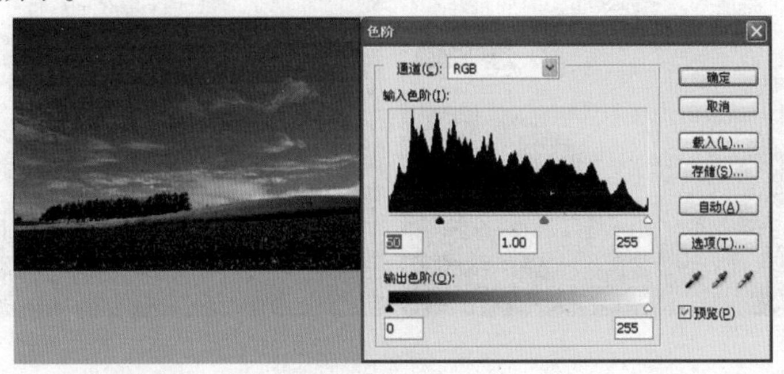

图 7－4

（2）减小图像的对比度

假设要减小图像的对比度，将“输入色阶”的白三角拖到200处，那么原来亮度值为255的像素都变为200，并且比200低的像素点也被相应地减少像素值，这样做的结果是图像变亮，并且亮部的对比度增加，如图7－5所示。

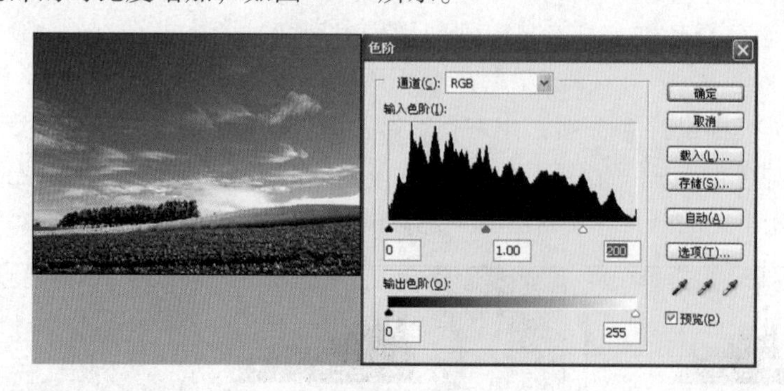

图7－5

5. 自动颜色校正选项

在“自动颜色校正选项”对话框中可自动调整图像整个的色调，可以给暗调、中间调和高光指定颜色，并可以定义“剪贴”的黑色和白色像素的百分比，可以在“色阶”或“曲线”对话框中单独设定每次执行的情况，也可以将设定存储用于“色阶”、“自动色阶”、“自动对比度”、“自动颜色”和“曲线”命令。当执行“图像”＞“调整”＞“色阶”或“曲线”命令时，在弹出的对话框中有一个“选项”按钮，单击此按钮，弹出“自动颜色校正选项”对话框，如图7－6所示。

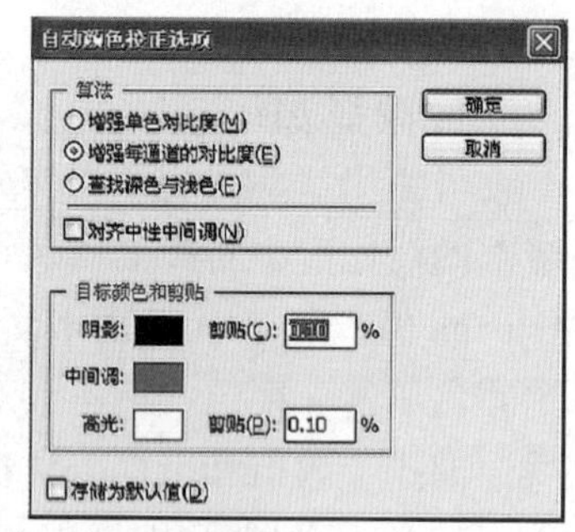

图7－6

7.1.2 自动色阶

自动色阶命令和“色阶”对话框中的“自动”按钮的功能相同，可自动定义每个通道中最亮和最暗的像素作为白和黑，然后按比例重新分配其间的像素值，一般来说，此命令对于调整简单的灰阶图比较适合。如图7－7所示，注意图右上面的直方图变化。

图7－7

7.1.3 自动对比度和自动颜色

执行“图像” > “调整” > “自动对比度”命令，Photoshop 会自动将图像最深的颜色加强为黑色，最亮的部分加强为白色，以增强图像的对比度，这个命令对于连续调的图像效果相当明显，而对于单色或颜色不丰富的图像几乎不产生作用。如图 7－8 所示为执行“自动对比度”效果比较。

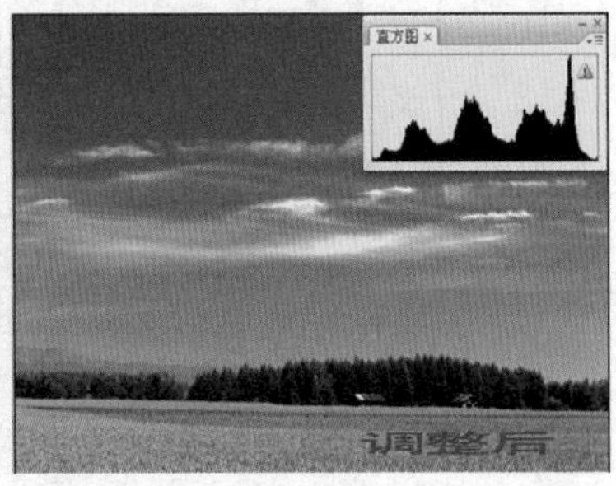

图 7－8

执行“图像” > “调整” > “自动颜色”命令是通过查看实际的图像进行图像对比度和颜色的调节而不是根据通道中暗部、中间调和亮部的像素值分布情况进行，它根据“自动颜色校正选项”对话框中的设定值将中间调均化并修整白色和黑色的像素。如图 7－9 所示为执行“自动颜色”效果比较。

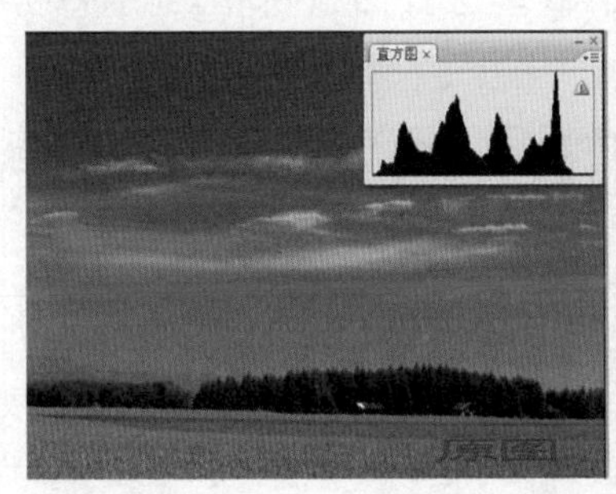

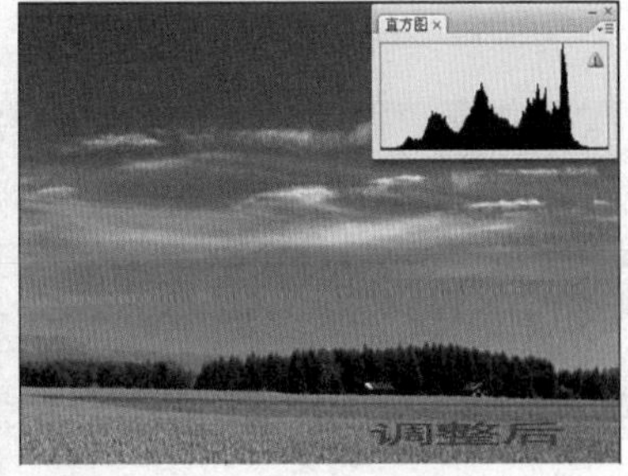

图 7－9

7.1.4 曲线

1. 曲线概述

可以使用“曲线”对话框或“色阶”对话框来调整图像的整个色调范围，我们知道色阶命令只能调整亮部、暗部和中间灰度，但曲线命令可调整灰阶曲线中的任何一点。“曲线”对话框可在图像的色调范围（从阴影到高光）内最多调整 14 个不同的点。“色阶”对话框仅包含三种调整（白场、黑场和灰度系数）。也可以使用“曲线”对话框对图像中的个别颜色通道进行精确调整。可以将“曲线”对话框设置存储为预设。“曲线”对话框如图 7－10所示。

2. “曲线”调整方法

图 7－10 中的右图是 CMYK 模式，曲线的最左边代表亮部，数值为 0；最右边代表暗

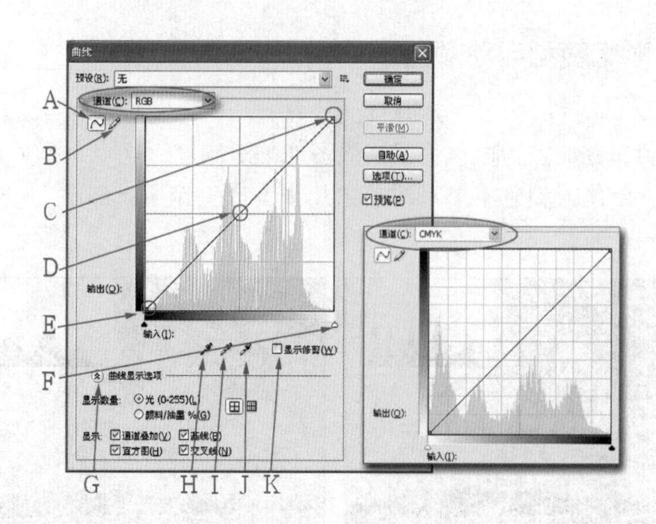

图 7－10

A—通过添加点来调整曲线；B—使用铅笔绘制曲线；C—高光；D—中间调；
E—暗部；F—黑场滑块和白场滑块；G—曲线显示选项；H—设置黑场；
I—设置灰场；J—设置白场；K—显示修剪

部，数值为100%；在“曲线”对话框中每个方格代表25%，输入和输出的后面用百分比表示。如果要改变亮部和暗部的相互位置，单击曲线下方的双三角即可。

在曲线上单击可增加一个点，用鼠标拖动此点，选中“预览”可看到图像中的变化，对于较灰的图像最常见到的调整结果是S形曲线，这种曲线可增加图像的对比度，如图7－11所示。

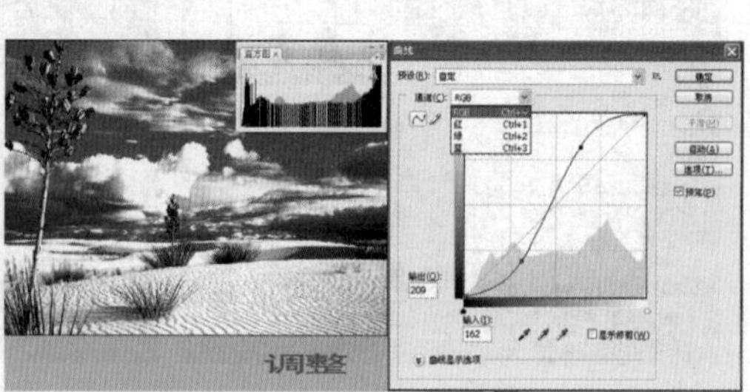

图 7－11

7.1.5 色彩平衡

对于普通的色彩校正，“色彩平衡”命令可以更改图像的总体颜色混合。在菜单中执行“图像”>“调整”>“色彩平衡”命令，弹出对话框，如图7－12所示，在该对话框中可分别选择“暗调”、“中间色调”和“高光”来对图像的不同部分进行调整，拖动调节栏中的滑钮向右移可将左侧的颜色取代，取代的程度是由滑钮的位置所决定的。

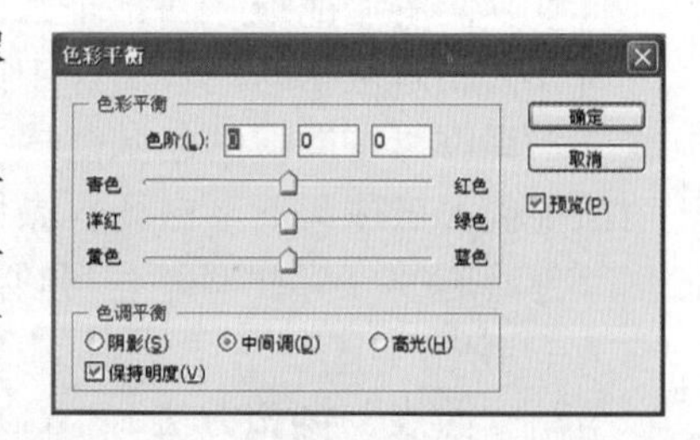

图 7－12

选择“保持明度”，以防止图像的亮度值随颜色的更改而改变。该选项可以保持图像的色调平衡，其效果如图 7 - 13 所示。

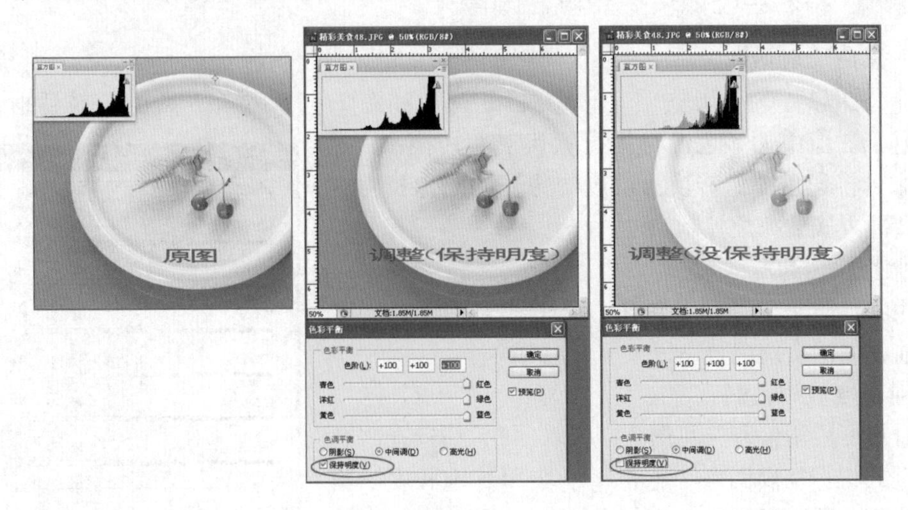

图 7 - 13

7.1.6 亮度/对比度

1. “亮度/对比度”对话框

执行“图像” > “调整” > “亮度/对比度”命令，对话框如图 7 - 14 所示，可以对图像的色调范围进行简单的调整。

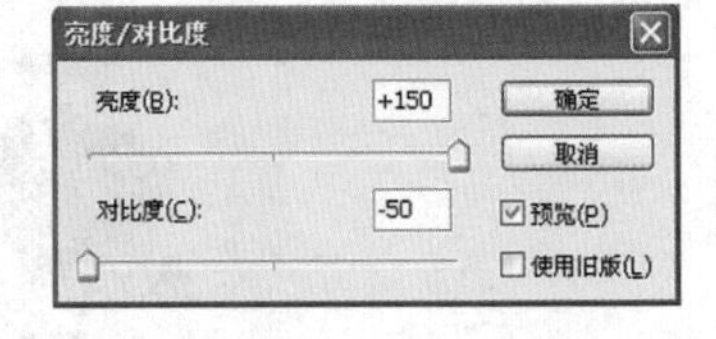

图 7 - 14

2. 调整亮度和对比度

向左拖移会降低亮度和对比度，并扩展阴影；向右拖移会增加亮度和对比度，并扩展图像高光。每个滑块值右边的数值反映亮度或对比度值。值的“亮度”范围可以是 - 150 ~ + 150，而“对比度”范围可以是 - 50 ~ + 100。

调整亮度和对比度效果如图 7 - 15 所示。

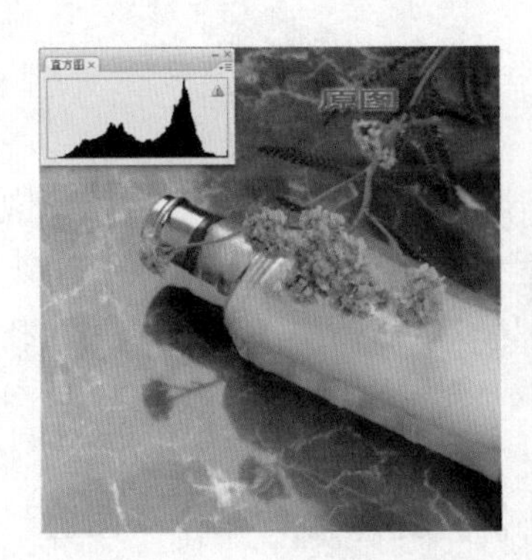

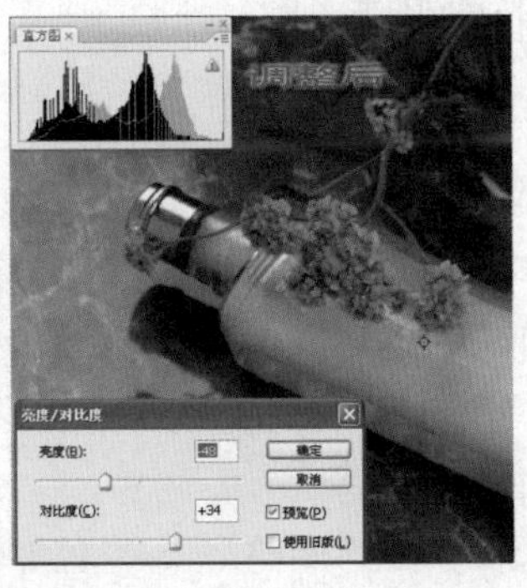

图 7 - 15

7.1.7 将彩色图像转换为黑白图像

1. “黑白”对话框

选择“图像” > “调整” > “黑白”，弹出如图 7－16 所示“黑白”对话框。Photoshop 将基于图像中的颜色混合执行默认灰度转换。“黑白”命令可将彩色图像转换为灰度图像，同时保持对各颜色的转换方式的完全控制。

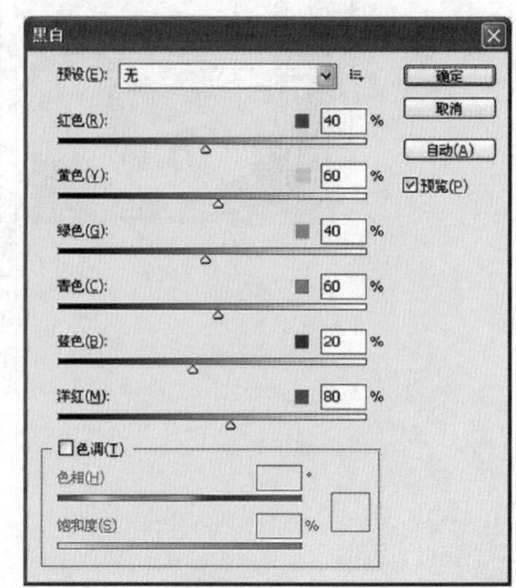

图 7－16

2. 调整颜色通道输入

使用颜色滑块手动调整转换、应用“自动”转换或选择以前存储的自定混合。

3. 对灰度应用色调

要对灰度应用色调（见图 7－17 右图），请选择“色调”选项并根据需要调整“色相”滑块和“饱和度”滑块。“色相”滑块可更改色调颜色，而“饱和度”滑块可提高或降低颜色的集中度。单击色卡可打开拾色器并进一步微调色调颜色。

将彩色图像转换为黑白图像如图 7－17 所示。

图 7－17

7.1.8 色相/饱和度

1. 调整色相和饱和度

使用“色相/饱和度”命令，可以调整图像中特定颜色分量的色相、饱和度和亮度，或者同时调整图像中的所有颜色。此命令尤其适用于微调 CMYK 图像中的颜色，以便它们处在输出设备的色域内。可以存储“色相/饱和度”对话框中的设置，并加载它们以供在其他图像中重复使用。

2. 使用色相/饱和度命令

（1）选取“图像” > “调整” > “色相/饱和度”，或者选择“图层” > “新建调整图层” > “色相/饱和度”。弹出“色相和饱和度”对话框如图 7－18 所示。在对话框中显示有两个颜色条，它们以各自的顺序表示色轮中的颜色。上面的颜色条显示调整前的颜色，下面的颜色条显示调整如何以全饱和状态影响所有色相。

（2）使用“编辑”弹出菜单选择要调整哪些颜色。选取“全图”可以一次调整所有颜色，或者选取列出的其他一个颜色。

（3）对于“色相”，输入一个值或拖移滑块，直至对颜色满意为止。文本框中显示的值反映像素原来的颜色在色轮中旋转的度数，色轮如图 7－19 所示，正值指的是顺时针旋转，负值指的是逆时针旋转，值的范围可以是－180～＋180。

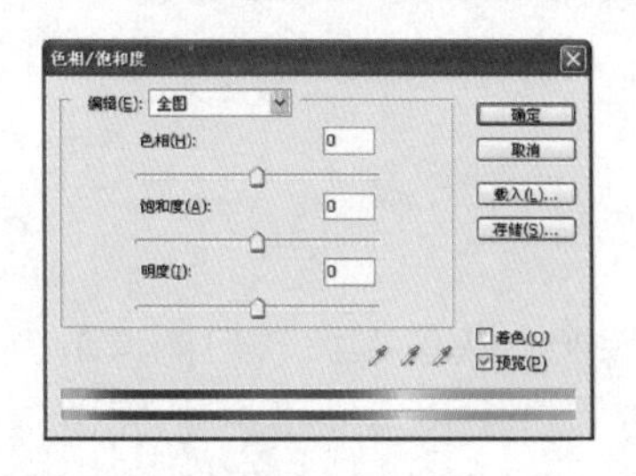

图 7－18

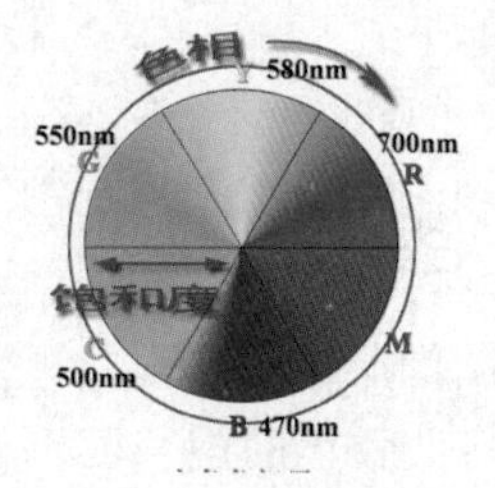

图 7－19

（4）对于“饱和度”，输入一个值，或将滑块向右拖移增加饱和度，向左拖移减少饱和度。颜色将变得远离或靠近色轮的中心，值的范围可以是－100（饱和度减少的百分比，使颜色变暗）到＋100（饱和度增加的百分比）。

（5）对于“明度”，输入一个值，或者向右拖动滑块以增加亮度（向颜色中增加白色）或向左拖动以降低亮度（向颜色中增加黑色）。值的范围可以是－100（黑色的百分比）到＋100（白色的百分比）。

3. 在“色相/饱和度”命令中指定调整的颜色范围

（1）在“色相/饱和度”对话框中，从“编辑”菜单中选取一种颜色。

对话框中即会出现四个色轮值（用度数表示），如图 7－20 所示。

（2）使用吸管工具或调整滑块来修改颜色范围。

使用吸管工具在图像中单击或拖移以选择颜色范围。

色相/饱和度调整滑块见图 7－21，其中，A 为“色相”滑块值；B 为调整衰减而不影响范围；C 为调整范围而不影响衰减；D 为调整颜色范围和衰减；E 为移动整个滑块。

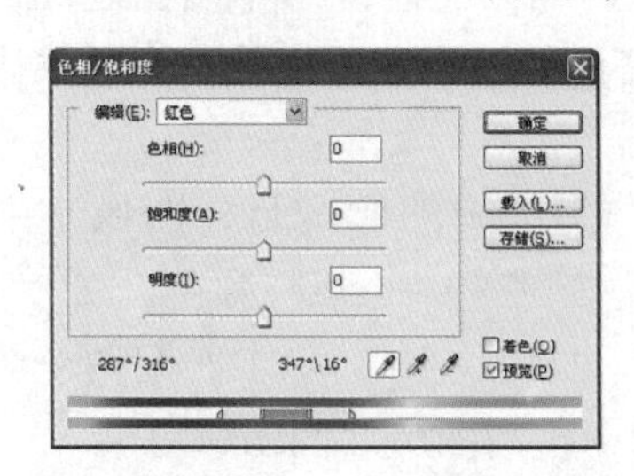

图 7－20

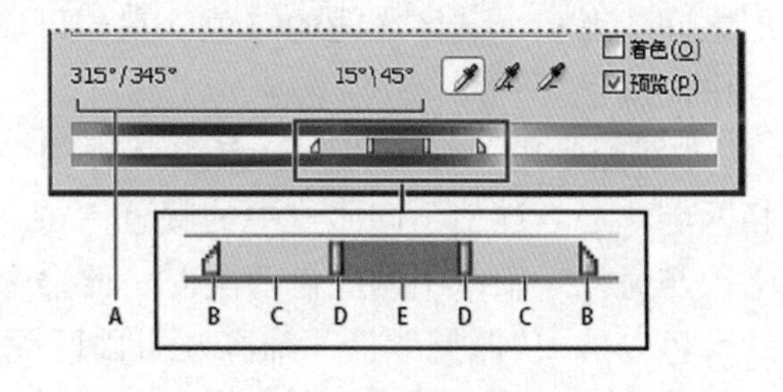

图 7－21

4. 对灰度图像着色或创建单色调效果

如图 7－22 所示，得到的图像类似加滤镜的效果。

图 7－22

7.1.9 去色

选取“图像”>“调整”>“去色”将彩色图像转换为灰度图像，但图像的颜色模式保持不变，降低颜色的饱和度，如图 7－23 所示。例如，它为 RGB 图像中的每个像素指定相等的红色、绿色和蓝色值。每个像素的明度值不改变。此命令与在“色相/饱和度”对话框中将“饱和度”设置为－100 的效果相同。如果正在处理多层图像，则“去色”命令仅转换所选图层。

图 7－23

7.1.10 匹配颜色

“匹配颜色”命令仅适用于 RGB 模式。“匹配颜色”命令可匹配多个图像之间、多个图层之间或者多个选区之间的颜色。它还可以通过更改亮度和色彩范围以及中和色痕来调整图像中的颜色。

“匹配颜色”命令将一个图像（源图像）的颜色与另一个图像（目标图像）中的颜色相匹配。当尝试使不同照片中的颜色保持一致，或者一个图像中的某些颜色（如皮肤色调）必须与另一个图像中的颜色匹配时，此命令非常有用，见图 7－24。除了匹配两个图像之间的颜色以外，“匹配颜色”命令还可以匹配同一个图像中不同图层之间的颜色。

1. 匹配两个图像之间的颜色

（1）在源图像和目标图像中建立一个选区。

（2）激活要成为目标的图像，然后选取“图像”>“调整”>“匹配颜色”。

（3）在“匹配颜色”对话框中，从“图像统计”区域中的“源”菜单中，选取要将其颜色与目标图像中的颜色相匹配的源图像。

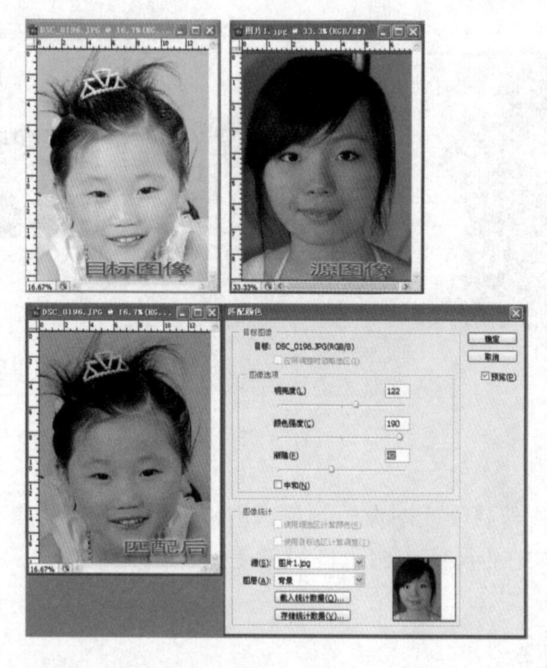

图 7－24

2. 匹配同一图像中两个图层的颜色

（1）在图层中建立要匹配的选区。

（2）确保要成为目标的图层（要应用色彩调整的图层）处于活动状态，然后选取“图像”＞“调整”＞“匹配颜色”。

（3）其余步骤基本同“匹配两个图像之间的颜色”。

3. 用匹配颜色命令移去色调

“匹配颜色”命令可以调整图像的亮度、色彩饱和度和色彩平衡。“匹配颜色”命令中的高级算法能够更好地控制图像的亮度和颜色成分。由于是在调整单个图像中的颜色，而不是匹配两个图像之间的颜色，因此所校正的图像既是源图像又是目标图像。

4. 存储和应用匹配颜色命令中的设置

（1）在“匹配颜色”对话框的“图像统计”区域中，单击“存储统计数据”按钮。命名并存储设置。

（2）在“匹配颜色”对话框的“图像统计”区域中，单击“载入统计数据”按钮。找到并载入已存储的设置文件。

7.1.11 替换颜色

1. “替换颜色”对话框

执行“图像”＞“调整”＞“替换颜色”命令可替换图像中某区域的颜色。弹出对话框，如图 7－25 图右所示。

2. “替换颜色”方法

首先需设定“颜色容差”，然后用吸管工具在图像中取色，用带加号的吸管工具可连续

图 7－25

取色。如图 7－25 所示，若要改变图像的颜色，用带加号的吸管工具连续取色后得到一个范围，“替换颜色”对话框中的视窗中白色区域就是选中的区域，然后拖动三角来改变色相、饱和度和亮度。

7.1.12 可选颜色

1. “可选颜色”对话框

执行“图像”>“调整可选颜色”命令，可对 RGB、CMYK 和灰度等色彩模式的图像进行分通道调整颜色。弹出对话框，如图 7－26 所示。

图 7－26

2. “可选颜色”方法

在对话框“颜色”下面的菜单中，选择要修改的颜色通道，然后拖动三角来改变颜色的组成。

7.1.13 通道混合器

1. “通道混合器”对话框

执行“图像”>“调整”>“通道混合器”命令，弹出对话框。

2. “通道混合器”方法

在“输出通道”后面的弹出菜单中可选择要调整的颜色通道，在源通道一栏中通过拖动三角可改变各颜色，如图 7－27 所示。必要情况下，可以调整“常数”值，以增加该通道的补色，或是选中“单色”选项以制作出灰度的图像。

图 7－27

7.1.14 渐变映射

渐变映射命令用来将相等的图像灰度范围映射到指定的渐变填充色上，如果指定双色渐变填充，图像中的暗调映射到渐变填充的一个端点颜色，高光映射到另一个端点颜色，中间调映射到两个端点间的层次。

如图 7－28 所示，双击“渐变映射”中渐变色条可弹出“渐变编辑器”对渐变进行编辑。

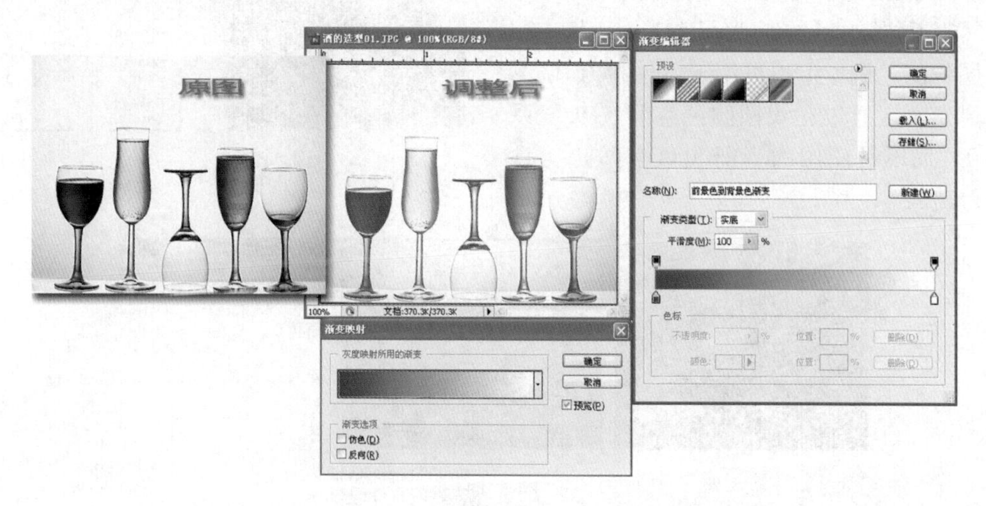

图 7－28

7.1.15 照片滤镜

“照片滤镜”的功能相当于传统摄影中滤光镜的功能，即模拟在相机镜头前加上彩色滤光镜，以便调整到达镜头光线的色温与色彩的平衡，从而使胶片产生特定的曝光效果，在“照片滤镜”对话框中可以选择系统预设的一些标准滤光镜，也可以自己设定滤光镜的颜色。

形成照片滤镜效果如图 7－29 所示。

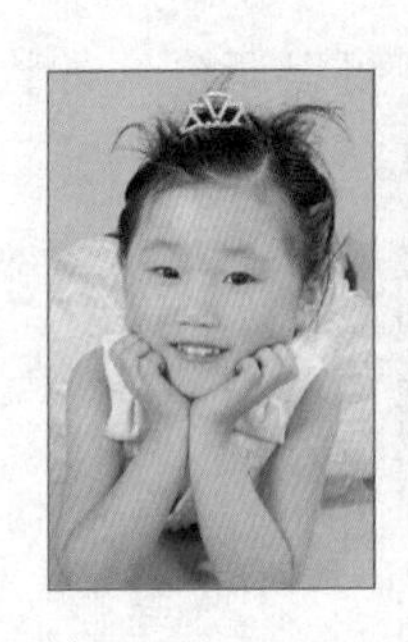
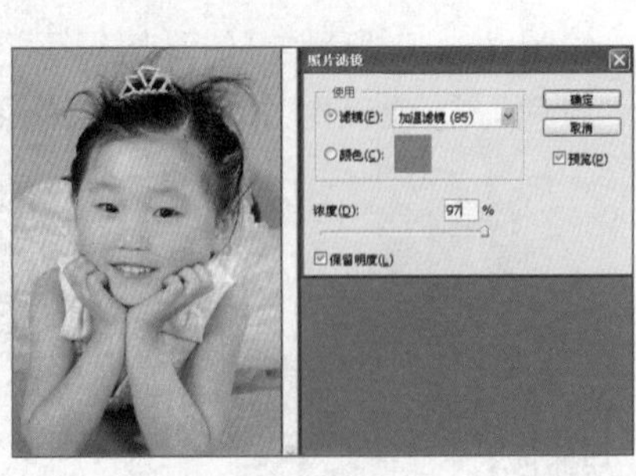

图 7－29

7.1.16 阴影/高光

“阴影/高光”命令适用于改善暗调和高光细节，校正由强逆光而形成剪影的照片，或者校正由于太接近相机闪光灯而有些发白的焦点。原图像以及应用了阴影/高光校正的图像如图 7－30 所示。

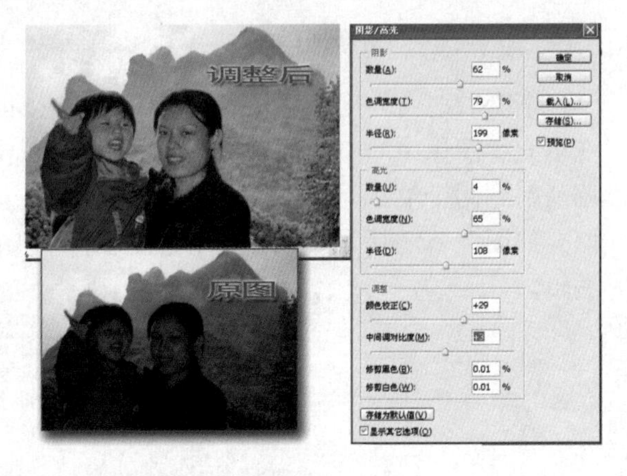

图 7－30

7.1.17 曝光度

执行“图像”＞“调整”＞“曝光度”命令，弹出如图 7－31 图右所示对话框。“曝光度”对话框的目的是为了调整 HDR（32 位）图像的色调，但也可用于 8 位和 16 位图像，曝光度是通过在线性颜色空间（灰度系数 1.0）而不是图像的当前颜色空间执行计算而得出的。

图 7－31

7.1.18 反相

1. “反相”说明

“反相”命令反转图像中的颜色。在处理过程中，可以使用该命令创建边缘蒙版，以便向图像的选定区域应用锐化和其他调整。

在对图像进行反相时，通道中每个像素的亮度值都会转换为 256 级颜色值标度上相反的值。例如，正片图像中值为 255 的像素会被转换为 0，值为 5 的像素会被转换为 250（255－

原像素值 = 新像素值），此命令在通道运算中经常被使用。

2. 执行“反相”方法

（1）选取“图像” > “调整” > “反相”。

（2）选择“图层” > “新建调整图层” > “反相”。在“新建图层”对话框中单击“确定”。

执行“反相”效果如图 7 – 32 所示。

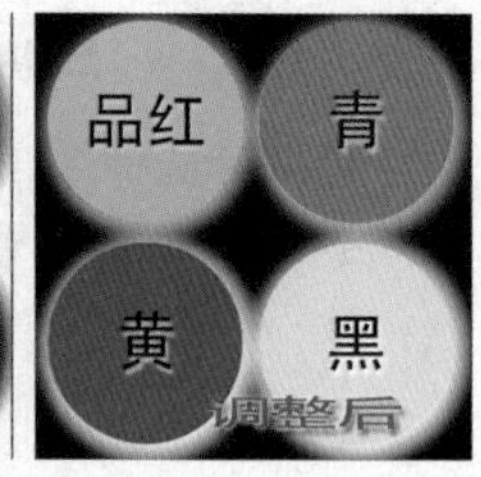

图 7 – 32

7.1.19 色调均化

1. “色调均化”作用

“色调均化”命令重新分布图像中像素的亮度值，以便它们更均匀地呈现所有范围的亮度级。“色调均化”将重新映射复合图像中的像素值，使最亮的值呈现为白色，最暗的值呈现为黑色，而中间的值则均匀地分布在整个灰度中。

当扫描的图像显得比原稿暗，并且想平衡这些值以产生较亮的图像时，可以使用“色调均化”命令。配合使用“色调均化”和“直方图”调板，可以看到亮度的前后比较。

2. “色调均化”方法

（1）在图像中选择要均化色调的区域。

（2）选取“图像” > “调整” > “色调均化”。

（3）如果选择了一个图像区域，请在对话框中选择要均化的内容，然后单击“确定”：

仅色调均化所选区域：仅均匀地分布选区的像素。

基于所选区域色调均化整个图像：基于选区中的像素均匀地分布所有图像像素。

执行“色调均化”效果如图 7 – 33 所示。

图 7 – 33

7.1.20 阈值

阈值命令可将彩色或灰阶的图像变成高对比度的黑白图，在如图 7 – 34 图右所示对话框中可通过拖动三角来改变阈值，也可在阈值色阶后面直接输入数值阈值，当设定阈值时，所有像素值高于此阈值的像素点变为白色，低于此阈值的像素点变为黑色。

图 7 – 34

7.1.21 色调分离

色调分离命令可定义色阶的多少。在灰阶图像中可用此命令来减少灰阶数量，此命令可形成一些特殊的效果，在“色调分离”对话框中可直接输入数值来定义色调分离的级数，执行此命令后的图像效果如图 7 – 35 所示。

图 7 – 35

7.1.22 变化

执行“图像” > “调整” > “变化”命令，变化命令可调整图像的色彩平衡、对比度和饱和度。弹出对话框，如图 7 – 36 所示。

图 7 – 36

7.2 实例——系列照片调整

7.2.1 色阶调整

1. 色阶调整实例一

打开需要调整的图像，当按下“Ctrl + L”键（即色阶命令）后，看到色阶图。左边代表暗部细节，右边代表亮部细节。纵向值越大，表示密度越高。从图中看出，左边部分是空的，它的左边为空，右边黑区很高，说明这幅图只有亮的部分，没有暗部，也就是说这幅图太亮、太苍白了（如图 7 – 37 上图）。解决方法是可以把暗部的黑色三角滑块拉到图中红线所示的位置。其作用是把图像中原来比较亮的地方变暗，于是整个画面变暗，反差增大，但不会损失任何细节（如图 7 – 37 下图）。要注意的是，如果把这个滑块继续右移，将会导致部分细节的损失。

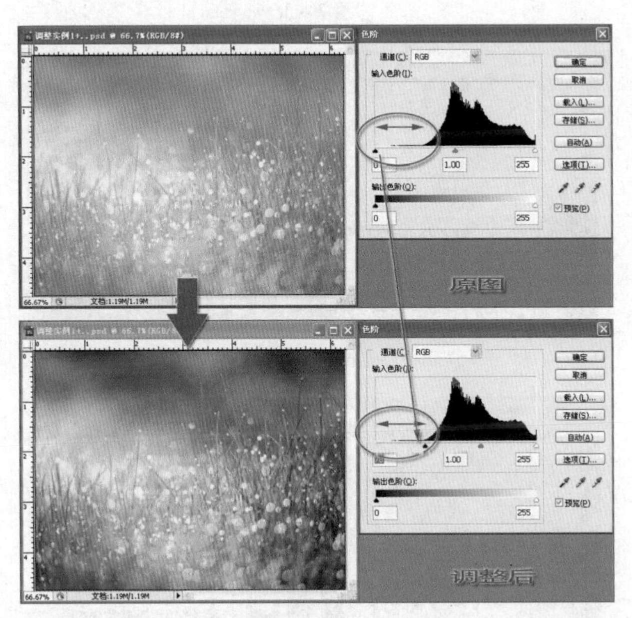

图 7 – 37

2. 色阶调整实例二

现在很容易理解图 7 – 38 上图存在的问题了。亮部不足，图片偏暗，发闷，不通透。解决方法就是把右边的白色三角滑块往左拉动到红线位置，得到图 7 – 38 下图效果。

3. 色阶调整实例三

见图 7 – 39，这是一个正常的色阶图，左右两边都有充分的细节，图像既有高光部分，也有低光区，这种图像一般不需要再作调整。

4. 色阶调整实例四

见图 7 – 40，色阶图的左、右部分都是空，则表示图像既缺高光区，又缺低光区，图像表

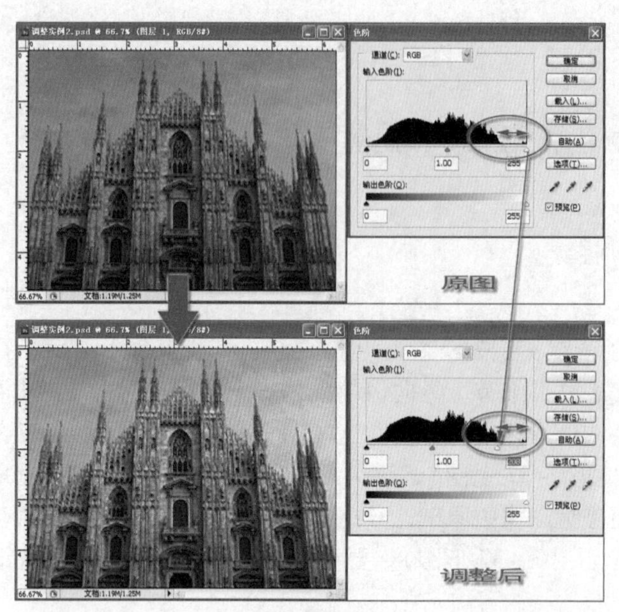

图 7－38

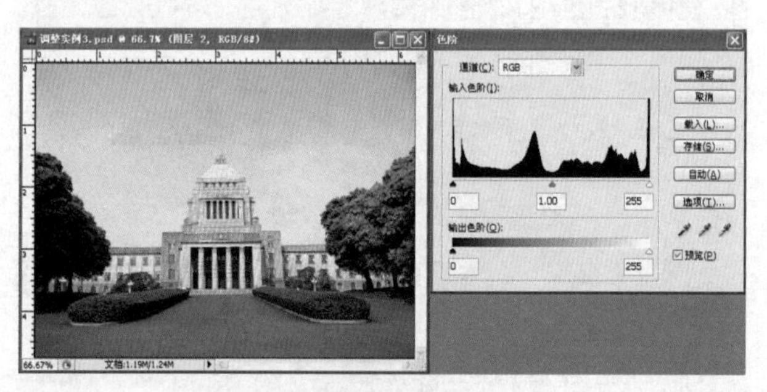

图 7－39

图 7－40

现为苍白、闷、很平淡，简单处理方法可以把左、右的滑块各自拉到相应的边缘就可以了。

通过调节色阶的图像跟原来比已经大大改观了，但还远没达到期待的效果。虽然色阶图已经是正常了，但我们对图像的控制还可以更进一步。我们已经移动了左、右的滑块，但移动中间的滑块，发现图像的反差改变了。道理很简单，因为最亮和最暗的部分保持不变，但改变了中间亮度的分配，从而改变了反差。通过移动这个滑块，就可以按照操作者的意图控制图像的反差、层次和影调，而且不会造成细节的任何损失。

7.2.2 曲线调整

当曲线调成图 7－41 图右曲线的形状时，图像的颜色整体加深，由于曲线的高调部分的斜率变大了，所以图像的高调层次反差增大了。同理，中间调层次的反差变平，暗调图像层次反差也变小。

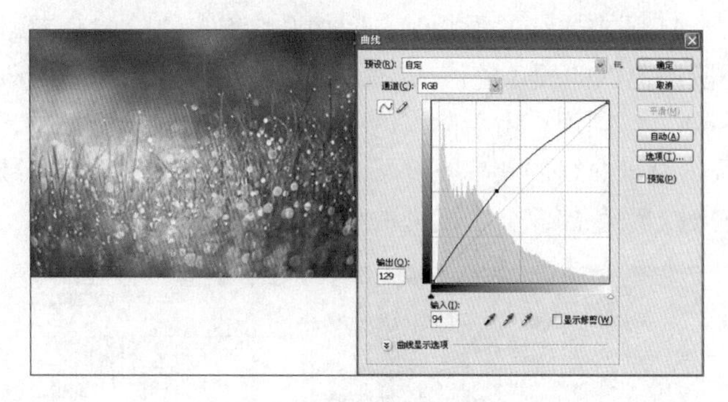

图 7－41

当曲线调成图 7－42 图右曲线的形状时，图像的颜色整体变浅了，由于曲线的高调部分的斜率降低了，所以图像的高调层次反差减小了。同理，中间调层次的反差变大了，暗调图像层次反差也变大。

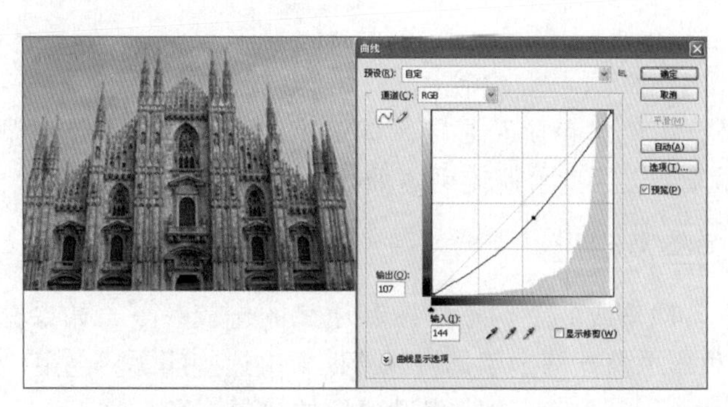

图 7－42

当曲线调成图 7－43 图右曲线 3 的形状时，图像 0～50% 的阶调范围的颜色整体加深，而图像 50%～100% 的阶调范围的颜色整体变浅；由于曲线的高调部分的斜率变大了，所以图像的高调层次反差增大了。同理，由于曲线的中间调部分的斜率变小了，所以中间调层次的反差变平。至于暗调，由于曲线的斜率增大了，故暗调图像层次反差也增大。对图像整体

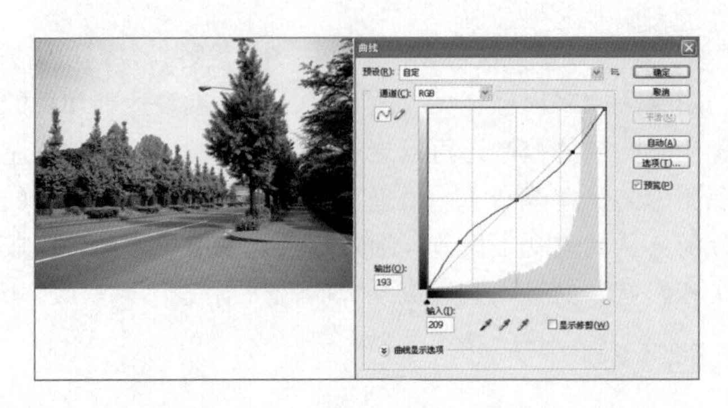

图 7－43

来说，由于密度高的地方颜色变浅，密度低的地方颜色变深，故图像的反差是降低了。

当曲线调成图 7－44 图右曲线的形状时，图像 0～50% 的阶调范围的颜色整体变浅，而图像 50%～100% 的阶调范围的颜色整体变深；由于曲线的高调部分的斜率变小了，所以图像的高调层次反差降低了。同理，由于曲线的中间调部分的斜率变大了，所以中间调层次的反差变大。至于暗调，由于曲线的斜率减低了，故暗调图像层次反差也减小了。对图像整体来说，由于密度高的地方颜色加深，密度低的地方颜色变浅，故图像的反差是增大了。

图 7－44

对图像进行调节，由于“色阶”是使图像产生线形化变化，是粗调，而“曲线”是非线形化变化，是细腻调节，因此普遍使用“曲线”工具。

7.2.3 色彩调整及锐化

现在，把经过色阶调整或曲线调整的图和原来的比较一下，如果觉得色彩方面还有不足，色相/饱和度、色彩平衡这两个工具可以帮助解决这些问题。色相和饱和度的调节数据，要因图而异，只有通过反复试验，才能获得理想的效果。色相取 5～8，饱和度取 20～30，图像一般会变得非常饱和、艳丽。调整色彩平衡，同样要根据实际情况而定。在色彩平衡选项中选择高光，调整后色彩更加亮丽、通透。要想获得最佳的效果，还需要不断地摸索。

如果感觉图像清晰度不够，有些模糊，Photoshop 提供了四种锐化方式：锐化、进一步锐化、锐化边缘、USM 锐化，在后面章节将进一步学习。

7.3 专家建议

1. 进行色彩校正应注意的问题

（1）在使用以上介绍的各种命令进行色彩校正以前，首先应保证系统是经过严格色彩校正的。即屏幕上显示的颜色应和最终印刷出来成品的颜色相同，否则所有的调整都是无意义的。

（2）在使用上述的色彩校正工具时，可针对一个或多个通道，也可针对单个的图像层，还可针对调整图层，当针对通道和图像层进行调整时，图像中的像素就发生了永久性的变化；当针对调整图层进行调整时，它对图像中的像素没有任何影响，可以随时将调整图层删除或合并到图像层中，另外调整图层可同时对位于其下的若干个图像层起作用。运用调整图层，可以尝试进行多种调整方式并且对图像中的像素没有任何影响。

（3）对图像进行色彩校正时，应避免反复进行色彩模式的转换，因为不同的色彩模式有不同的色域范围，当从一种模式转换为另一种模式时，会丢失很多色彩信息，通常建议采用 RGB 模式进行大多数的色彩调整工作，然后再转换为 CMYK 模式进行一些细致的调整。

（4）采用 RGB 模式具有以下优势：首先是节省内存，并能提高工作效率；其次 RGB 模式的设备依赖性较小，不论采用何种输出设备，RGB 模式都不会受影响，只需根据不同的输出设备进行不同的 CMYK 设置，然后将 RGB 模式转化为 CMYK 模式就可以了；但是如果已经采用了最大值黑版产生的设定进行了模式转换，再想很大程度地改变 C、M、Y 颜色的组成就会很困难。

2. 色彩校正基本过程

（1）校正系统。可利用 Photoshop 提供的 Adobe Gamma 进行屏幕色彩的校正。

（2）检查扫描图像的质量和色彩范围，主要是判断图像是否有足够的细节和色彩信息，以满足高质量的输出。在直方图的某区域中像素点越多，说明有更多的细节。如果扫描图像非常差，通过软件提供的功能就很难校正，运用色彩调整的操作越多，丢失的信息也就越多。通常情况下，像数值若在 10 ~ 240 之间，就说明已获得了足够的信息。

（3）确定高光和暗调，即设定黑场和白场。首先判断图像的高光部分和暗调部分，然后进行黑场和白场的设定，对于一个平均调的图像，可尝试来用 5、3、3、0 的 CMYK 数值设定白场，采用 65、53、51、95 的 CMYK 数值设定黑场，以获得较好的高光和暗调效果。

（4）调整中间色调，并进行精细的色彩调整。可通过曲线命令进行细致的色彩调整。

（5）调整色彩平衡。主要是调整图像的偏色和不饱和、过饱和的色彩。

3. 标识溢色

颜色系统都有一个可显示和可印刷的颜色范围，也就是软件中提到的“色域”，在 Photoshop 中会有一些色域之外的颜色，被称为“溢色”，RGG 或 HSB 的色彩模式可以在屏幕上显示出来，但显示的部分颜色在 CMYK 色彩模式中没有对应的颜色，所以在印刷中无法实现。

当将其他色彩模式的图像转换为 CMYK 色彩模式时，Photoshop 会自动将溢色警告的颜色转换为范围内的颜色，有时在图像转换为 CMYK 色彩模式前，可能要标明图像中超出色域范围之外的颜色，做人工的修改，当用鼠标在图像中移动时观察信息调板，当 CMYK 的数值后面有叹号时，表明此颜色是在印刷范围以外，再将此颜色修改为无叹号，印刷范围内的色彩。

4. 调整颜色和色调之前的考虑事项

（1）使用经过校准和配置的显示器。要编辑重要图像，这一点是绝对必需的。否则，在显示器上看到的图像将与印刷时看到的不同。

（2）当调整图像的颜色或色调时，某些图像信息会被扔掉。在考虑应用于图像的校正量时最好要谨慎。

（3）可以使用图像的拷贝进行工作，以便保留原件，以防万一需要使用原始状态的图像。

（4）在调整颜色和色调之前，要移去图像中的任何缺陷（例如尘斑、污点和划痕）。

（5）计划使用调整图层来调整图像的色调范围和色彩平衡，而不是对图像的图层本身直接应用调整。

（6）使用调整图层，可以返回并且可以进行连续的色调调整，而无须扔掉图像图层中的数据。请记住，使用调整图层会增加图像的文件大小，并且需要计算机有更多的内存。

（7）在扩展视图中打开“信息”或“直方图”调板。当评估和校正图像时，这两个调板上都会针对调整显示重要的反馈信息。

（8）可以通过建立选区或者使用蒙版来将颜色和色调调整限制在图像的一部分。另一种有选择地应用颜色和色调调整的方法就是用不同图层上的图像分量来设置文档。颜色和色调调整一次只能应用于一个图层，并且只会影响目标图层上的图像分量。

5. 校正图像工作流程

在校正图像的色调和颜色时，通常需要遵循以下工作流程：

（1）使用直方图来检查图像的品质和色调范围。

（2）调整色彩平衡以移去不需要的色痕或者校正过度饱和或不饱和的颜色。

（3）使用“色阶”或“曲线”对话框调整色调范围。在开始校正色调时，首先调整图像中高光像素和暗调像素的极限值，从而为图像设置总体色调范围。此过程称作设置高光和暗调或设置白场和黑场。设置高光和暗调将适当地重新分布中间调像素。但是，可能需要手动调整中间调。要只调整暗调和高光区域中的色调，可以使用“暗调/高光”命令。

（4）进行其他颜色调整。校正了图像的总体色彩平衡后，可以进行可选的调整，以便增强颜色或产生特殊的效果。

（5）锐化图像边缘。作为最后的步骤之一，使用“USM 锐化”滤镜锐化图像的边缘清晰度。图像所需的锐化量因使用的数码相机或扫描仪所生成的图像品质而异。

（6）针对印刷特性确定图像的目标。如果要将图像发送到印刷机并且了解印刷机的特性，则可以使用“色阶”对话框或“曲线”对话框中的选项以将高光和暗调信息导入到输出设备（例如桌面打印机）的色域中。

由于锐化会增加相邻像素的对比度，因此可能会出现如下情况：在使用的印刷机上无法印刷关键区域中的某些像素。出于此原因，最好在锐化之后微调输出设置。

6. 在 CMYK 和 RGB 中校正颜色

如果必须将图像从一种模式转换到另一种模式，则应在 RGB 模式中执行大多数色调和颜色校正，并使用 CMYK 模式进行微调。在 RGB 模式中工作具有如下好处：

（1）由于包含的通道较少，因而可节省内存并提高性能。

（2）RGB 的颜色范围比 CMYK 的颜色范围更广，并且可能会在调整之后保留更多的颜色。

（3）可以使用“颜色设置”对话框中的 CMYK 工作空间来预览复合 CMYK 颜色和分色印版。或者，可以使用自定 CMYK 颜色配置文件预览颜色。

（4）可以从一个窗口中在 RGB 模式下编辑图像，从另一个窗口中查看同一个图像的 CMYK 颜色。选择“窗口” >“排列” >“为（文件名）新建窗口”可打开另一个窗口。为“校样设置”选择“工作中的 CMYK”，然后选择“校样颜色”命令在一个窗口中打开 CMYK 预览。

7. 设置高光和暗调目标值

由于大多数输出设备（通常是印刷机）既不能打印最黑的阴影值（接近色阶 0）中的细节，又不能打印最白的高光值（接近色阶 255）中的细节，因此有必要指定图像的高光和阴影值（为它们设置目标值）。如果指定最小的阴影色阶和最大的高光色阶，则有助于将重要的暗调和高光细节置于输出设备的色域内。

如果要在桌面打印机上打印图像，并且系统的色彩受管理，则无须设置目标值。Photoshop 色彩管理系统自动调整在屏幕上看到的图像，以便它在配置的桌面打印机上正确打印。

（1）使用色阶保留高光和暗调细节以进行打印

“输出色阶”滑块可用来设置暗调色阶和高光色阶，以将图像压缩到一个小于 0 ~ 255 的范围。如果了解要用来印刷图像的印刷机的特性，则可以使用此调整来保留暗调和高光细节。例如，假定值为 245 的高光中有重要的图像细节，而要使用的印刷机无法保持小于 5% 的网点。可以将高光滑块拉到色阶 242（在印刷机上是一个 5% 的网点），以便将高光细节从 245 改为 242。现在，高光细节将可安全地在该印刷机上印刷。

通常，使用“输出色阶”滑块来确定带有镜面高光的图像的目标值并不很好。镜面高光看起来是灰色的，而不是显示为纯白色。为带有镜面高光的图像使用高光吸管工具。

（2）使用吸管工具设置目标值

①在工具箱中选择吸管工具。可以从吸管工具选项中的“取样大小”菜单中选取“3 × 3 平均”。这保证是区域的代表性取样，而不是单个屏幕像素值。

②打开“色阶”或“曲线”对话框。选取“图像” >“调整”，然后选取“色阶”或“曲线”。还可以使用调整图层。

当打开“色阶”或“曲线”时，吸管工具在对话框的外部仍是活动的。仍然能够通过键盘快捷键来访问滚动控件、抓手工具和缩放工具。

③执行下列操作之一，以便标识希望保留在图像中的高光和暗调区域：

将指针在图像周围移动，然后查看“信息”调板，找出希望保留的最亮和最暗区域（不剪切成纯黑色或纯白色）。

在图像中拖移指针，然后查看“曲线”对话框，找出希望保留的最亮点和最暗点。如果将“曲线”对话框设置为 CMYK 复合通道，则该方法无效。

在标识希望其面向可打印（较低）值的最亮高光细节时，不要包括镜面高光，镜面高光（如珠宝中的亮光或者一团强光）就是图像中最亮的点。通常，理想的做法是：剪切镜面高光像素（纯白色，无细节），以便不会在纸张上打印油墨。

还可以在打开“色阶”或“曲线”之前，使用“阈值”命令标识有代表性的高光和暗调区域。

④要为图像最亮的区域指定高光值，请在“色阶”或“曲线”对话框中双击“设置白场”吸管工具，以便显示拾色器。输入要指定给图像中最亮的区域的值，然后单击“确定”。然后单击标识的高光。

如果不小心单击了错误的高光，请按住“Alt”键，然后在“色阶”或“曲线”对话框中单击“复位”。

视输出设备而定，在白纸上打印时，分别使用 5、3、3 和 0 的 CMYK 值就可以在平均色调图像中获得较好的高光。RGB 近似等效值为 244、244、244，灰度近似等效值为一个 4% 网点。在拾色器 HSB 区域下的“亮度（B）”文本框中输入 96，可以快速接近这些目标值。

对于低色调图像，可能需要将高光设置为较低的值以免对比度过大。试用 80 ~ 96 之间的亮度值。

整个图像的像素值将按比例调整到新的高光值。所有比单击区域亮的像素都会被剪切（调整到色阶 255，即纯白）。色彩调整前后的值都显示在“信息”调板中。为“设置白场”吸管工具设置目标值，然后单击某个高光以将它指定给目标值。

⑤要为想要保留的图像最暗区域指定的阴影值，可以在“色阶”或“曲线”对话框中双击“设置黑场”吸管工具，以便显示拾色器。输入要指定给图像中最暗的区域的值，然后单击“确定”。然后单击标别的暗调。

在白纸上打印时，使用 65、53、51 和 95 的 CMYK 值通常就可以在平均色调图像中获得较好的暗调。近似的 RGB 等价值为 10、10、10，而近似的灰度等价值为 96% 网点。通过在拾色器“HSB”区域的“亮度”文本框中输入 4，可以快速地估算出这些值。对于高色调图像，可能需要将暗调设置为较高的值以保留高光中的细节。试验 4 ~ 20 之间的亮度值。

7.4 自我探索与知识拓展

（1）了解掌握正确使用各种色彩调节命令对图像进行调整，包括色阶、自动色阶、自动对比度、自动颜色、曲线、色彩平衡、亮度/对比度、色相/饱和度、去色、匹配颜色、替换颜色、可选颜色、通道混合器、渐变映射、反相曝光度、色调均化、阈值、色调分离和变化中的常用术语、概念及其主要功能。

（2）上机练习中能灵活使用各种色彩调节命令，各种调节一定要与图像输出方式及设备相结合。

（3）上机练习如下图像：“风景图像颜色调整练习——四季风景”、“颜色调整——放射荷花调整”。

（4）利用 Photoshop 颜色调整可以感受印刷叠印之间关系，当印前某个色版颜色调整过量，会出现以下效果（印刷机印刷压力和油墨供墨量正常），或者印前色版颜色调整正常而印刷机印刷压力过大和油墨供墨量过大，也会出现下列现象，我们可以通过上机练习调整“印刷颜色感受——人像颜色变化”，来练习感受印刷过程中墨量与印刷压力的变化对图像的影响。

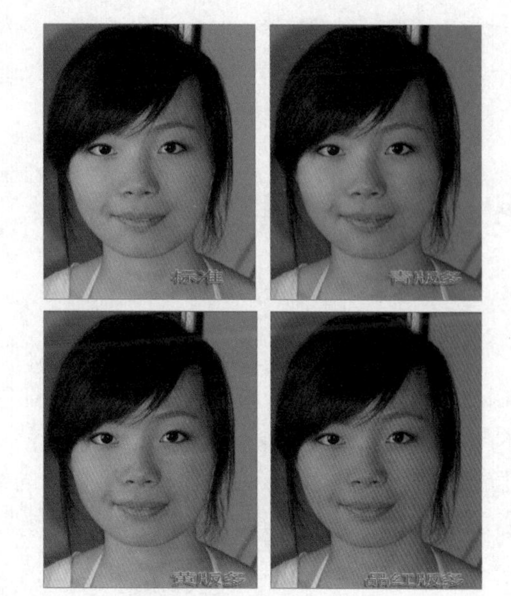

第 8 章　图像的扫描输入与打印输出

学习要点

◇掌握图像色彩的组成、阶调定标、灰平衡的再现以及清晰度调节等。

◇掌握各种类型的图像扫描和色彩校正。

◇掌握图像打印输出基本方法。

8.1 扫描仪概述

1. 扫描仪的种类

扫描仪主要有平板扫描仪和滚筒扫描仪两类，见图 8－1。平板扫描仪的核心部件是 CCD，即光电耦合器；滚筒扫描仪的核心部件是 PMT，即光电倍增管。扫描仪依靠其核心部件将扫描图像光信号转为电信号；再将电信号通过模/数转换器转为数字信号，并传给计算机。显然，扫描仪的核心部件对扫描分色的结果有很大的影响。为此，扫描光源、反射镜、模/数转换器质量的好坏，也会对电子图像产生影响。

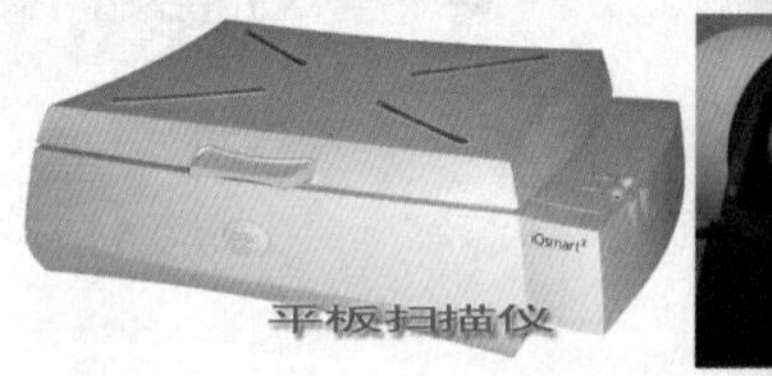

图 8－1

2. 输入扫描的主要性能指标

（1）扫描仪分辨率

扫描仪的光学分辨率表示它的光学系统能够达到的最高输入分辨率，光学分辨率决定了扫描仪所能分辨扫描的图像的清晰程度，用 dpi（即每英寸点数）或 ppi（每英寸像素数）来表示。

（2）扫描仪的色彩位数

扫描仪的色彩位数也叫色彩深度，即扫描仪采用色彩深度来表达所能捕获图像的色彩。

（3）扫描仪的动态范围

动态范围也叫密度范围或浓度值，是扫描仪所能记录的色调范围，通常是指接近纯白到纯黑的范围，也即扫描仪所能测量到的最亮颜色与最暗颜色之间的差值。

（4）缩放倍率

缩放倍率是指扫描仪对原稿缩小或放大的倍率。

（5）扫描仪的速度

扫描仪的速度与系统配置、扫描分辨率设置、扫描尺寸等有密切关系。

8.1.1 原稿

原稿是复制的基础和依据，在现代图文信息处理工艺中可以利用扫描软件或图像处理软件来调节图像的细微层次，提高图像的清晰度，使得复制品更加逼真地反映原稿。但是如果原稿本身的清晰度不够，仅凭软件来调节是达不到理想的效果的。要扫描出高质量的图像，首先要弄清楚原稿的品貌特征，对各类原稿的特点及其中心所在做出正确的分析和判断，抓住扫描的特点，明确扫描的重点，进行合理的压缩，才能使原稿的复制达到理想的效果。

1. 原稿的划分

根据图像中色彩或灰度的分布，可以将原稿或图像划分为 7 个区域，见图 8－2，其中亮调、中间调以及暗调是完成色彩调节的 3 个主要区域。

图 8－2

（1）白点：指一幅图像的某区域为纯白色，即没有任何的细微层次，并不是每幅图像都有白点，所以白点的设置是由图像的特点决定的；如果设定的白点有偏差，将直接影响亮调的变化。

（2）亮调：指一幅图像中最亮的区域，但区域中仍包含着细微层次，亮调值的范围取决于所使用的印刷机或纸张，一般亮调值的范围是 2%～10%。

（3）1/4 色调：一般的范围是 18%～35%。

（4）中间调：指一幅图像中间的色调值，它是视觉最敏感，层次最丰富的区域，其范围是 35%～65%。

（5）3/4 色调：其范围是 65%～80%，中间值为 75%。

（6）暗调：指图像中包含细微层次的最暗值，与亮调值一样，其范围取决于所使用的印刷机或纸张，暗调的最大范围是从 75%（使用吸墨性较强的新闻纸或密度较差的胶版纸）～98%（使用进口的特种纸及密度较高的铜版纸）。

（7）黑点：指图像中最深的区域，即是指比暗调值更深的区域，除非图像中包含有黑色区域，否则不要在图像中设定黑点。

2. 判断图像的色调

（1）亮调为主的图像

图 8－3 图左所示的是一张清晨拍摄的雪景照片，它的主要表现对象都处于最明亮的地方，较接近于白色，所以亮调最好应设定在太阳照射处，因为这里具有图像中最少的层次。以亮调为主的图像的中间调及暗调几乎不会被视觉所注意，为了强调这类图像的细微层次的感觉不会过轻，通常把中间调及 3/4 色调（雪堆背后阴影处）压缩变暗，效果如图 8－3 图右所示。

图 8－3

（2）中间调为主的图像

层次有序地分布在从亮调到暗调的区域或集中在较亮的颜色及色调的区域，这是工作中经常要遇到的一类原稿，如图 8－4 图左所示。如果将暗调和亮调层次都略微变亮，将有利于表现中间调的层次或颜色，如图 8－4 图右所示。

图 8－4

（3）暗调为主的图像

暗调图像是指图像中最重要的层次及颜色集中在较暗的区域，不要把调整和设定的重点放在亮调及中间调上。图 8－5 图左所示的是一个以暗色调为主的图像，如果将 1/4 的色调、中间调及 3/4 的色调变亮，则可以达到改善图像暗调层次的目的，效果如图 8－5 图右所示。

图 8－5

图 8－6

3. **辨别扫描后图像的品质**

通过信息调板可判断图像高光/暗调区域像素点的亮度值，由于进行色彩校正时往往会损失一些信息，因此制作过程中就必须保证在信息损失的情况下还能够再现原稿风格及特点，根据经验，如图 8－6 所示，高光区像素值大约为 240，最暗处像素值大约为 10，这时表明此图已包含“足够”的信息，可制作出高质量的画面。

4. **辨别图像的主色调**

不同主色调的图像在进行色彩校正时处理方法也各不相同，因此在编辑工作进行以前，应先判断图像的主色调。在 Photoshop 中通过执行“窗口”>“直方图”命令来辨别，如图 8－7所示。

（1）一般调图像：图像中的像素点主要从低到高调都有，集中在中间调区域。

（2）亮调图像：图像中的像素点主要集中在亮调区域。

（3）暗调图像：图像中的像素点主要集中在暗调区域。

图 8－7

5. **在 Photoshop 中确定高光点/暗调点**

要进行高光/暗调的调整，首先要正确选择高光点/暗调点（也称白/黑场），这里所说的黑/白场并不是画面中无网点的最白点及实地黑，而是可印刷的有层次的最亮点及最暗点，即选择影像中真正可用的亮部与暗部，才能保证图像的细部可被表现出来。

在 Photoshop 中打开一张图，分别通过“色阶”和“曲线”两种方式来确定图像的最亮点和最暗点。

（1）最亮点（白场）

通过“色阶”确定：在“色阶”分布图中，单击“输入色阶”中的白三角向左慢慢移动，观察图像，如图 8－8 品红虚线区域所示，首先出现白色的地方就是所要确定的最亮点，即白场。

图 8－8

通过“曲线”确定：选择吸管工具，在画面上按住吸管移动，观察如图 8－9 所示的对话框下方的输入和输出读数，当它们为最亮像素值时，这一点便是图像的最亮点。

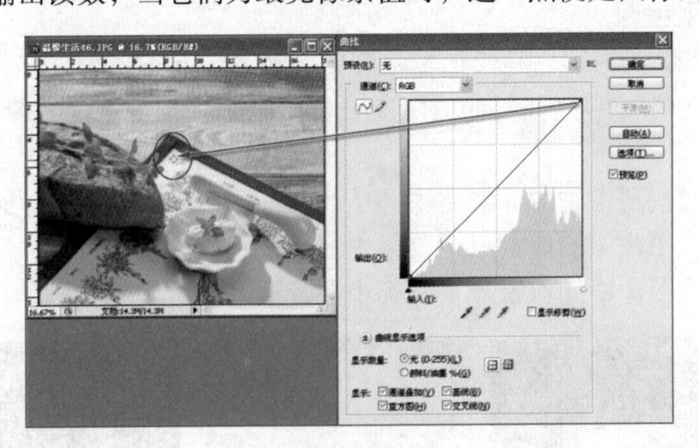

图 8－9

（2）最暗点（黑场）

通过“色阶”确定：在“色阶”阶调分布图中，单击“输入色阶”中的黑三角向右慢慢移动，如图 8－10 所示，观察图像，首先出现黑色的地方就是所要确定的最暗点，即黑场。

通过“曲线”确定：选择吸管工具，在画面上按住吸管移动，观察如图 8－11 中所示的“曲线”对话框中的指示圈，当指示圈靠近曲线的最左下角的位置，同时对话框下方的输入和输出读数为最低像素值时，这一点便是图像的最暗点。

（3）使用自动方式设定高光/暗调

“色阶”及“曲线”对话框中都设置了“自动”按钮，可以自动定义最亮及最暗处的像素点，然后按比例重新分布内部的像素点。在缺省状态下，“自动”功能可将 0.5% 的黑白像素点分别剪掉，即在定义黑白点时，可忽略两端 0.5% 的黑白像素点，如果要改变默认的数值，可单击“选项”按钮，在弹出的对话框中进行设定。

图 8－10

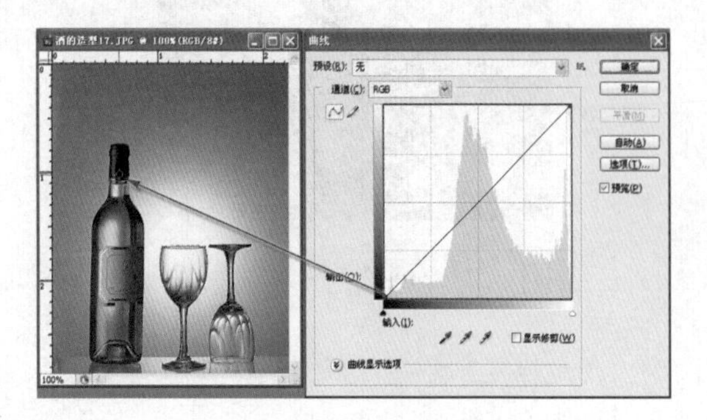

图 8－11

8.1.2 原稿的复制特点

1. 国画

中国传统绘画简称国画，如图 8－12 所示。在中国画中，线条运用得十分普遍，因为线条在中国画中除了塑造形象，还成为表达作者的意念、思想感情的手段，以写神、写意为目的。中国画在表现手法上有工笔、白描、写意、工笔兼写意等方法。

在复制写意图、工笔画、水墨画、重彩画等国画作品时，因其风格特点各不相同，须采用不同的方法。

2. 水彩画

水彩画是用水溶性染料画在粗纸上的图画，凭借水分的多少来表达色调的浓淡和透明程度，如图 8－13 所示。

水彩画属于反差较小的一类原稿，它的淡调层次很重要，在扫描时要特别注意水彩画的笔触、水韵以及纸纹等特点。水彩画的色彩一般都较鲜艳，因此黑版的调子应尽量短而浅，即使在暗处的色量也不能多。

3. 彩色反转片

彩色反转片是彩色多层感光材料的一种，它的表面涂有 3 层不同感光性能的乳剂膜层，分别记录红色光、绿色光和蓝色光。彩色反转片的特殊性能使所拍摄的色彩鲜艳夺目、丰富多彩、颗粒细腻、清晰度高、反差适中，高光密度不低于0.25 D，暗调密度不低于 2.8 D，并有一定程度的夸张性，所描述的景物能充分显示其质感，具有极其逼真的效果，如图 8－14所示。

图 8－12

图 8－13

图 8－14

在扫描复制彩色反转片时，应注意强化反差，重点在阶调层次的再现。

4. 彩色照片

彩色照片是由彩色负片放大或晒印到相纸上的，是目前应用最广的一类原稿，如图 8－15 所示，它的色彩是由三原色组成的，所以具有较艳丽、真实的色彩，它是一种反射稿，不具有像透明的彩色反转片那样的晶莹和透明，因为它是由彩色负片复制成的，所以清晰度较差。由于受到相纸和扩印技术限制的影响，因此亮调层次容易受损失，暗调容易出现并级现象，色彩的颗粒较粗。

图 8－15

根据彩色照片的特点，在扫描时应注意：扫描清晰度的设定应比输出的精度要高；彩色照片扫描时倍率不宜过大（一般不超过 2 倍）；设定的锐化值要比其他原稿高。

5. 黑白照片

以黑白照片做原稿进行复制是工作中经常碰到的，比如期刊中的插图或宣传册等，如图 8－16 所示。一张容易复制的黑白照片应该层次丰满、反差大、光线感强，有厚实的暗调、丰富的中间调、洁白的亮调和白点，能集中地反映各种景物形象。在进行复制时，最好使用黑、灰两色；黑版的阶调最好达到 1%～99%，亮调处为 1%～3%，暗调最深处为 95%～100%；黑墨一定要黑，实地的密度应为 1.9 D 左右。

图 8－16

8.1.3 图像扫描达到高品质的必需步骤

1. 树立正确的扫描观念

如果不进行设置或者设置不当，在扫描过程中就有可能造成大量的图像细节丢失，造成偏色、黑白场不明朗等现象。即使后期通过各种图像软件进行处理、调整，只会进一步加剧图像的损失，无法获得与实物图像相似的效果。

2. 选择好的扫描原稿

扫描原稿的好坏直接影响到扫描质量的质量，在选择原稿时，一看原稿表面有无划痕、脏污，文字、线条是否完整，有无缺笔、断画等。二看画面是否偏色。在自然光或接近日光色的标准光源下，观察原稿上的白色、灰色、黑色等消色部位是否有其他颜色的干扰。三看主要色彩是否准确。一般来说，反射稿（如照片等）的色彩比实际景物的色彩略有夸张，即比原来的色彩更鲜艳些。对以人物为主题的反射稿，应以面部肤色红润为标准。四看反差是否适中。反射稿的反差包括亮度差、色反差和反差平衡。亮度差适中，在亮调部位和暗调部位之间就有丰富的过度色彩层次；色反差适中，反射稿色彩浓度就大，且具有较强的立体感；反差平衡好，同一色彩在亮调部位和暗调部位的色彩表现就会很一致。

3. 将原稿放置在最佳扫描区域

将原稿放置在扫描仪的最佳扫描区域里，可以获得最佳、最保真的图像效果。这个最佳扫描区域是经过多次测试得到的。将扫描仪的所有控制设置成自动或默认状态，选中所有区域，以低分辨率扫描一张空白、白色、不透明的样稿。在 Photoshop 里打开该样稿的扫描图像，使用“图像” > “调整” > “色调均化”命令对其进行处理，就可以看见在扫描仪上哪有裂纹、条纹、黑点。打印这个文件，选出最好的区域（即最稳定的区域），以帮助操作人员放置原稿。

4. 正确摆放扫描对象

在处理扫描图像时，有时需要获得倾斜效果，设计好图像在页面上是如何放置的，使用量角器测量出原稿旋转的精确角度，斜放原稿进行扫描，会得到最高质量的图像。

5. 选择合适的扫描类型

通常扫描仪为用户提供彩色、灰色以及黑白三种扫描类型。“彩色”扫描类型适用于扫描彩色照片，其要对红、绿、蓝三个通道进行多等级的采样和存储，这种方式会生成较大尺寸的文件；“灰度”扫描类型则常用于既有图片又有文字的图文混排样稿，文件大小尺寸适中；“黑白”扫描类型常见于白纸黑字的原稿扫描，用这种类型扫描时，扫描仪扫描时只表示黑与白两种像素，这种方式生成的文件尺寸是最小的。

6. 选择合适的扫描分辨率

如果扫描图像只是用于屏幕显示或网页图像，扫描分辨率设置为 72 dpi 即可，一般来说，在处理图片的扫描作业时应遵循下列公式：

扫描分辨率 = 印刷网线数 × 放大倍率 ×2

报纸杂志一般使用 133 ~ 150 lpi 印刷网线数，精美的画册则采用 175 ~ 200 lpi 的印刷网线数。

7. 最好进行预扫描

预扫描有两方面的好处：一是在通过预扫描后的图像可以直接确定所需要的扫描区域，

对图像进行裁剪、旋转等操作，以减少扫描后的图像处理工序；二是通过观察预扫描后的图像，大致可以看到图像的色彩、效果等，如不满意可对扫描参数进行重新设定、调整，然后再扫描。

8. 调整好与图像有关的扫描参数

对扫描图像的色彩平衡参数进行调整，可以改变扫描图像的整体色调效果，将图像扫描效果调整到比较理想的状态；如果想调整扫描图像中色彩的饱和度，可以通过拖动饱和度滑动条上的滑动块控制饱和度，正确地选择饱和度会加强所有的色调；当原图像中有某种色彩偏色时，可以使用色调工具调整，使图像看起来更自然一些。

9. 去网选择

印刷品原稿如直接扫描而不进行去网，由于光学干涉，会有很粗的网纹，使图像不光滑细腻，故应在扫描时进行去网处理。

8.1.4 灰平衡及其控制方法

灰平衡是任何分色方法实现色彩正确再现的基础，如果分色时不能实现灰平衡，则原稿中的灰色在复制后就不再是灰色，其他颜色也必然产生偏色。

1. 灰平衡概念

黄、品红和青三个色版按不同网点面积率比例在印刷品上生成中性灰。由于实际使用的油墨在色相、饱和度和明度方面还存在着油墨制造上难以克服的缺陷，使得等量的三原色油墨叠合不能获得中性灰。为了使三原色油墨叠合后呈现准确的不同明度的灰色，必须根据油墨的特性，改变三原色油墨的网点面积配比，实现对彩色复制至关重要的灰平衡。

2. 影响灰平衡的因素

（1）油墨特性

不同厂家生产的油墨有不同的灰平衡关系，制版前需要对油墨的基本特性（例如色相、饱和度和明度等）、油墨的理化特性（例如油墨的干燥速度和光泽度等）进行测量，获得正确的灰平衡关系，在制版时对这些因素作统一考虑。此外，油墨的印刷适性也将影响灰平衡，例如油墨的黏度、流变特性和墨层厚度等因素的改变均会影响原稿的色彩再现，导致灰平衡遭到破坏。

（2）承印材料特性

不同类型的承印材料对相同油墨的显色能力有较大的差别，例如纸张影响灰平衡的主要指标是它的白度，其余还有平滑度、吸收特性、光泽度、不透明度和酸碱度等，因上述因素的变化都会影响灰平衡的正确实现。

（3）制版条件

印刷不同的网点形成条件均对最终的灰平衡产生影响。

（4）印刷条件

对制版而言需要考虑的主要因素是印刷方式、油墨和纸张特性，归结为油墨和纸张组合。所以 Photoshop 在设置分色参数时首先需要选择油墨和纸张组合，见图 8－17，再选择其他条件来确定灰平衡的原因。

3. **网点扩大和网点扩大曲线**

(1) 网点扩大

网点扩大是制版和印刷工艺过程中产生的一种网点尺寸改变现象，它使实际产生的网点面积大于期望的网点面积。

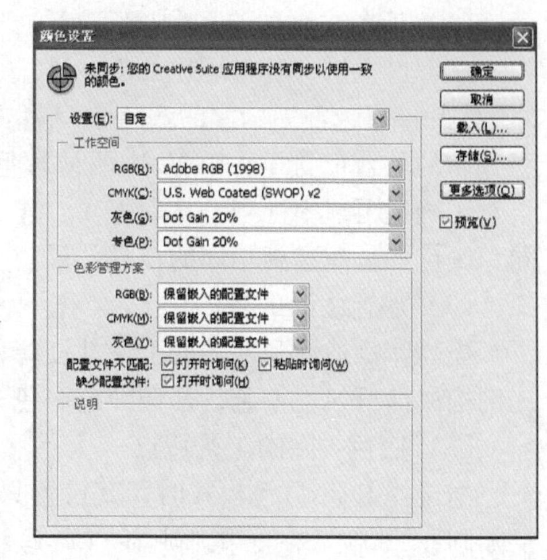

图 8 – 17

(2) 网点扩大种类

按网点扩大现象发生的工艺过程可以分成两大类，它们是制版过程中的网点扩大和印刷过程中的网点扩大。

(3) 不同输出设备的网点扩大

印刷制版外围设备技术的发展带来了形成网点方法的多样化，也使图像的输出可以有多种选择。不同类型的制版设备有不同的网点扩大规律，即使是同种设备也可能产生不同的网点扩大。

(4) 不同油墨纸张组合的中间调网点扩大值

油墨清单中的每一种油墨纸张组合均有一套特定的中间调网点扩大参数，这套参数是 Adobe 公司对不同油墨纸张组合下各个色版中间调网点扩大值的估计，它来源于众多印刷公司对每一类油墨纸张组合的实际使用经验。

(5) 标准网点扩大曲线

Photoshop 对油墨清单中列出的油墨和纸张组合内置有一套默认的网点扩大值，即每一种油墨纸张组合均有一个对各色版中间调网点扩大的估计值，软件使用这一数值建立各色版的网点扩大曲线，并对整幅图像进行网点扩大调整。这样的网点扩大曲线称为标准网点扩大曲线，它们是由软件提供的，但主要适合胶印，对凹印不合适。

4. **黑版作用**

(1) 能加强图像的密度反差，按目前印刷常规条件，Y、M、C 三色油墨叠加后的密度在 1.6 ~ 1.7，而视觉分辨一般能达 1.8 ~ 1.9。因此，选用适当阶调的黑版增加图像的暗调反差、立体感，可以提高产品质量。

(2) 稳定中间调至暗调的颜色，采用适当黑版叠加可以稳定颜色，克服暗调偏色。

(3) 加强中间调至暗调层次，采用黑版轮廓清晰，层次分明，暗调细节分档明显。

(4) 提高印刷适性，降低成本。用黑墨替代，减少了印刷故障，提高了印刷适性，同时，黑墨价格低廉，成本降低。

(5) 解决文字印刷、彩色复制向图文并茂发展，如图片说明、广告介绍、图案标签、挂历的文字均需用黑版复制。从视觉要求看黑字效果最好。用三个色版套印文字是不现实的。

5. **底色去除**（UCR）

底色去除又称 UCR（Under Color Remove），是指把印刷品暗调复合色区域的油墨量适当减少，而代之以黑色油墨的一种工艺。

（1）底色去除的原理

从理论上讲，若将理想的 Y、M、C 油墨等量混合则可形成理想的中性灰色，即由 Y、M、C 三种彩色油墨构成的颜色中三者之最小值即为其中性灰成分。由 Y、M、C 三原色油墨叠印的复合色与 Y、M、C 中两种彩色油墨与黑墨叠印的复合色具有相同的视觉效果。黑墨能正确地再现中性灰，从而将 Y、M、C 中构成中性灰的彩色油墨去除而代之以黑墨，对同一颜色的复制达到相同的视觉效果。

（2）底色去除的目的

提高印刷适性和油墨的干燥性；降低生产成本；色偏补偿，只要确定 Y、M、C 合适的比例构成即可纠正偏色；强调纯色底色；使中性灰平衡保持稳定。

（3）底色去除的工艺特点

当选择 UCR 分色模式时，其设置只有黑墨限制和油墨总量两项技术指标，通常油墨总量限制在 260% 左右，黑版起始点则基本固定在 50% 左右处。

调节黑墨限制和油墨总量两项技术指标，则 UCR 的去除量会有不同的变化，同时，UCR 的去除起始点也会依照油墨总量限制而变化。

UCR 适用于大多数原稿和印刷工艺，尤其是胶印工艺及原稿的特点要求色彩鲜艳浓重，因此，更适于采用 UCR 分色模式，黑墨限制参数值可小些，例如选 60%，三原色油墨则多些比较有利。UCR 的缺点是：含灰成分较多的深原色会受去除的影响而造成饱和度不足。因此，当遇到图像中有重要的深原色时，需要使用 Photoshop 工具作局部修正，使之达到足够的饱和度。

6. 灰成分替代（GCR）

GCR 灰成分替代（Gray Component Replacement）是一种分色时去除全部或部分的青、品红、黄色，并用黑墨来代替的技术，它是非彩色结构复制技术的一种，在美国应用很广泛，也是 Photoshop 默认的分色类型。

（1）GCR 工艺要点

充分利用黑版，做长阶调黑版，从 0 ~ 100%；图像中的灰色、黑色部分主要由黑墨来再现，去除 C、M、Y 三原色版构成的灰色成分。也就是说用黑墨来替代传统工艺中由三原色平衡所组成的灰色和黑色，以达到光学和视觉效应的一致性；用黑墨来替代图像中含灰的复色，也就是说用黑墨来替代互补色油墨。

（2）GCR 的优点

减少四色叠加油墨的总量，有利于油墨干燥，便于高速多色印刷；有利于达到印刷灰平衡，能保证灰色调的再现和稳定；以低价的黑墨替代昂贵的彩色油墨，可降低油墨成本。

（3）GCR 的不足

由于用黑墨替代含灰色彩的最小原色时，会使该色彩的基本色也随之减残，因而造成深度原色饱和度不足，因此，分色人员在遇到原稿中重要的深原色时，要用 Photoshop 工具加深这部分减浅了的深原色，以达到足够的饱和度。

由于长阶调黑版用黑色来替代色彩中的互补色，其透明度比互补色差，因此对色彩的鲜明度有影响，应对黑版作适当减浅调整。

7. 分色参数的设置

采用灰成分替代（GCR）分色可以在 Photoshop 软件中确定黑版生成、黑版限制、总墨量限制、UCA 底色增益，可以任意调整“黑版生成”中的各项参数，调节黑版曲线形状，确立黑版起始点和终点，调整的范围幅度大，完全可以满足各类原稿复制对黑版的要求，如图 8－18 所示。

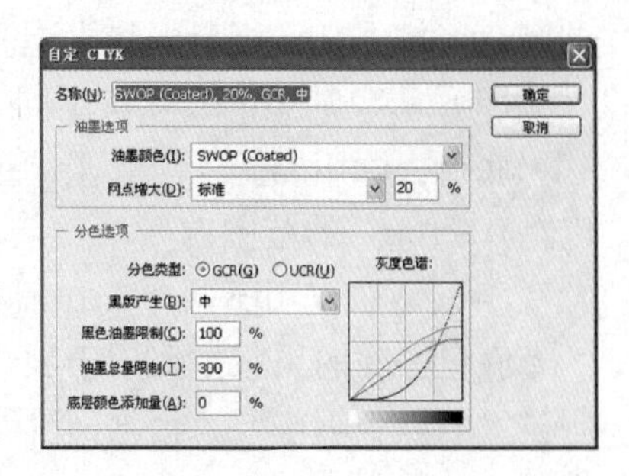

图 8－18

（1）黑版生成。该设置有 5 种黑版生成函数曲线可供选择。

无黑色：即只有 C、M、Y 三色版曲线，而无黑版生成。这种三色复制工艺一般不用，作特殊效果时才用。因为三色叠印的灰色不稳定，图像暗部的密度不足，反差不够。

轻度黑色生成：C、M、Y 三色叠印后的灰色、黑色从中间调到暗调都有去除，彩色油墨量相对较多，去除的彩色部分用长调黑版来替代，黑版起始在 35% 处，黑色生成曲线比较陡。

中等黑色生成：C、M、Y 三色叠印后的灰色、黑色从亮调到暗调都有去除。三色油墨的色量较少，去除的彩色部分用长调黑版来替代，黑版在暗调区增加量较大，起始点在 20% 处。这是常用的一条曲线。

重度黑色生成：由色曲线可知，C、M、Y 三色叠印后的灰色、黑色从亮调、中间调到暗调都有较大的去除量，C、M、Y 彩色油墨量更少，而黑版则相应加深，几乎在整个阶调都起作用，起始点为 10%，黑色生成曲线与 45°对角线比较接近。

最大黑色生成：C、M、Y 三色叠印的灰色、黑色区域全部去除，没有彩色油墨，都由黑墨来替代，黑版阶调最全、最深，起重要作用，起始点为 0 处，黑色生成曲线理论上为 45°对角线。这种全去除方法一般不用，因为当前还没有一种 100% 的实地黑墨密度能达到 2.2 以上，达不到由 UCR 工艺四色叠加的 300% 的密度值，更达不到传统工艺四色叠加的 340%～360% 的密度值，会造成印品黑色淡薄、反差不足、视觉效果差等缺点。

（2）黑墨总量限制。黑墨限制的设定值大小，将会影响暗调区域的 C、M、Y 油墨量，当黑墨量限制值提高，C、M、Y 三色的油墨量会减少。反之，黑墨限制量降低时，C、M、Y 三色油墨量会增加。缺省值为 100%，大多数原稿设置为 60%～70%。

（3）油墨总量限制。油墨总量限制的设置，即是正常黑场定标点的 C、M、Y、K 四色网点值的总和。

8. GCR 与 UCR 的区别

灰成分替代和底色去除复制技术均用黑墨代替彩色油墨，因此容易误解为 GCR 是底色去除幅度的扩展，但两者却有本质上的区别。

（1）彩墨的去除方式不同

底色去除是针对图像暗调部分的彩色（底色）用黑墨来代替，而灰成分替代则不仅用黑墨取代底色，且对任何复合颜色的整个彩色区域都有替代。

（2）彩墨去除范围不同

底色去除复制技术用黑墨代替彩墨局限于暗调的中间区域，它作用在彩色空间灰轴线附近的一个狭小范围内。灰成分替代复制方法则将对彩色油墨的替代扩展到整个含有灰色成分的彩色区域，其作用范围将沿饱和度增加的方向延伸。

(3) 彩色油墨的去除量不同

底色去除用黑墨代替彩墨的量一般在 30% ~40% 间，而灰成分替代的黑色油墨量则可以在 0 ~100% 的范围内变动。

(4) 黑版作用不同

底色去除的黑版主要用于加强图像的密度反差、稳定中间调至暗调颜色；灰成分替代复制技术的黑版不仅要承担画面阶调的再现，也参与复合颜色的彩色再现，即黑墨还具有组色作用。

9. 底色增益（UCA）

底色增益 UCA（Under Color Add）是又一种制版工艺，它与底色去除功能相反，是增加暗调区域的彩色油墨量。底色增益沿着颜色空间的灰色轴线进行，因此对中性灰的作用最大且仅限于中性灰成分。底色增益由底色增益强度和底色增益起始点（从原稿哪一级密度上进行底色增益）共同控制，它既能用于调整图像暗调区域灰平衡，又能适应暗调区域色彩的特殊要求，起到了增加中性灰区域黑版层次的作用。底色增益可用于消除图像中深暗处因原稿中三原色之一的密度不足而引起的色偏，它能使 C、M、Y 三种颜色达到平衡。

8.1.5 桌面打印与印刷输出

1. 桌面打印

显示器使用色光显示图像，而桌面打印机（如喷墨打印机、染色升华打印机或激光打印机）则使用油墨、染料或颜料再现图像，因此桌面打印机无法重现显示器上显示的所有颜色。在处理想要打印的图像时，要注意以下事项：

(1) 如果图像是 RGB 模式，要始终在 RGB 模式下工作，不要将文档转换为 CMYK 模式。通常，桌面打印机被配置为接受 RGB 数据，并使用内部软件转换为 CMYK。如果发送 CMYK 数据，大多数桌面打印机还是会应用转换，从而导致不可预料的结果。

(2) 在任何有配置文件的设备上打印时，如果要预览图像，请使用“校样颜色”命令。

(3) 要在打印出的页面上精确地重现屏幕颜色，必须在工作流程中结合色彩管理过程。使用经过校准并确定其特性的显示器。还应特别针对打印机和打印纸创建一个自定配置文件。使用随打印机一起提供的配置文件只能获得普通的效果。

2. 设置 Photoshop 打印选项并打印

(1) 请选择“文件” > “打印”。“打印”对话框如图 8 - 19 所示。

(2) 使用“打印机”菜单选择打印机。将纸张方向设置为纵向或横向；选择要打印的份数；根据所选的纸张大小和取向调整图像的位置和缩放比例；从弹出式菜单中设置“输出”和“色彩管理”选项。“输出”选项见图 8 - 19 图右。

(3) 如果看到图像大小超出纸张可打印区域的警告，请单击“取消”，选择“文件” > “打印”，然后选择“缩放以适合介质”框。要对纸张大小和布局进行更改，请单击“页面设置”并尝试再次打印文件。

(4) 要将图像在可打印区域中居中，请选择“图像居中”。要按数字排序放置图像，请取消选择“图像居中”，然后输入“上”和“左”的值。

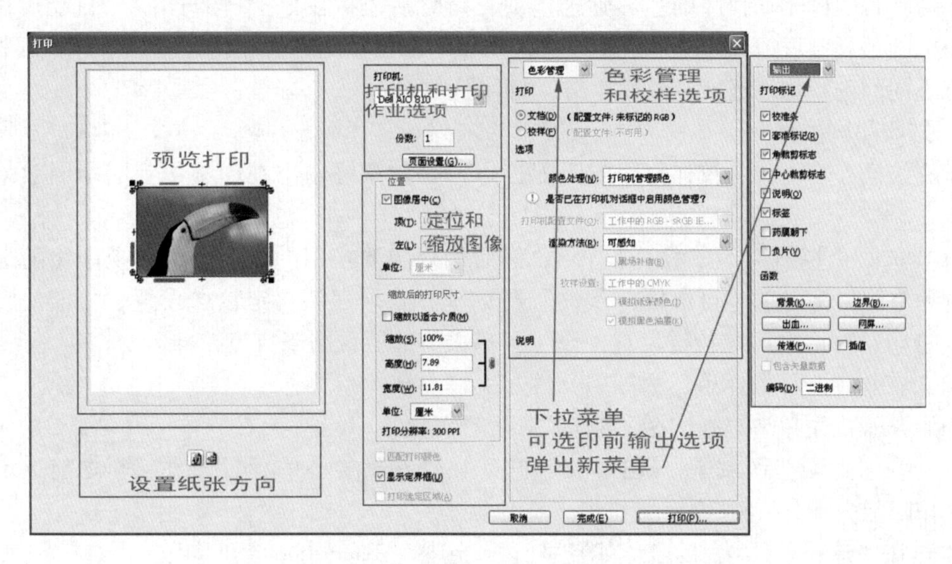

图 8－19

（5）缩放图像的打印尺寸。要使图像适合选定纸张的可打印区域，请单击“缩放以适合介质”。

要按数字重新缩放图像，则取消选择“缩放以适合介质”，然后输入“高度”和“宽度”的值。要达到所需的缩放比例，可选择“显示定界框”，并在预览区域中拖动定界框手柄。

（6）如果要打印部分图像，可先使用“矩形选框”工具选择要打印的图像部分，选择“打印选定区域”，然后单击“打印”。

（7）如果没有针对打印机和纸张类型的自定配置文件，可以让打印机驱动程序来处理颜色转换。从弹出菜单中选择“色彩管理”；在“打印”区域中，选择“文档”，配置文件显示在同一行中的括号内；在“选项”区域中，为“颜色处理”选择“打印机管理颜色”；选择一种用于将颜色转换为目标色彩空间的渲染方法，大多数非 PostScript 打印机驱动程序将忽略此选项，并使用“可感知”渲染方法；从第二个打印对话框中访问打印机驱动程序的色彩管理选项，该对话框将在单击“打印”后自动出现；指定色彩管理设置以使打印机驱动程序可以在打印过程中处理色彩管理；每个打印机驱动程序都有不同的色彩管理选项；最后单击“打印”。

（8）如果有针对特定打印机、油墨和纸张组合的自定颜色配置文件，与让打印机管理颜色相比，让 Photoshop 管理颜色可能会得到更好的效果。从弹出菜单中选择“色彩管理”；在“选项”区域中，为“颜色处理”选择“Photoshop 管理颜色”；对于“打印机配置文件”，选择适用于输出设备的配置文件；配置文件对输出设备的行为和打印条件（如纸张类型）描述得越准确，色彩管理系统就可以越准确地转换文档中实际颜色的数字值；设置选项有渲染方法：指定 Photoshop 如何将颜色转换为目标色彩空间；黑场补偿：通过模拟输出设备的全部动态范围来保留图像中的暗调细节；匹配打印颜色：在需要 Photoshop 管理颜色时启用此选项。选择此选项可在预览区域中查看图像颜色的实际打印效果。从第二个打印对话框中访问打印机驱动程序的色彩管理选项，该对话框将在单击“打印”后自动出现；禁用打印机的色彩管理，以便打印机配置文件设置不会覆盖配置文件设置。每个打印机驱动程序都有不同的色彩管理选项；最后单击“打印”。

3. **打印印刷校样**

印刷校样（有时称为校样打印或匹配打印）是对最终输出在印刷机上的印刷效果的打印模拟。

（1）选取“视图”>“校样设置”，然后选择想要模拟的输出条件。视图将随选取的校样自动更改，将出现“自定校样条件”对话框。必须存储自定校样设置，才能使它们出现在“打印”对话框的“校样设置预设”菜单中。按照说明来自定校样。

（2）在选择一种校样后，选择“文件”>“打印”。

（3）从弹出菜单中选择“色彩管理”。

（4）在“打印”区域中，选择“校样”。出现在括号中的配置文件应与之前选定的校样设置相匹配。

（5）在“选项”区域中，为“颜色处理”选择“Photoshop 管理颜色”。

（6）对于“打印机配置文件”，选择适用于输出设备的配置文件。

（7）设置下列选项。

校样设置：如果从“打印”区域中选择了“校样”，则此选项可用。从弹出式菜单中，选择以本地方式存在于硬盘驱动器上的任何自定校样。

模拟纸张颜色：模拟颜色在模拟设备的纸张上的显示效果。使用此选项可生成最准确的校样，但它并不适用于所有配置文件。

模拟黑色油墨：对模拟设备的深色的亮度进行模拟。使用此选项可生成更准确的深色校样，但它并不适用于所有配置文件。

（8）从第二个打印对话框中访问打印机驱动程序的色彩管理选项，该对话框将在单击“打印”后自动出现。

（9）禁用打印机的色彩管理，以便打印机配置文件设置不会覆盖配置文件设置。

（10）单击“打印”。

4. **准备适合印刷工艺的图像**

从 Photoshop 可以为胶印、数字印刷、凹版印刷和其他商业印刷过程准备图像文件。

（1）请始终在 RGB 模式下工作，并确保使用 RGB 工作空间配置文件嵌入了图像文件。如果印刷商或印前供应商使用色彩管理系统，在生成胶片和印版之前，他们应能使用文件的配置文件精确地转换到 CMYK。

（2）将图像转换为 CMYK 模式并进行任何其他的颜色和色调调整，尤其要检查图像的高光和暗调区域。使用色阶、曲线或色相/饱和度调整图层进行校正。这些调整的幅度应该非常小。如果需要，可以拼合文件，然后将 CMYK 文件发送到专业打印机。

（3）可将 RGB 或 CMYK 图像置入 Adobe InDesign 或 Illustrator 中，因为在商业印刷机上印刷的大多数图像是从这两个软件输出的。

（4）如果知道印刷机的特性，则可以指定高光和暗调输出以保留某些细节。

（5）桌面打印机无法如实地重现商业印刷机的输出，只有专业颜色校样提供的最终打印图像预览时才更精确。

（6）如果有来自商业印刷商的配置文件，可以使用“校样设置”命令选择它，然后使用“校样颜色”命令查看软校样。使用此方法可在显示器上预览最终印张。

（7）符合 PDF/X 标准的 PDF 格式文档更受印刷厂家的欢迎。

5. 设置输出选项

如果要准备图像以便直接从 Photoshop 中进行商业印刷，可以使用“打印”命令，从弹出式菜单中选取“输出”，见图 8－20，可以选择和预览各种页面标记和其他输出选项。通常，这些输出选项应该由印前专业人员或对商业印刷过程了如指掌的人员指定。

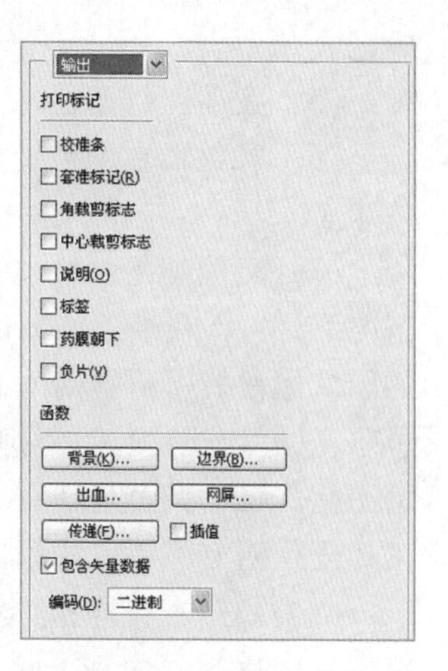

图 8－20

打印标记设置如图 8－21 所示。

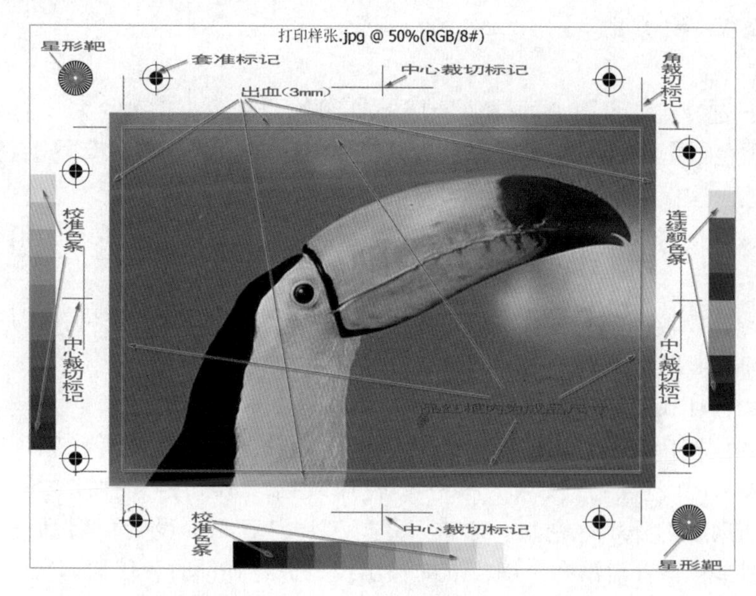

图 8－21

（1）校准条：打印 11 级灰度，即一种按 10% 的增量从 0～100% 的过渡效果。使用 CMYK 分色，将会在每个 CMYK 印版的左边打印一个校准色条，并在右边打印一个连续颜色条。只有当纸张比打印图像大时，才会打印校准栏、套准标记、裁切标记和标签。校准栏和星形色靶套准标记要求使用 PostScript 打印机。

（2）套准标记：在图像上打印套准标记（包括靶心和星形靶）。这些标记主要用于对齐分色。

（3）角裁切标记：在要裁剪页面的位置打印裁切标记。可以在角上打印裁切标记。在 PostScript 打印机上，选择此选项也将打印星形色靶。

（4）中心裁切标记：在要裁剪页面的位置打印裁切标记。可在每个边的中心打印裁切标记。

（5）说明：打印在“文件简介”对话框中输入的任何说明文本（最多约300个字符）。

（6）标签：在图像上方打印文件名。如果打印分色，则将分色名称作为标签的一部分打印。

（7）药膜朝下：使文字在药膜朝下（即胶片或像纸上的感光层背对您）时可读。正常情况下，打印在纸上的图像是药膜朝上打印的，感光层正对着您时文字可读。打印在胶片上的图像通常采用药膜朝下的方式打印，因为这样可以使胶片药膜面与晒版版材药膜面相贴，可防止网点在晒版转移时变化。若要确定药膜的朝向，请在冲洗胶片后于亮光下检查胶片。暗面是药膜，亮面是基面。与印刷厂家核实，看是要求胶片正片药膜朝上、负片药膜朝上、正片药膜朝下还是负片药膜朝下。

（8）负片：打印整个输出（包括所有蒙版和任何背景色）的反相版本。与“图像”菜单中的“反相”命令不同，“负片”选项将输出（而非屏幕上的图像）转换为负片。尽管正片胶片在许多国家/地区很普遍，但是如果将分色直接打印到胶片，可能需要与印刷厂家核实，确定需要哪一种方式。

函数设置如下。

（1）背景：选择要在页面上的图像区域外打印的背景色。例如，对于打印到胶片记录仪的幻灯片，黑色或彩色背景可能很理想。要使用该选项，请单击“背景”，然后从拾色器中选择一种颜色。这仅是一个打印选项；它不影响图像本身。

（2）边界：在图像周围打印一个黑色边框。键入一个数字并选取单位值，指定边框的宽度。

（3）出血：在图像内而不是在图像外打印裁切标记。使用此选项可在图形内裁切图像。键入一个数字并选取单位值，指定出血的宽度（通常为3 mm）。

（4）网屏：为印刷过程中使用的每个网屏设置网频和网点形状。

（5）传递：调整传递函数，传递函数传统上用于补偿将图像传递到胶片时出现的网点补正或网点丢失情况。仅当直接从Photoshop打印或当以EPS格式存储文件并将其打印到PostScript打印机时，才识别该选项。通常，最好使用“CMYK设置”对话框中的设置来调整网点补正。但是，当针对没有正确校准的输出设备进行补偿时，传递函数将十分有用。

（6）插值：通过在打印时自动重新取样，从而减少低分辨率图像的锯齿状外观。但是，重新取样可能降低图像品质的锐化程度。某些PostScript Level 2（或更高）打印机具备插值能力。如果打印机不具备插值能力，则该选项无效。

（7）选择“包含矢量数据”选项。如果图像包含矢量图形（如形状和文字），当选取包含矢量数据时，Photoshop向打印机发送每个文字图层和每个矢量形状图层的单独图像。这些附加图像打印在基本图像之上，并使用它们的矢量轮廓剪贴。因此，即使每个图层的内容受限于图像文件的分辨率，矢量图形的边缘仍以打印机的全分辨率打印。

（8）在“输出”选项中，从“编码”弹出式菜单中选择一种编码算法（ASCII、ASCII85、二进制或JPEG）。这样将能够选择数据的存储方式以及它需要多少磁盘空间。如果“包含矢量数据”呈灰色，则图像不包含矢量数据。

6. 半调网屏属性

（1）“半调网屏”对话框

Photoshop 中文版将网目调直译为半调。半调网屏属性包括打印过程中使用的每个网屏的网频和网点形状，在“半调网屏”对话框（如图 8－22 所示）中，选取是否生成网屏设置。对于分色，印前人员还必须指定每个颜色网屏的网角。以不同的网角设置网屏可确保由 4 个网屏放置的网点混合后将生成连续的颜色，并且不产生龟纹图案。

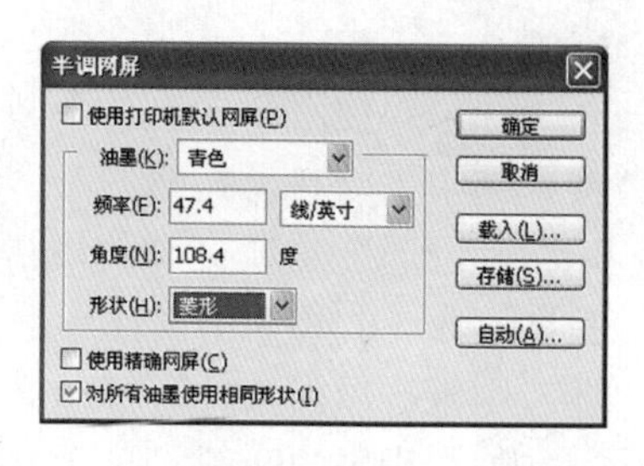

图 8－22

（2）定义网目调网屏的属性

网目调网屏由网点组成，这些网点控制印刷时印刷在特定位置的油墨量。取消选择“使用打印机默认网屏”，以便选取自己的网屏设置。选择“使用打印机默认网屏”，以便使用打印机内置的默认网目调网屏。这样，Photoshop 在生成网目调网屏时忽略“半调网屏”对话框中的规格。

对于印刷色图像，使用四种网目调网屏：青色、品红、黄色和黑色，每种网屏对应于印刷过程中使用的一种油墨。在“油墨”框中选择一种颜色；在“频率”框中输入 lpi 值；在“角度”框中输入网角值，胶印常用网角“0°、15°、45°、75°”；在“形状”菜单中选择打印的点的形状，如果要使全部四个网屏使用相同的网点形状，请选择“对所有油墨使用相同形状”。然后单击“完成”按钮。效果说明如图 8－23 所示。

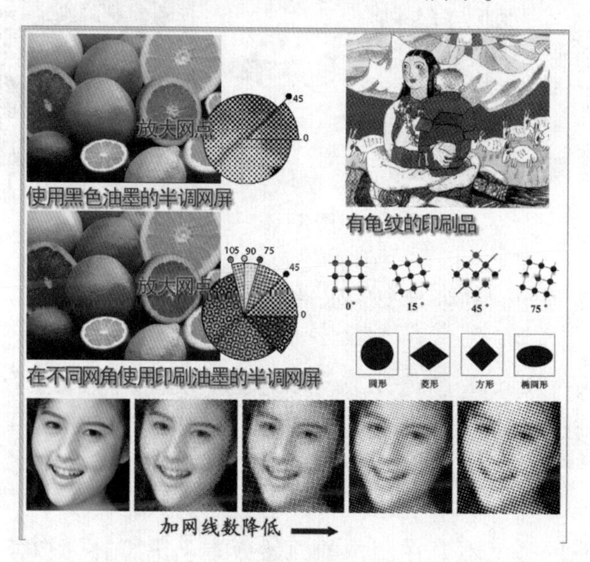

图 8－23

为在 PostScript 打印机上获得最佳输出，图像分辨率应该是网目调网频的 1.5～2 倍。如果图像分辨率大于网频的 2.5 倍，则会出现一条警告信息。

在 Photoshop 中，只需在制作胶片或纸张输出前指定网目调网屏属性。为得到最佳结果，输出设备（例如，PostScript 照排机）应设置正确的浓度范围，显影机应正确做线性化校准，否则，结果可能难以预料。创建网目调网屏前，请与印刷厂家核实首选频率、网角和网点设置。

如果要使用 PostScript Level 2（或更高）打印机或配备有 Emerald 控制器的照排机，要确保选中了“自动挂网”对话框（如果手动输入值，则为“半调网屏”对话框）中的“使用精确网屏”选项）。“使用精确网屏”选项使程序可以访问高分辨率输出的正确网角和网目调网频。如果输出设备不是 PostScript Level 2（或更高）打印机或没有配备 Emerald 控制器，则该选项无效。

如果设置的网频太低（由打印机决定），一些 PostScript Level 3 打印机将忽略“精确网屏”设置。

要存储设置，请单击“存储”。选取存储设置的位置，输入文件名，并单击“存储”。

要载入设置，请单击“载入”。定位和选择设置，并单击“载入”按钮。

7. 从 Photoshop 打印分色

打算用于商业再生产并包含多种颜色的图片必须在单独的主印版上打印，一种颜色一个印版。此过程（称为分色）通常要求使用青色、黄色、品红色和黑色（CMYK）油墨，见图 8－24。

图 8－24

在准备图像以进行预印刷和处理 CMYK 图像或带专色的图像时，可以将每个颜色通道作为单独一页打印。

（1）确保文档处于“CMYK 颜色”或“多通道”模式，然后选择“文件” > “打印”。

（2）从“颜色处理”弹出式菜单中选择“分色”。

（3）单击“打印”按钮。为图像中的每种颜色打印分色。

8. 创建颜色陷印

在补漏白时要注意的是：不要在图像的原始版本上进行补漏白，这很容易毁坏整幅图像。最好再做一个分图层来进行补漏白，这样做不仅可以减少铸成大错的可能，而且可以使用户通过显示或隐藏补漏白色，将补漏白与不补漏白进行比较，并确定是否需要补漏白。

（1）使用陷印的原因

在印前制版中，经常遇到图像中有明显不同的色块，其中一种色块被另一种色块所覆盖，印刷时，常出现色块与色块之间不能完美叠合，这种由印刷机械而引起的叠印不准问题，在印前必须处理好，我们称其为印前补漏白。

从根本上来说，陷印存在的原因是为了补偿印刷机的缺陷。在印刷多色时，颜色应该准确地对齐（颜色之间要套印），但这相当困难，页面上两个颜色相交的地方总会出现一小条白纸边，除非在颜色相交的地方设置陷印点。图 8－25 所示夸张说明了套印不准的现象，在图 8－25图左中，A 为未对齐现象（不包含陷印）；B 为未对齐现象（包含陷印），可以看出，套印不准引起色版之间出现一条白色纸边的问题。

陷印用于更正纯色的未对齐现象。通常，无须为连续色调图像（如照片）使用陷印。过多的陷印会产生轮廓效果。这些问题可能在屏幕上看不到，而可能只在打印时显现出来。

（2）Photoshop 使用标准的陷印处理规则

所有颜色在黑色下扩展；亮色在暗色下扩展；黄色在青色、品红和黑色下扩展；青色和品红色在彼此之下等量扩展，见图 8－26。

图 8－25

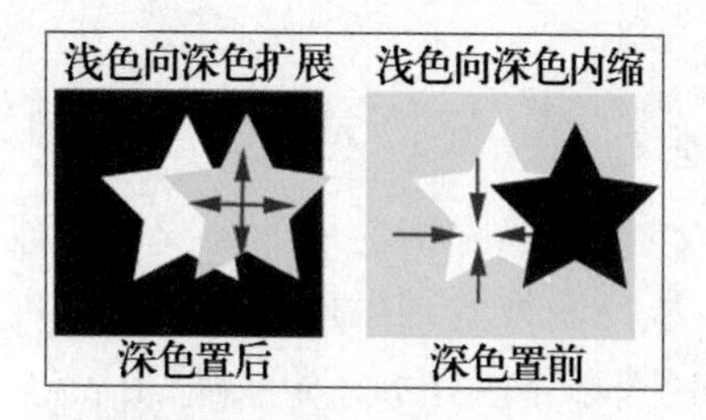

图 8－26

（3）Photoshop 的陷印方法

首先以 RGB 模式存储文件的一个版本，以备以后重新转换图像。然后选取“图像” > “模式” > “CMYK 颜色”，将图像转换为 CMYK 模式。

接着选取“图像” > “陷印”。

最后为“宽度”输入印刷商提供的陷印处理值。然后选择度量单位，并单击“确定”。请向印刷厂商咨询，以便确定预期的套准误差，典型补漏白参考数据见表 8－1。

表 8－1　典型补漏白参考数据

印刷方式	承印材料	加网线数（lpi）	补漏白值（mm）
单张纸胶印	有光铜版纸	150	0.08
单张纸胶印	无光纸	150	0.08
轮转胶印	有光铜版纸	150	0.10
轮转胶印	无光商业印刷纸	133	0.13
轮转胶印	新闻纸	100	0.15
柔性版印刷	有光材料	133	0.15
柔性版印刷	新闻纸	100	0.20
柔性版印刷	牛皮纸（瓦楞纸）	65	0.25
丝网印刷	纸或纺织品	100	0.15
凹版印刷	有光表面	150	0.08

9. 关于专色

专色是特殊的预混油墨，用于替代或补充印刷原色（CMYK）油墨。在印刷时，每种专色都要求专用的印版。因为光油要求单独的印版，故它也被认为是一种专色。图 8－27 所示为用 PANTONG DS 322－6U 专色和黑色两色来复制巧克力糖。

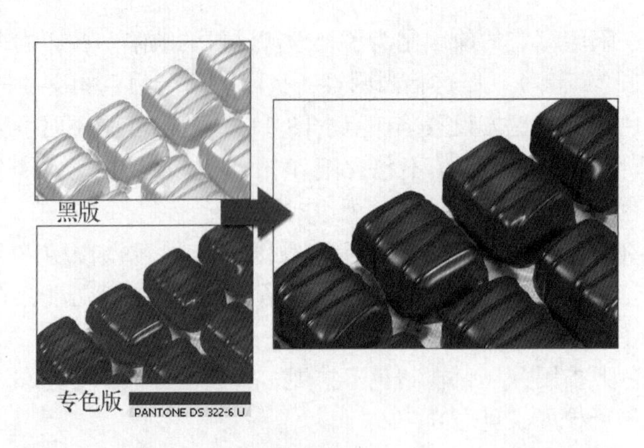

图 8－27

8.1.6 在 Photoshop 中生成双色调图像

双色调图像是指使用两种或两种以上的油墨所印刷出来的黑白效果的图像，采用这种方法可以提高图像的细微层次和色彩深度。

在处理黑白照片时，可以采用双色、三色或四色的处理方式，使照片产生一些特殊效果，如制作老照片效果。Photoshop 为此提供了一个专门处理灰度图像的着色模式，即“双色调”模式。执行图“图像” >“模式” >“双色调”命令，可弹出“双色调选项”对话框，如图 8－28 所示。

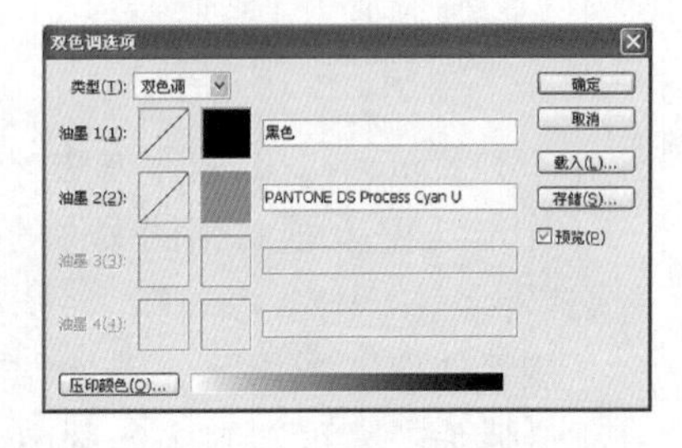

图 8－28

1. 关于双色调

（1）双色调可以用来增加灰度图像的阶调范围。一个灰度图像在显示时可有 256 级灰度，但在印刷过程中每种油墨只能复制产生约 50 级的灰度，因此，灰度图像如果在印刷时仅以一种黑油墨来完成整个复制，其结果会有明显的粗糙感，即画面梯阶太少；而在使用两色、三色或四色油墨时，由于每一色油墨都能复制 50 级的灰度，所以相叠加后其结果将使图像梯阶更丰富、画面变得细致。

（2）有时双色调是由一种黑油墨和一种灰色油墨来印刷的，其中黑色油墨主要用于突出暗部细节，灰色油墨则用于突出中间调和亮调细节。比较理想的是在双色调中采用两种彩色油墨，其中一种专色用于强调某阶调（如高光区）的色彩。

（3）由于双色调模式使用不同的彩色油墨来复制各种灰度，在 Photoshop 中将双色、三色、四色和单色模式的图像作为一个通道、8 位灰度图像来处理，因此在双色调模式下无法单独访问其中一个色彩通道。

（4）双色调命令只有在图像为灰度模式下时才可被选中，如果对彩色图像进行这类着色效果处理，可先将其转为灰度模式，再选择双色调命令。

2. 选择双色调类型

在“双色调选项”对话框的类型弹出菜单中，提供了 4 种着色方式：单色调、双色调、三色调和四色调，如图 8－28 所示。

（1）单色调：如果只需在图像中加上某一种颜色，并且其渐变过程也由这一种颜色来完成，选择单色调，则“双色调选项”对话框中就只有“油墨 1”是可选项。

单击“油墨 1”后面的曲线图标，可弹出“双色调曲线”命令，可调节图像的阶调，曲线的制作方法：除输入固定的 13 个阶以外，其余和用“曲线”的设定方法是一样的。

单击“油墨 1”后面的色块图标，会弹出拾色器，可根据需要选择颜色。

（2）双色调：提供了两种可选油墨，将两种颜色叠加后就会产生新的色彩效果。

（3）三色调：提供了 3 种可选油墨，可叠加 3 种颜色，以产生更加丰富的色彩效果。

（4）四色调：提供了 4 种可选油墨。

选择油墨的种类并不局限于 C、M、Y 和 K 这 4 种颜色，也可以选择其他颜色，例如，紫色、土黄色以及赭石色等。

3. 双色调曲线的调整

前面已经讲过，在选择油墨时可以调整曲线，这一曲线代表了相应油墨在图像的亮调、中间调以及暗调的分布，调整后的网点百分比代表了印刷时在相应阶调处实际采用的网点值，双色调曲线的调整步骤如下所述。

（1）如图 8－29 所示，单击色块右边的曲线框（其缺省设置为直线），弹出“双色调曲线”对话框，默认情况下，10% 的中间调的像素点将以 10% 的网点百分比来印刷，同样 100% 暗调的像素点将以 100% 的网点百分比来印刷，其他依此类推。

（2）拖曳直线上的某点到合适位置，也可直接输入网点百分比数值，在双色调曲线对话框中，水平轴从左至右代表从高光到暗调的阶调变化，垂直轴代表了油墨密度的增加过程，如图 8－29 下图所示。

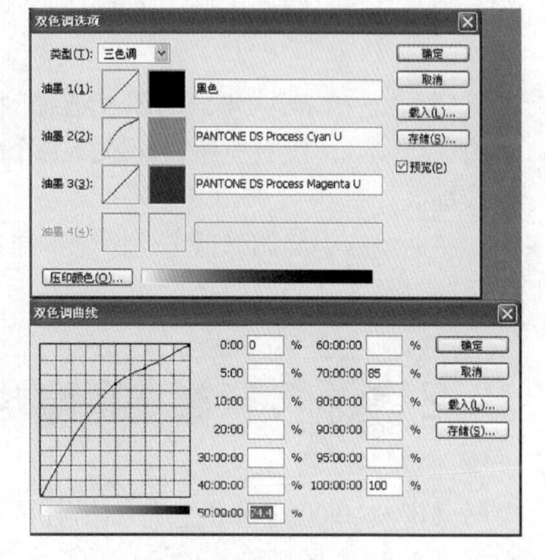

图 8－29

4. 关于压印颜色

压印颜色是指一色油墨直接印在另一色油墨上产生的色彩效果，如青色油墨印到黄色油墨上，压印结果是绿颜色，因此，多色油墨在印刷中的顺序将直接影响最终的效果。

在“双色调选项”对话框的最下面选中“压印颜色”选项，可以看到所选择的多色油墨压印后的效果；另外还可单击压印后的色块来调整颜色，但这只是对压印后的颜色进行屏幕显示效果的调整，而不改变最终的印刷效果。

5. 双色调的存储和置入设定

在“双色调选项”对话框中设定完双色调曲线、油墨设置以及压印颜色后，可单击“存储”按钮将这些信息存储起来。当其他的灰度图像要采用同样的效果时，可单击“载入”按钮将以前存储的信息置入。Photoshop 提供了几个比较常用的曲线，用户可直接通过“载入”按钮使用。

6. 使用双色调编辑图像的缺点

（1）选择双色调模式，在通道调板中只有一个通道，它不会根据所选择的是双色、三色、四色的变化而增多或减少，这点与其他的色彩模式不同，所以不能通过通道调板查看各通道中的颜色及阶调分布情况。

（2）对于双色调模式的图像，通过色阶曲线调整图像的色彩或对比度是非常困难的，它无法更改复合颜色中的单一颜色，例如，复合颜色是橘黄色，通过曲线无法更改其中的黄色，曲线的变化是针对橘黄色中的红色和黄色的。遇到这种情况时，可将图像的色彩模式转化为 CMYK 模式后再进行调整。

（3）生成双色调模式图像的前提是先将原图的色彩模式转化为灰度，然后才可能生成多色调图像。在将原图转化为灰度时，要尽可能地保留原图像的对比度和阶调层次。

双色调模式的图像在存储时可存储为 Photoshop PSD、Photoshop EPS 和 DCS 2.0 等格式。

7. 形成多色调图像的注意事项

（1）要选择适当深度的颜色作为图像的颜色，因为过亮的颜色可能会把图像中亮调部分的细微层次压缩，过暗的颜色可能会把图像中暗调部分的细节丢失。

（2）如果原稿的主题是以暗色调为主，那么所选择的应该是较深的颜色；反之应选择较浅的颜色。当暗调或亮调不能满足图像的阶调时，可以通过“S”曲线进行弥补阶调的调整。

（3）为一幅较为平淡的图片选择颜色是一件比较困难的工作，当选择一个较亮的颜色时图像会发飘，没有质感；而选择一个较暗的颜色时图像会发闷，这时需将曲线的中间调降低或提高。

将曲线的中间调降低可使图像的层次更丰富，亮调和暗调的对比度更大，调整图像的曲线是获得最佳效果的捷径。

8.2 实例——国画原稿的扫描与分析

采用 SG3900 电分机进行扫描分色得出的数据见表 8－2 的原稿黑白场标取值、表 8－3 的合格扫描稿特征色数据、表8－4的不合格扫描稿特征色数据。图 8－30 中，图（a）为合格稿，图（b）为不合格稿（偏暗）。

表 8－2

黑/白定标	黄	品红	青	黑
黑场定标	71%	67%	69%	93%
白场定标	7%	8%	5%	1%

表 8－3

	底色	暗调	石青	石绿
C	8%	78%	42%	53%
M	8%	71%	23%	16%
Y	7%	70%	38%	32%
K	5%	87%	9%	28%

表 8－4

	底色	暗调	石青	石绿
C	6%	76%	45%	55%
M	7%	68%	25%	20%
Y	9%	68%	40%	35%
K	0%	85%	5%	22%

(a)

(b)

图 8－30

结论：该幅画为工笔画原稿，色彩较多，且墨色较少，从底色数据中黑版网点百分比为 0 不难看出，所以对于此类画由于墨色少不采用 ICR 进行扫描，不合格稿的黑白场定标值过高，这直接使得扫描稿的中间调和亮调大量的损失，使得原稿显得灰暗。从底色方面来看合格稿的底色接近纸张表面的颜色，而不合格稿中 K 多出了 5 个点，使得底色偏灰，在暗调方面由于不合格原稿黑场定标过高，使得不合格稿整个阶调压缩，没有了足够的反差画面的色彩就不能很好地还原，从表 8－4 中可以看出，石青和石绿的 K 值为 5% 和 22%，都有偏灰的趋势。由此可见，国画的黑白场对于整个图像的层次协调和颜色是很有影响的，同时国画的收藏条件和所用纸张直接影响到底色的颜色。

8.3 专家建议

在进行印前图像处理过程中，应注意以下事项：

1. 明确客户要求

进入正式制作之前，设计、制作人员需要对客户资料和设计意图有明确地了解，然后才能进入正式的工作。须明了的事情如下：

（1）客户设计的是什么产品。客户要做的是杂志、纸箱、包装、海报还是其他什么产品，有什么质量档次要求。只有明确了解，才能为制定全套工艺打下基础。

（2）幅面大小和装订方式。包装和海报不涉及装订问题，只需知道幅面大小即可，而杂志、画册则必须明了页码及装订方式。这些对后面拼大版时如何排版的方式有直接的影响。

（3）印刷数量。印刷数量似乎和设计制作没有什么关系，但是在拼大版的时候，考虑出胶片和印刷两方面的费用多少，谁更节约成本，就应知晓印刷数量。

（4）客户对各要素的特殊要求及颜色。如果客户有一个初步的设计，为了快速地工作，设计稿上应有各对象的特技效果或参照样，以及对象元素的颜色进行标注。这样能减少客户的等稿时间，也能提高制作效率。特别对企业标志色应有准确颜色标注。另外，特别应注意的是有否烫印金、银色。

（5）明确客户交付资料的用途。客户交来的不外乎照片、文字、徽标、商标等资料，对这些资料的意义应全面了解，并归类。

2. 总体工艺方案制订

明确了客户的意图后，制作前应制订一个总体工艺方案：使用什么软件来进行页面设计；各种版面要素用什么方式来实现；排版时页码安排；是否用专色；开本尺寸的确定；哪些要素应该套印或叠印；如何利用版面相同的内容快速地复制等。另外要具体分析设计的各个元素应在什么软件中完成，先做什么，后做什么，如何将它们整合在一起。

3. 图像扫描及调节

正式进入工作的第一步就是将应扫描的图像扫描。扫描内容包括照片、印刷品原稿、各种标志、手写字体的扫描等。

图像扫描应注意的问题是按照输出要求采用不同的分辨率；按照设计的要求采用不同的色彩模式等。

图像的调节在 Photoshop 中进行，调校好了后以备调用。

4. 文字录入

文字录入应在图形或排版软件中进行，而不应该在点阵图像软件中进行。因为在图像软件中的文字输出时会有锯齿，而图形排版软件中的文字则十分光滑，是曲线字体，可以随意放大或缩小。

5. 图形绘制

一般在图形软件中进行，如是版面几何图形较多，则可以选择在图形软件中进行最后排版。几何图形尽量不要在图像点阵软件中进行绘制：一是速度慢；二是个别修改不方便。

6. 图文混排

选定软件绘制图形和输入文字后，则应在该软件中进行最后的图文混排，即将扫描图像调入该软件中进行排位。一般置入的图像为低分辨率的图像，应与原图像建立链接关系，在输出时会读取该图像的有关数据。

7. 出校样

按照版面设计，将内容排完之后，就可以出第一校稿，给客户校对，审看设计效果。要注意的几个问题是：

（1）成品尺寸是否对，能原大打印应尽量原大打印。

（2）版面元素位置正确与否。

（3）版面文字有否错误，字体符不符合要求。

（4）版面内容色彩是否正确，特别要注意企业标志颜色是否正确。

（5）重要的版面参考线：书脊、折线、包装轮廓线等是否齐全。

8. 修改

按着客户的校稿进行修改，修改时应注意不要改变不应该改动的地方。

9. 出黑白样、让客户签字出胶片

客户认可后，要让客户签字，证明客户对页面内容的认可，同意出胶片。因为下一步要输出胶片，成本较高，有一个出错责任问题。如果该由客户校对的内容出错，客户没校对出来，或者客户有新的改动，重新出片的费用该由客户承担。

10. 拼大版

在前面制作阶段是按最小的页面单元制作的，是小版面，如一个包装盒、杂志的封面、一个海报等。考虑到印刷需要，应拼大版以适应印机版面的要求。

11. 出胶片前检查

很多搞印前处理的人员都有因输出胶片出错浪费了时间和金钱的经验。为了避免出现错误或少出错，应在输出之前进行一次全版面的检查。

12. 打样

这次打样是拼大版后的数码打样。打样的目的一是检查版面的文字、颜色、图片、图形等要素有没有错误；二是让客户看一下图片处理后的色彩及层次是否符合要求；三是印刷质量控制的依据，同时也是交货时的验收标准。

13. 输出胶片或印版

输出胶片一般要到输出中心输出，这就要求要把电子文件带到或传送输出中心去。应该注意的是，要把相关资料文件都整理好，特别是源图像文件不能丢下，否则输出时就会找不到（链接不到）源图像。

输出印版则在计算机直接制版机上输出即可。

8.4 自我探索与知识拓展

1. 掌握从数码相机获取图像

随着数字化技术的不断发展，图像复制中的数字图像越来越多，特别是数码相机拍摄的图像已广泛应用，在平面设计领域里，客户来稿大多数是设计公司制作好的电子文件，其中许多图像都是数码相机拍摄的。数字图像的图像信息以数字信息方式直接存储在电子载体上，不需扫描、数字化。

数字照相图像是利用数码相机直接将原景物中连续变化的明暗层次的影像，以离散化的数字信号形式记录在磁盘上获得的。其特点是数码相机的色彩管理系统，可以做到数字图像信息无损失地传输给计算机，而且具有再现性好、精度高、灵活性大等优点，这给我们印前图像处理提供了优质的图像和作业的方便。

2. 掌握从扫描仪获取图像

不能认为扫描完的图像可以在 Photoshop 软件中后期反复修改调整，但不知在扫描中丢失过多图像信息，仅靠扫描后进行调整弥补，很难复制出好的作品，而且用 Photoshop 软件中的各种功能做反复修改调整都是以损失层次为代价的，因为多次反复调整还会降低图像清晰度。

实践证明，彩图复制印刷，其扫描分色技术是质量好坏的关键，在这个扫描、转化过程中，有两个关键技术需要掌握好，一是如何应用扫描仪，从一开始扫描时就从原稿中获得最好的颜色层次信息；二是从扫描仪输入的图像文件通常是 RGB 格式，在输出分色片前，需要将该文件转换成 CMYK 格式，即色空间的转换，这一步是分色处理的关键。它要根据油墨、纸张等印刷适性，设定网点扩大值、灰平衡参数、黑版阶调，以及选择 GCR 还是 UCR 分色模式，只有正确设置好这些参数，才有可能输出高质量的分色片。另一方面是扫描分色有技术性，又有艺术性，既要根据不同类型的原稿，从技术方面合理设置和调整灰平衡、阶调反差、颜色校正和清晰度等参数，又要从审美方面处理色彩的基调、饱和度、空间距离、明暗、光影变化等关系。操作人员这两方面的水平高低对产品质量影响极大。数字印前制版技术需要有效的色彩管理和标准化、规范化的操作方法。需要了解 Lab、RGB、CMYK 色彩空间知识及转换关系，需要有正确分析原稿的能力，需要有对原稿进行调整的操作技巧和审美水平。因此，要提高当前彩色印刷品的图像质量，必须下决心学好扫描分色这一关键技术，提高操作人员的素质水平。

3. 上机练习

上机练习扫描与打印输出，以及对图像的调整，掌握相关设备的具体操作使用。

第9章 滤镜的特殊效果

学习要点

◇正确使用智能滤镜。

◇了解并正确使用抽出、液化、滤镜库、图案生成器、消失点等命令及参数设置方法。

◇了解并正确使用像素化滤镜、扭曲滤镜、杂色滤镜、模糊滤镜、渲染滤镜和画笔描边滤镜等滤镜命令的作用及参数设置方法。

9.1 使用滤镜

滤镜是 Photoshop 中进行图像处理时最为常用的一种手段。要使用滤镜，请从“滤镜”菜单中选取相应的子菜单命令，如图9－1所示。Adobe 提供的滤镜显示在“滤镜”菜单中，第三方开发商提供的某些滤镜可以作为增效工具使用。在安装后，这些增效工具滤镜出现在“滤镜”菜单的底部。

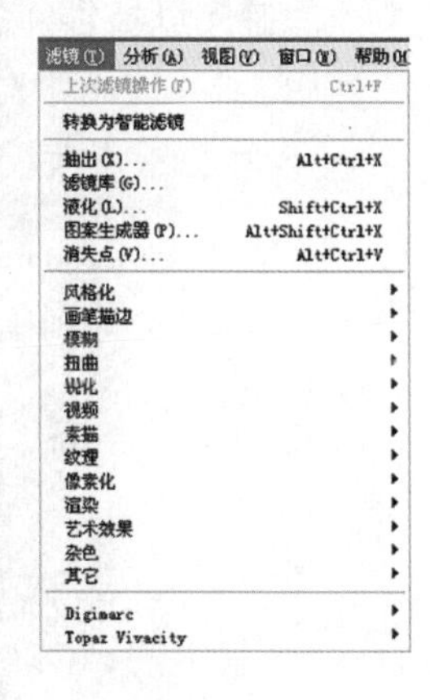

图9－1

9.1.1 转化为智能滤镜

智能滤镜将出现在“图层”调板中应用这些智能滤镜的智能对象图层的下方，如图9－2所示，要展开或折叠智能滤镜的视图，请单击在“图层”调板中的智能对象图层的右侧显示的“智能滤镜”图标旁边的三角形。可以调整、移去或隐藏智能滤镜，这些滤镜是非破坏性的。

图9－2

9.1.2 抽出

抽出滤镜为隔离前景对象并抹除其在图层上的背景提供了一种高级方法。使用"抽出"对话框（见图 9－3）中的工具指定抽出图像的部分，具体"抽出"方法见本书第三章。

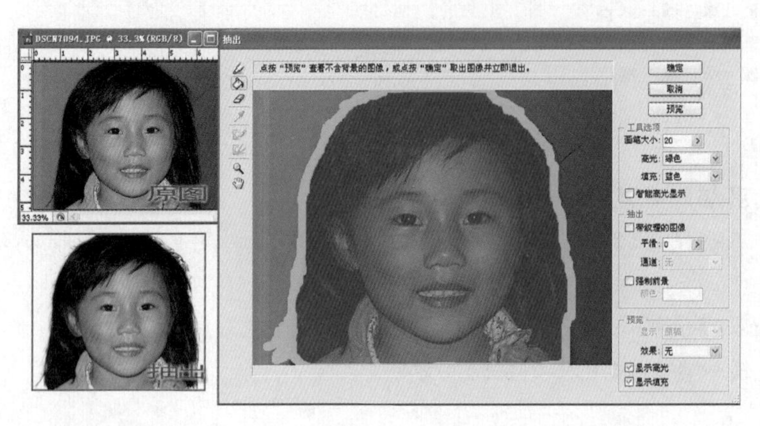

图 9－3

9.1.3 滤镜库

滤镜库可提供许多特殊效果滤镜的预览，"滤镜"菜单下所有的滤镜并非都可在滤镜库中使用。"滤镜库"对话框如图 9－4 所示。

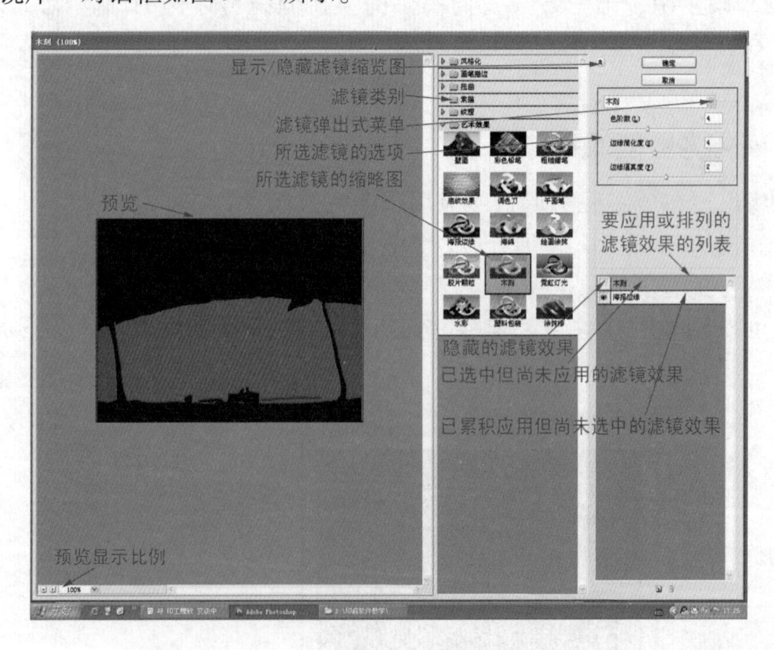

图 9－4

9.1.4 液化

“液化”滤镜可用于推、拉、旋转、反射、折叠和膨胀图像的任意区域。使用“液化”滤镜扭曲图像如图 9－5 所示，将鸭子的一只眼睛推小，像关闭，同样将嘴巴可以推闭合，然后利用帧动画就可以形成鸭子眼睛一眨一眨，嘴巴一张一合的动画（动画见书中光盘），如图 9－6 所示。

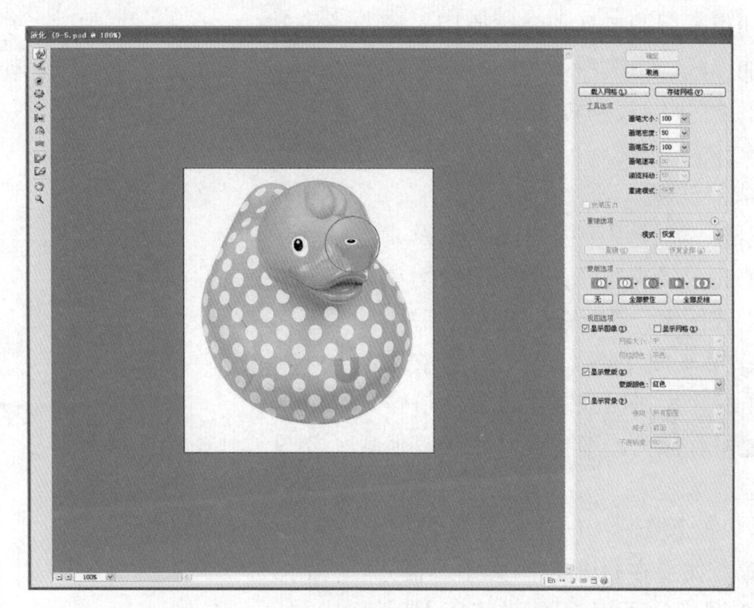

图 9－5

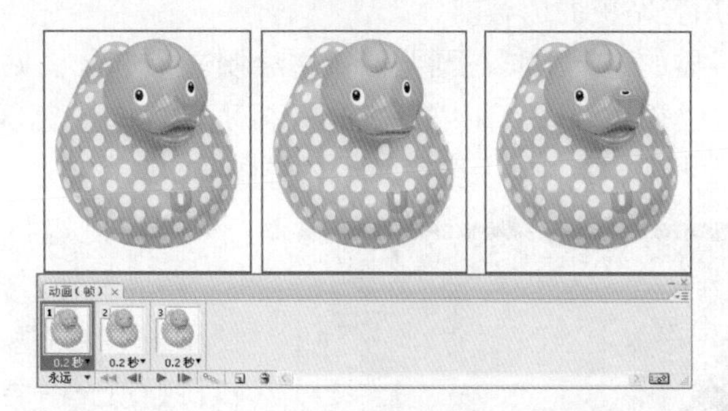

图 9－6

在“液化”对话框中选择缩放工具，然后在预览图像中单击或拖动，可以进行放大；按住“Alt”键并在预览图像中单击或拖动，可以进行缩小。另外，可以在对话框底部的“缩放”文本框中指定放大级别。

“液化”对话框中有几个工具，如图 9－7 所示，它们可以在按住鼠标按钮或拖动时扭曲画笔区域。扭曲集中在画笔区域的中心，且其效果随着按住鼠标按钮或在某个区域中重复拖动而增强。

设置选项如图 9－8 所示。

9.1.5 图案生成器

1. 图案

Photoshop 附带有多种预设图案。当使用图案这种图像来填充图层或选区时，会产生重复或拼贴的效果。可以创建新图案并将它们存储在库中，以便供不同的工具和命令使用。预设图案显示在油漆桶、图案图章、修复画笔和修补工具选项栏的弹出式调板中，以及“图层样式”对话框中。

2. 图案生成器滤镜

“图案生成器”滤镜用于创建图案预设或使用自定图案填充图层或选区。会将图像切片并重新组合来生成图案。“图案生成器”采用两种方式工作：第一使用图案填充图层或选区，图案可能由一个大拼贴或多个重复的拼贴组成。第二创建可存储为图案预设并用于其他图像的拼贴。

（1）选取“滤镜” > “图案生成器”。指定图案的来源。如果在打开“图案生成器”之前拷贝了某个图像，可以选取“使用剪贴板作为样本”，以便使用剪贴板的内容。

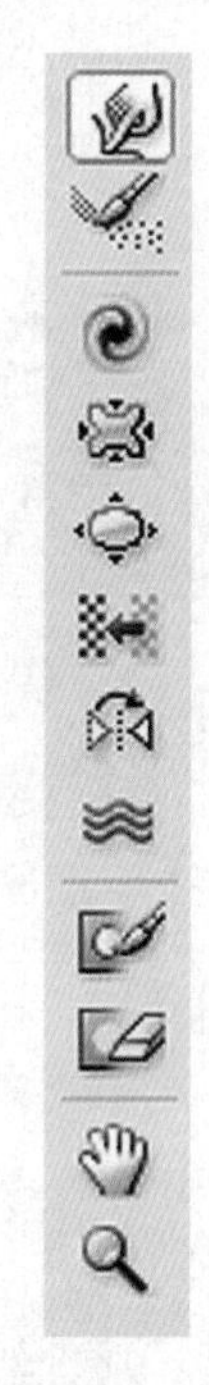

图 9－7

图 9－8

（2）使用图案生成器的选框工具在预览区域中绘制一个选区，见图 9－9。如要移动选框，可将其拖动到其他位置。可以使用缩放工具和抓手工具在预览区域中导航。将“Alt”键与缩放工具一起使用可以缩小。放大率会显示在对话框的底部。

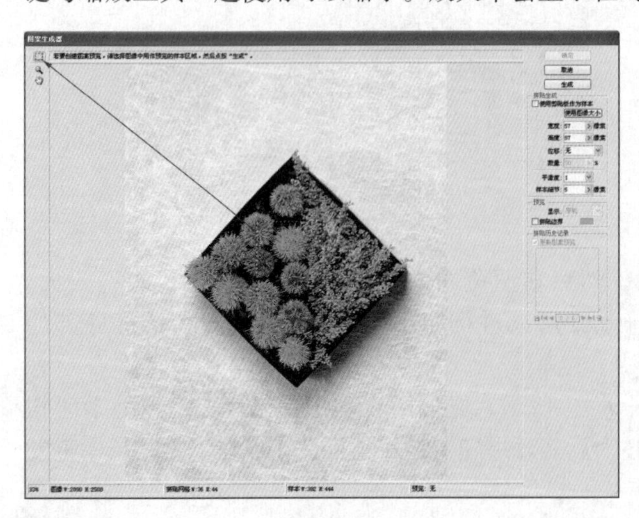

图 9－9

（3）指定拼贴大小。在“宽度”和“高度”框中输入像素大小。单击“使用图像大小”以生成带有一个拼贴（该拼贴填充图层）的图案。单击“生成”。可以按“Esc”键取消生成。预览区域就会与生成的图案拼贴。要在生成的预览和源图像之间切换，请从“显示”菜单中选取一个选项。

如果对图案预览感到满意，并且已存储了将来可能要使用的拼贴，则单击“确定”以填充图层或选区，上面单击“确定”效果如图 9－10 所示。如果只是要创建预设图案，可单击“取消”

关闭对话框而不填充图层。

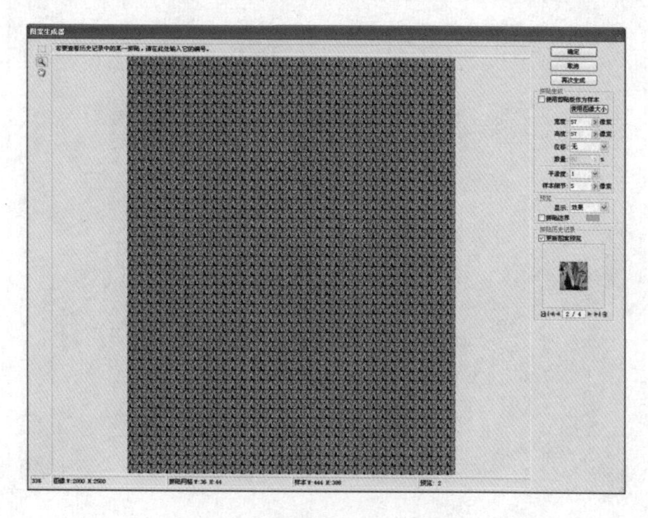

图 9－10

9.1.6 消失点

消失点可以简化在包含透视平面（如建筑物的一侧、墙壁、地面或任何矩形对象）的图像中进行的透视校正编辑的过程。

1. 消失点对话框概述

“消失点”对话框（“滤镜”>“消失点”）中包含用于定义透视平面的工具、用于编辑图像的工具、测量工具和图像预览。消失点工具（选框、图章、画笔及其他工具）的工作方式与 Photoshop 主工具箱中的对应工具十分类似。可以使用相同的键盘快捷键来设置工具选项。打开“消失点”菜单可显示其他工具设置和命令。

2. 消失点工具

消失点工具的工作方式类似于主 Photoshop 工具框中的对应工具。可以使用相同的键盘快捷键来设置工具选项。选择一个工具将会更改“消失点”对话框中的可用选项。

3. 放大或缩小预览图像

在“消失点”对话框中，选择缩放工具，然后在预览图像中单击或拖动以进行放大。

4. 使用消失点

（1）准备要在消失点中使用的图像

为了将“消失点”处理的结果放在单独的图层中，可在选取“消失点”命令之前创建一个新图层。将消失点处理的结果放在单个图层中可以保留原始图像，并且可以使用图层不透明度控制、样式和混合模式。如果打算仿制图像中超出当前图像大小边界以外的内容，需增加画布大小以容纳额外的内容。

（2）选择“滤镜”>“消失点”。如图 9－11 所示，我们利用消失点工具将图中瓶子修饰退掉。

图 9 – 11

（3）定义平面表面的四个角节点

使用创建平面工具定义四个角节点。要拉出其他平面，可使用创建平面工具并在按住“Ctrl”键的同时拖动边缘节点。如图 9 – 12 所示，根据木地板的透视图定义平面表面的四个角节点。

图 9 – 12

将选区移动到所需位置。在移动选区时，确保将“移动模式”设置为“目标”。按住“Ctrl”键并拖动边缘节点以拉出平面。不断重复以上步骤，就可以用另一个区域的木地板来填充选区中瓶子位置，效果如图 9 – 13 所示。

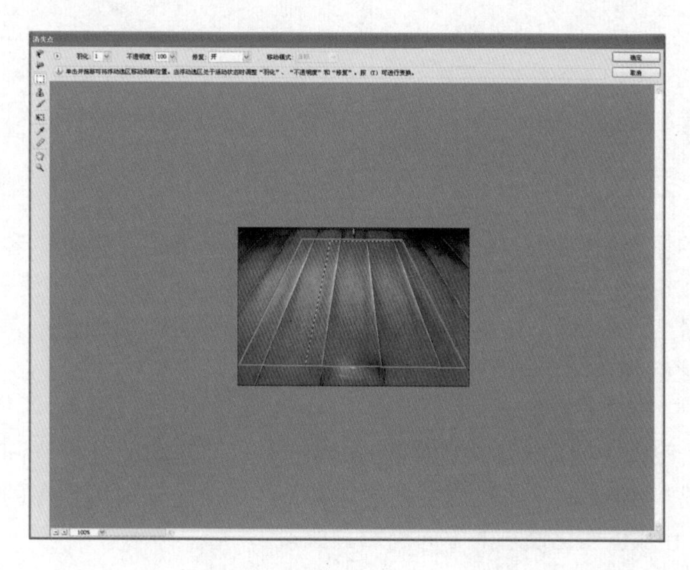

图 9 – 13

（4）编辑图像

建立选区，在绘制一个选区之后，可以对其进行仿制、移动、旋转、缩放、填充或变换操作。从剪贴板粘贴项目。粘贴的项目将变成一个浮动选区，并与它将要移动到的任何平面的透视保持一致。使用颜色或样本像素绘画。

（5）单击确定

在单击“确定”之前，可以通过从“消失点”菜单中选取“渲染网格至 Photoshop”，将网格渲染至 Photoshop。

9.1.7 风格化滤镜

“风格化”滤镜通过置换像素和通过查找并增加图像的对比度，在选区中生成绘画或印象派的效果。

1. 查找边缘

用显著的转换标识图像的区域，并突出边缘。像“等高线”滤镜一样，“查找边缘”用相对于白色背景的黑色线条勾勒图像的边缘，这对生成图像周围的边界非常有用。

2. 等高线

查找主要亮度区域的转换并为每个颜色通道淡淡地勾勒主要亮度区域的转换，以获得与等高线图中的线条类似的效果。

选取“滤镜” > “风格化” > “等高线”。选取一个“边缘”选项以勾勒选区中的区域：“较低”勾勒像素的颜色值低于指定色阶的区域；“较高”勾勒像素的颜色值高于指定色阶的区域。输入一个介于 0 ~ 255 之间的阈值（级别）以便计算颜色值（色调级别）。反复试验，找出能够在图像中获得最佳细节的数值。

在灰度模式下，可以使用“信息”调板来标识想要描画的颜色值，然后在“色阶”文本框中输入此值。

3. 风吹效果

在图像中放置细小的水平线条来获得风吹的效果。方法包括“风”、“大风”（用于获得更生动的风效果）和“飓风”（使图像中的线条发生偏移）。

4. 浮雕效果

通过将选区的填充色转换为灰色，并用原填充色描画边缘，从而使选区显得凸起或压低。选项包括浮雕角度（-360°~+360°，-360°使表面凹陷，+360°使表面凸起）、高度和选区中颜色数量的百分比（1%~500%）。要在进行浮雕处理时保留颜色和细节，请在应用“浮雕”滤镜之后使用“渐隐”命令。

5. 扩散

根据选中的以下选项搅乱选区中的像素以虚化焦点：“正常”使像素随机移动（忽略颜色值）；“变暗优先”用较暗的像素替换亮的像素；“变亮优先”用较亮的像素替换暗的像素。“各向异性”在颜色变化最小的方向上搅乱像素。

6. 拼贴

将图像分解为一系列拼贴，使选区偏离其原来的位置。可以选取下列对象之一填充拼贴之间的区域：背景色、前景色、图像的反转版本或图像的未改变版本，它们使拼贴的版本位于原版本之上并露出原图像中位于拼贴边缘下面的部分。

7. 曝光过度

混合负片和正片图像，类似于显影过程中将摄影照片短暂曝光。

8. 凸出

赋予选区或图层一种3D纹理效果。

选取“滤镜”>“风格化”>“凸出”，选取一种3D类型：

“块”创建具有一个方形的正面和四个侧面的对象。要用该块的平均颜色填充每个块的正面，请选择“立方体正面”。要用图像填充正面，请取消选择“立方体正面”；“金字塔”创建具有相交于一点的四个三角形侧面的对象。

在“大小”文本框中输入2~255之间的像素值，以确定对象基底任一边的长度。在“深度”文本框中输入1~255之间的值以表示最高的对象从挂网上凸起的高度。选取深度选项：“随机”为每个块或金字塔设置一个任意的深度；“基于色阶”使每个对象的深度与其亮度对应：越亮，凸出得越多；选择“蒙版不完整块”可以隐藏所有延伸出选区的对象。

9. 照亮边缘

标识颜色的边缘，并向其添加类似霓虹灯的光亮。此滤镜可累积使用。

风格化效果如图9-14所示。

9.1.8 画笔描边滤镜

与“艺术效果”滤镜一样，“画笔描边”滤镜使用不同的画笔和油墨描边效果创造出绘画效果的外观。

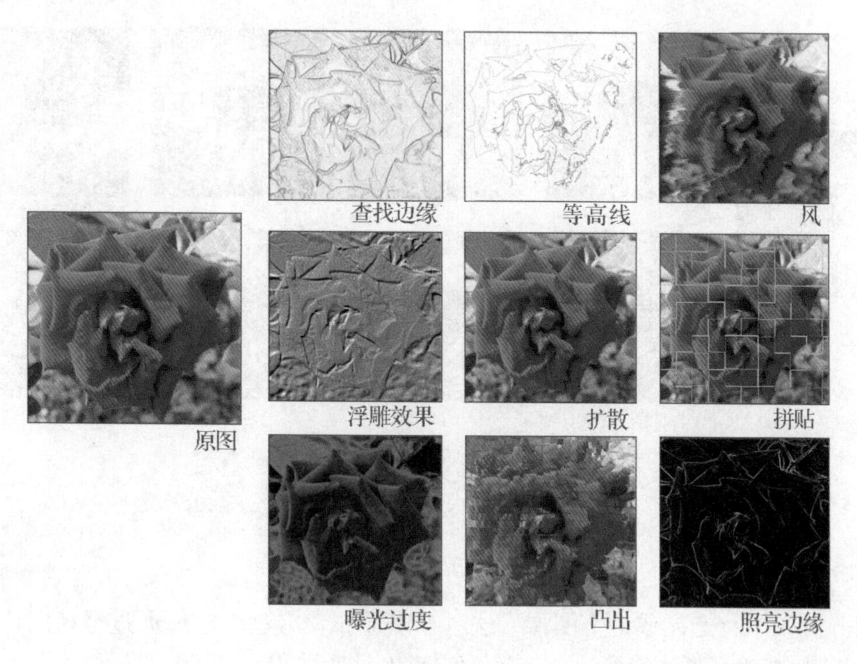

图 9－14

1. 成角的线条

使用对角描边重新绘制图像，用相反方向的线条来绘制亮区和暗区。

2. 墨水轮廓

以钢笔画的风格，用纤细的线条在原细节上重绘图像。

3. 喷溅

模拟喷溅喷枪的效果。增加选项可简化总体效果。

4. 喷色描边

使用图像的主导色，用成角的、喷溅的颜色线条重新绘画图像。

5. 强化的边缘

强化图像边缘。设置高的边缘亮度控制值时，强化效果类似白色粉笔；设置低的边缘亮度控制值时，强化效果类似黑色油墨。

6. 深色线条

用短的、绷紧的深色线条绘制暗区；用长的白色线条绘制亮区。

7. 烟灰墨

以日本画的风格绘画图像，看起来像是用蘸满油墨的画笔在宣纸上绘画。烟灰墨使用非常黑的油墨来创建柔和的模糊边缘。

8. 阴影线

保留原始图像的细节和特征，同时使用模拟的铅笔阴影线添加纹理，并使彩色区域的边缘变粗糙。“强度”选项（使用值 1～3）确定使用阴影线的遍数。

画笔描边滤镜效果如图 9－15 所示。

图 9 - 15

9.1.9 模糊滤镜

“模糊”滤镜柔化选区或整个图像，这对于修饰非常有用。它们通过平衡图像中已定义的线条和遮蔽区域的清晰边缘旁边的像素，使变化显得柔和。

1. 表面模糊

在保留边缘的同时模糊图像。此滤镜用于创建特殊效果并消除杂色或粒度。“半径”选项指定模糊取样区域的大小。“阈值”选项控制相邻像素色调值与中心像素值相差多大时才能成为模糊的一部分。色调值差小于阈值的像素被排除在模糊之外。

2. 动感模糊

沿指定方向（-360°~+360°）以指定强度（1~999）进行模糊。此滤镜的效果类似于以固定的曝光时间给一个移动的对象拍照。

3. 方框模糊

基于相邻像素的平均颜色值来模糊图像。此滤镜用于创建特殊效果。可以调整用于计算给定像素的平均值的区域大小；半径越大，产生的模糊效果越好。

4. 高斯模糊

使用可调整的量快速模糊选区。高斯是指当 Photoshop 将加权平均应用于像素时生成的钟形曲线。“高斯模糊”滤镜添加低频细节，并产生一种朦胧效果。

5. 模糊和进一步模糊

在图像中有显著颜色变化的地方消除杂色。“模糊”滤镜通过平衡已定义的线条和遮蔽区域的清晰边缘旁边的像素，使变化显得柔和。“进一步模糊”滤镜的效果比“模糊”滤镜强 3~4 倍。

6. 径向模糊

模拟缩放或旋转的相机所产生的模糊，产生一种柔化的模糊。选取“旋转”，沿同心圆环线模糊，然后指定旋转的度数。选取“缩放”，沿径向线模糊，好像是在放大或缩小图像，然后指定 1~100 之间的值。模糊的品质范围从“草图”到“好”和“最好”：“草图”产生最快但为粒状的结果，“好”和“最好”产生比较平滑的结果，除非在大选区上，否则看不出这两种品质的区别。通过拖动“中心模糊”框中的图案，指定模糊的原点。

7. 镜头模糊

向图像中添加模糊以产生更窄的景深效果，以便使图像中的一些对象在焦点内，而使另一些区域变模糊。

8. 平均

找出图像或选区的平均颜色，然后用该颜色填充图像或选区以创建平滑的外观。

9. 特殊模糊

精确地模糊图像。可以指定半径、阈值和模糊品质。半径值确定在其中搜索不同像素的区域大小。阈值确定像素具有多大差异后才会受到影响。也可以为整个选区设置模式（正常），或为颜色转变的边缘设置模式（“仅限边缘”和“叠加”）。在对比度显著的地方，“仅限边缘”应用黑白混合的边缘，而“叠加边缘”应用白色的边缘。

10. 形状模糊

使用指定的内核来创建模糊。从自定形状预设列表中选取一种内核，并使用“半径”滑块来调整其大小。通过单击三角形并从列表中进行选取，可以载入不同的形状库。半径决定了内核的大小；内核越大，模糊效果越好。

模糊滤镜效果如图 9－16 所示。

图 9－16

9.1.10 扭曲滤镜

“扭曲”滤镜将图像进行几何扭曲，创建 3D 或其他整形效果。

1. 波浪

工作方式类似于“波纹”滤镜，但可进行进一步的控制。选项包括波浪生成器的数目、波长（从一个波峰到下一个波峰的距离）、波浪高度和波浪类型：正弦（滚动）、三角形或方形。“随机化”选项应用随机值。也可以定义未扭曲的区域。

要在其他选区上模拟波浪结果，可单击“随机化”选项，将“生成器数”设置为 1，并将“最小波长”、“最大波长”和“波幅”参数设置为相同的值。

2. 波纹

在选区上创建波状起伏的图案，像水池表面的波纹。要进一步进行控制，可使用“波浪”滤镜。选项包括波纹的数量和大小。

3. 玻璃

使图像看起来像是透过不同类型的玻璃来观看的。可以选取一种玻璃效果，也可以将自己的玻璃表面创建为 Photoshop 文件并应用它。可以调整缩放、扭曲和平滑度设置。当将表面控制与文件一起使用时，可按“置换”滤镜的指导操作。

4. 海洋波纹

将随机分隔的波纹添加到图像表面，使图像看上去像是在水中。

5. 极坐标

根据选中的选项，将选区从平面坐标转换到极坐标，或将选区从极坐标转换到平面坐标。可以使用此滤镜创建圆柱变体（18 世纪流行的一种艺术形式），当在镜面圆柱中观看圆柱变体中扭曲的图像时，图像是正常的。

6. 挤压

挤压选区。正值（最大值是 100%）将选区向中心移动；负值（最小值是 -100%）将选区向外移动。

7. 镜头校正

“镜头校正”滤镜可修复常见的镜头瑕疵，如桶形和枕形失真、晕影和色差。

8. 扩散亮光

将图像渲染成像是透过一个柔和的扩散滤镜来观看的。此滤镜添加透明的白杂色，并从选区的中心向外渐隐亮光。

9. 切变

沿一条曲线扭曲图像。通过拖动框中的线条来指定曲线。可以调整曲线上的任何一点。单击“默认”可将曲线恢复为直线。另外，选取如何处理未扭曲的区域。

10. 球面化

通过将选区折成球形、扭曲图像以及伸展图像以适合选中的曲线，使对象具有 3D 效果。

11. 水波

根据选区中像素的半径将选区径向扭曲。“起伏”选项设置水波方向从选区的中心到其边缘的反转次数。还要指定如何置换像素：“水池波纹”将像素置换到左上方或右下方，“从中心向外”向着或远离选区中心置换像素，而“围绕中心”围绕中心旋转像素。

12. 旋转扭曲

旋转选区，中心的旋转程度比边缘的旋转程度大。指定角度时可生成旋转扭曲图案。

13. 置换

使用名为置换图的图像确定如何扭曲选区。例如，使用抛物线形的置换图创建的图像看上去像是印在一块两角固定悬垂的布上。

扭曲滤镜效果如图 9-17 所示。

9.1.11 锐化滤镜

“锐化”滤镜通过增加相邻像素的对比度来聚焦模糊的图像。锐化和进一步锐化聚焦选区并提高其清晰度。“进一步锐化”滤镜比“锐化”滤镜应用更强的锐化效果。

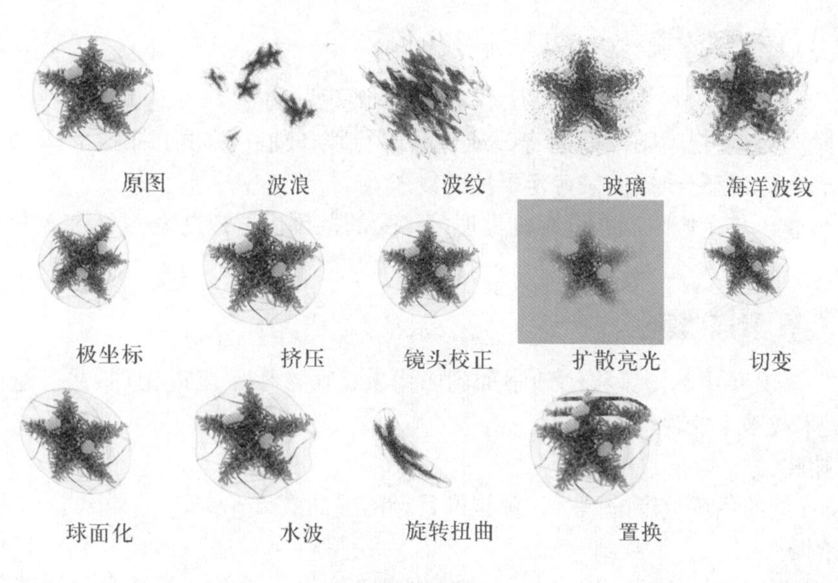

图9－17

锐化边缘和USM锐化：查找图像中颜色发生显著变化的区域，然后将其锐化。“锐化边缘”滤镜只锐化图像的边缘，同时保留总体的平滑度。使用此滤镜在不指定数量的情况下锐化边缘。对于专业色彩校正，可使用“USM锐化”滤镜调整边缘细节的对比度，并在边缘的每侧生成一条亮线和一条暗线。此过程将使边缘突出，造成图像更加锐化的错觉。

智能锐化：通过设置锐化算法或控制阴影和高光中的锐化量来锐化图像。

锐化滤镜效果如图9－18所示。

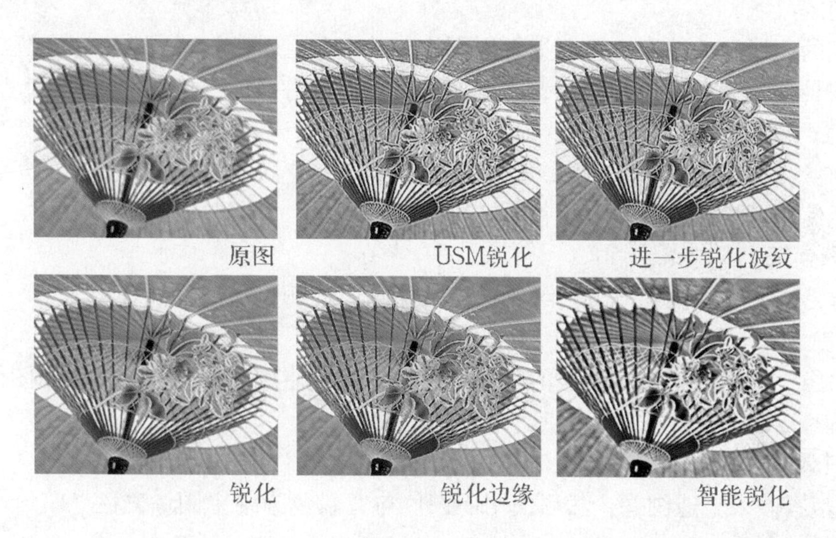

图9－18

9.1.12 视频滤镜

“视频”子菜单包含“逐行”滤镜和“NTSC 颜色”滤镜。

逐行：通过移去视频图像中的奇数或偶数隔行线，使在视频上捕捉的运动图像变得平滑。可以选择通过复制或插值来替换扔掉的线条。

NTSC 颜色：将色域限制在电视机重现可接受的范围内，以防止过饱和颜色渗到电视扫描行中。

9.1.13 素描滤镜

“素描”子菜单中的滤镜将纹理添加到图像上，通常用于获得 3D 效果。这些滤镜还适用于创建美术或手绘外观。

1. 半调图案

在保持连续的色调范围的同时，模拟网目调网屏的效果。

2. 便条纸

创建如用手工制作的纸张构建的图像。此滤镜简化了图像，并结合使用“风格化” > “浮雕”和“纹理” > “颗粒”滤镜的效果。图像的暗区显示为纸张上层中的洞，使背景色显示出来。

3. 粉笔和炭笔

重绘高光和中间调，并使用粗糙粉笔绘制纯中间调的灰色背景。阴影区域用黑色对角炭笔线条替换。炭笔用前景色绘制，粉笔用背景色绘制。

4. 铬黄

渲染图像，就好像它具有擦亮的铬黄表面。高光在反射表面上是高点，阴影是低点。应用此滤镜后，使用“色阶”对话框可以增加图像的对比度。

5. 绘图笔

使用细的、线状的油墨描边以捕捉原图像中的细节。对于扫描图像，效果尤其明显。此滤镜使用前景色作为油墨，并使用背景色作为纸张，以替换原图像中的颜色。

6. 基底凸现

变换图像，使之呈现浮雕的雕刻状和突出光照下变化各异的表面。图像的暗区呈现前景色，而浅色使用背景色。

7. 水彩画纸

利用有污点的、像画在潮湿的纤维纸上的涂抹，使颜色流动并混合。

8. 撕边

重建图像，使之由粗糙、撕破的纸片状组成，然后使用前景色与背景色为图像着色。对于文本或高对比度对象，此滤镜尤其有用。

9. 塑料效果

按 3D 塑料效果塑造图像，然后使用前景色与背景色为结果图像着色。暗区凸起，亮区凹陷。

10. 炭笔

产生色调分离的涂抹效果。主要边缘以粗线条绘制，而中间色调用对角描边进行素描。

炭笔是前景色，背景是纸张颜色。

11. **炭精笔**

在图像上模拟浓黑和纯白的炭精笔纹理。“炭精笔”滤镜在暗区使用前景色，在亮区使用背景色。为了获得更逼真的效果，可以在应用滤镜之前将前景色改为常用的“炭精笔”颜色（黑色、深褐色和血红色）。要获得减弱的效果，请将背景色改为白色，在白色背景中添加一些前景色，然后再应用滤镜。

12. **图章**

简化了图像，使之看起来就像是用橡皮或木制图章创建的一样。此滤镜用于黑白图像时效果最佳。

13. **网状**

模拟胶片乳胶的可控收缩和扭曲来创建图像，使之在阴影呈结块状，在高光呈轻微颗粒化。

14. **影印**

模拟影印图像的效果。大的暗区趋向于只拷贝边缘四周，而中间色调要么纯黑色，要么纯白色。

素描滤镜效果如图 9－19 所示。

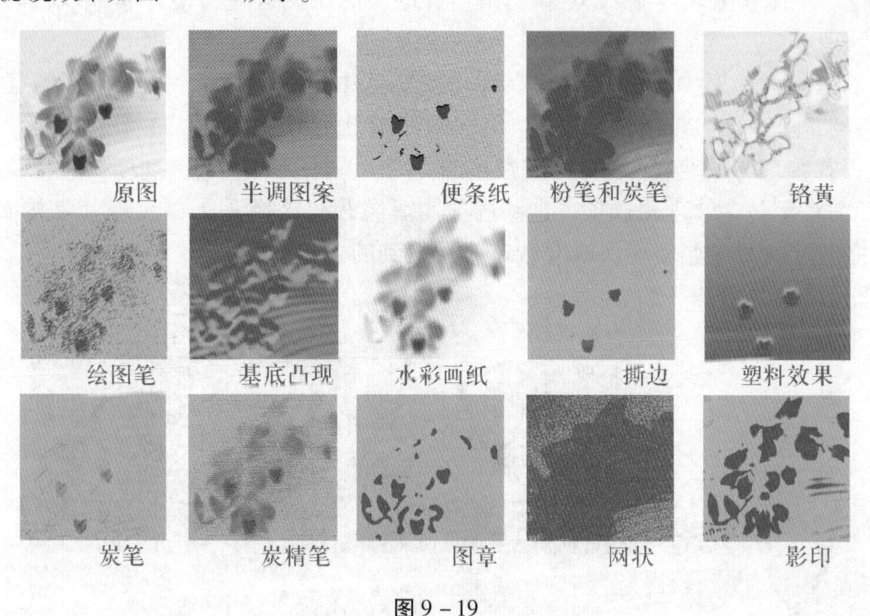

图 9－19

9.1.14 纹理滤镜

“纹理”滤镜可用于模拟具有深度感或物质感的外观，或者添加一种器质外观。

1. **龟裂缝**

将图像绘制在一个高凸现的石膏表面上，以循着图像等高线生成精细的网状裂缝。使用此滤镜可以对包含多种颜色值或灰度值的图像创建浮雕效果。

2. **颗粒**

通过模拟以下不同种类的颗粒在图像中添加纹理：常规、软化、喷洒、结块、强反差、扩大、点刻、水平、垂直和斑点（可从“颗粒类型”菜单中进行选择）。

3. **马赛克拼贴**

渲染图像，使它看起来是由小的碎片或拼贴组成，然后在拼贴之间灌浆。（相反，“像素化”>“马赛克”滤镜将图像分解成各种颜色的像素块。）

4. **拼缀图**

将图像分解为用图像中该区域的主色填充的正方形。此滤镜随机减小或增大拼贴的深度，以模拟高光和阴影。

5. **染色玻璃**

将图像重新绘制为用前景色勾勒的单色的相邻单元格。

6. **纹理化**

将选择或创建的纹理应用于图像。

（1）载入滤镜的图像和纹理。为了生成滤镜效果，有些滤镜会载入和使用其他图像，如纹理和置换图。这些滤镜包括“炭精笔”、“置换”、“玻璃”、“光照效果”、“粗糙蜡笔”、“纹理填充”、“纹理化”、“底纹效果”和“自定”滤镜。这些滤镜并非都以相同的方式载入图像或纹理。

在“滤镜”对话框中，从“纹理”弹出式菜单中选取“载入纹理”，找到并打开纹理图像。所有纹理必须是 Photoshop 格式。大多数滤镜只使用颜色文件的灰度信息。

（2）设置纹理与玻璃表面控制。“粗糙蜡笔”、“底纹效果”、“玻璃”、“炭精笔”和“纹理化”滤镜都包含纹理化选项。这些选项使图像看起来像是画在纹理（如画布和砖块）上，或是像透过表面（如玻璃块或磨砂玻璃）看到的。

纹理滤镜效果如图 9－20 所示。

图 9－20

9.1.15 像素化滤镜

1. 彩块化

使纯色或相近颜色的像素结成相近颜色的像素块。可以使用此滤镜使扫描的图像看起来像手绘图像，或使现实主义图像类似抽象派绘画。

2. 彩色半调

模拟在图像的每个通道上使用放大的网目调网屏的效果。对于每个通道，滤镜将图像划分为矩形，并用圆形替换每个矩形。圆形的大小与矩形的亮度成比例。

3. 点状化

将图像中的颜色分解为随机分布的网点，如同点状化绘画一样，并使用背景色作为网点之间的画布区域。

4. 晶格化

使像素结块形成多边形纯色。

5. 马赛克

使像素分解为方形块。给定块中的像素颜色相同，块颜色代表选区中的颜色。

6. 碎片

创建选区中像素的四个副本，将它们平均，并使其相互偏移。

7. 铜版雕刻

将图像转换为黑白区域的随机图案或彩色图像中完全饱和颜色的随机图案。要使用此滤镜，请从“铜版雕刻”对话框中的“类型”菜单选取一种网点图案。

像素化滤镜效果如图9－21所示。

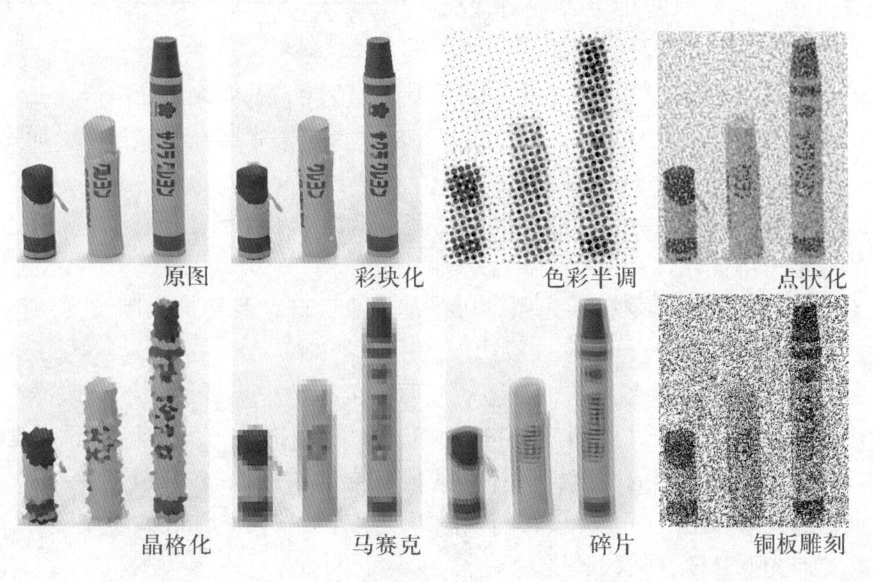

图9－21

9.1.16 渲染滤镜

“渲染”滤镜在图像中创建3D形状、云彩图案、折射图案和模拟的光反射。也可在3D空间中操纵对象，创建3D对象（立方体、球面和圆柱），并从灰度文件创建纹理填充以产生类似3D的光照效果。

1. 分层云彩

使用随机生成的介于前景色与背景色之间的值，生成云彩图案。此滤镜将云彩数据和现有的像素混合，其方式与“差值”模式混合颜色的方式相同。第一次选取此滤镜时，图像的某些部分被反相为云彩图案。应用此滤镜几次之后，会创建出与大理石的纹理相似的凸缘与叶脉图案。当应用“分层云彩”滤镜时，现用图层上的图像数据会被替换。

2. 光照效果

选取“滤镜”>“渲染”>“光照效果”，光照效果对话框如图9-22所示。

（1）使用“光照效果”对话框中的“样式”菜单从17种光照样式中选取，也可以通过将光照添加到“默认”设置来创建自己的光照样式。“光照效果”滤镜至少需要一个光源。一次只能编辑一种光，但是所有添加的光都将用于产生效果。

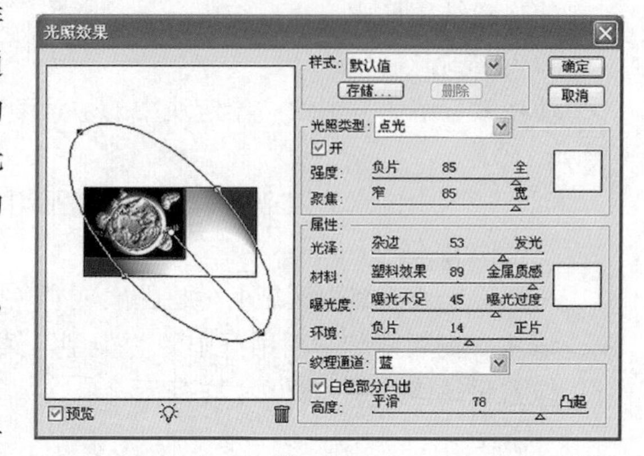

图9-22

（2）对于“光照类型”，选取一种类型。如果要使用多种光照，选择或取消选择“开”以打开或关闭各种照射光。

全光源：使光在图像的正上方向各个方向照射，就像一张纸上方的灯泡一样。

平行光：从远处照射光，这样光照角度不会发生变化，就像太阳光一样。

点光：投射一束椭圆形的光柱。预览窗口中的线条定义光照方向和角度，而手柄定义椭圆边缘。

要更改光照颜色，可在对话框的“光照类型”区域中单击颜色框。“常规首选项”对话框中所选的拾色器将打开。

（3）调整全光源光照。要移动光照，可拖动中央圆圈；要增加或减少光照的大小（像移近或移远光照一样），可拖动定义效果边缘的手柄之一。

（4）使用预览窗口调整平行光。要移动光照，可拖动中央圆圈；要更改光照方向，可拖动线段末端的手柄以旋转光照角度；按住“Ctrl”键并拖动，可以将光照高度（线段长度）保持不变；要更改光照的高度，可拖动线段末端的手柄。缩短线段则变亮，延长线段则变暗。极短的线段产生纯白光，极长的线段不产生光。按住“Shift”键并拖动，可以保持角度不变并更改光照高度（线段长度）。

（5）使用预览窗口调整点光。要移动光照，可拖动中央圆圈；要增大光照角度，可拖动手柄缩短线段。要减小光照角度，可拖动手柄延长线段；要拉长椭圆或旋转光照，可拖动其中一个手柄。

（6）添加或删除光照。要添加光照，可将对话框底部的光照图标拖动到预览区域，按需要重复，最多可获得 16 种光照；要删除光照，可拖动光照的中央圆圈，将光照拖动到预览窗口右下角的“删除”图标中。

（7）创建、存储或删除光照效果样式。要创建样式，可选取“样式”中的“默认值”，并将对话框底部的灯泡图标拖动到预览区域。按需要重复，最多可获得 16 种光照；要存储样式，可单击“存储”，命名该样式，然后单击“确定”。

（8）在光照效果中使用纹理通道。“光照效果”对话框中的“纹理通道”可让使用作为 Alpha 通道添加到图像中的灰度图像（称作凹凸图）控制光照效果。可以将任何灰度图像作为 Alpha 通道添加到图像中，也可创建新的 Alpha 通道并向其中添加纹理。要得到浮雕式文本效果，可使用黑色背景上有白色文本的通道，或者使用白色背景上有黑色文本的通道。必要时，可以向图像中添加 Alpha 通道。

3. **镜头光晕**

模拟亮光照射到像机镜头所产生的折射。通过单击图像缩览图的任一位置或拖动其十字线，指定光晕中心的位置。

4. **纤维**

使用前景色和背景色创建编织纤维的外观。可以使用“差异”滑块来控制颜色的变化方式（较低的值会产生较长的颜色条纹；而较高的值会产生非常短且颜色分布变化更大的纤维）。“强度”滑块控制每根纤维的外观。低设置会产生松散的织物，而高设置会产生短的绳状纤维。单击“随机化”按钮可更改图案的外观；可多次单击该按钮，直到看到喜欢的图案。当应用“纤维”滤镜时，现用图层上的图像数据会被替换。

5. **云彩**

使用介于前景色与背景色之间的随机值，生成柔和的云彩图案。要生成色彩较为分明的云彩图案，请按住“Alt”键，然后选取“滤镜” > “渲染” > “云彩”。当应用“云彩”滤镜时，现用图层上的图像数据会被替换。

渲染滤镜效果如图 9－23 所示。

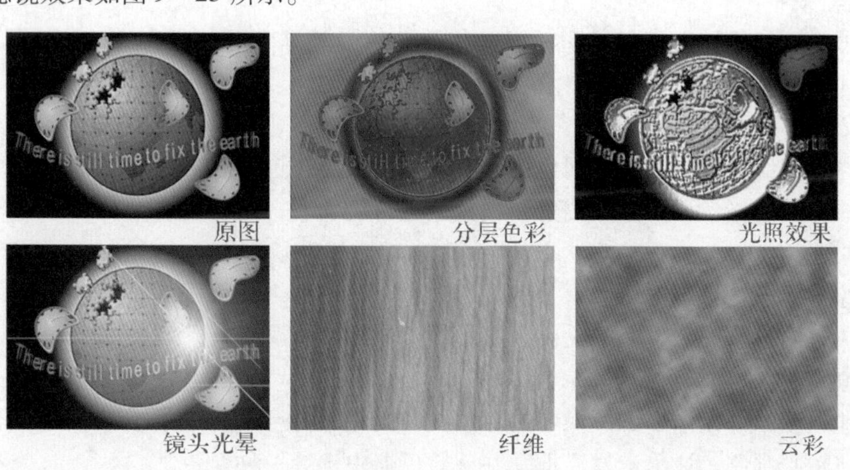

图 9－23

9.1.17 艺术效果滤镜

“艺术效果”子菜单中的滤镜可用于帮助为美术或商业项目制作绘画效果或艺术效果。

1. 壁画

使用短而圆的、粗略涂抹的小块颜料，以一种粗糙的风格绘制图像。

2. 彩色铅笔

使用彩色铅笔在纯色背景上绘制图像。保留重要边缘，外观呈粗糙阴影线；纯色背景色透过比较平滑的区域显示出来。要制作羊皮纸效果，可在将“彩色铅笔”滤镜应用于选中区域之前更改背景色。

3. 粗糙蜡笔

在带纹理的背景上应用粉笔描边。在亮色区域，粉笔看上去很厚，几乎看不见纹理；在深色区域，粉笔似乎被擦去了，使纹理显露出来。

4. 底纹效果

在带纹理的背景上绘制图像，然后将最终图像绘制在该图像上。

5. 调色刀

减少图像中的细节以生成描绘得很淡的画布效果，可以显示出下面的纹理。

6. 干画笔

使用干画笔技术（介于油彩和水彩之间）绘制图像边缘。此滤镜通过将图像的颜色范围降到普通颜色范围来简化图像。

7. 海报边缘

根据设置的海报化选项减少图像中的颜色数量（对其进行色调分离），并查找图像的边缘，在边缘上绘制黑色线条。大而宽的区域有简单的阴影，而细小的深色细节遍布图像。

8. 海绵

使用颜色对比强烈、纹理较重的区域创建图像，以模拟海绵绘画的效果。

9. 绘画涂抹

使用可以选取各种大小（从1～50）和类型的画笔来创建绘画效果。画笔类型包括简单、未处理光照、暗光、宽锐化、宽模糊和火花。

10. 胶片颗粒

将平滑图案应用于阴影和中间色调。将一种更平滑、饱和度更高的图案添加到亮区。在消除混合的条纹和将各种来源的图素在视觉上进行统一时，此滤镜非常有用。

11. 木刻

使图像看上去好像是由从彩纸上剪下的边缘粗糙的剪纸片组成的。高对比度的图像看起来呈剪影状，而彩色图像看上去是由几层彩纸组成的。

12. 霓虹灯光

将各种类型的灯光添加到图像中的对象上。此滤镜用于在柔化图像外观时给图像着色。要选择一种发光颜色，请单击发光框，并从拾色器中选择一种颜色。

13. 水彩

以水彩的风格绘制图像，使用蘸了水和颜料的中号画笔绘制以简化细节。当边缘有显著的色调变化时，此滤镜会使颜色饱满。

14. **塑料包装**

给图像涂上一层光亮的塑料，以强调表面细节。

15. **涂抹棒**

使用短的对角描边涂抹暗区以柔化图像。亮区变得更亮，以致失去细节。

艺术效果滤镜效果如图9－24所示。

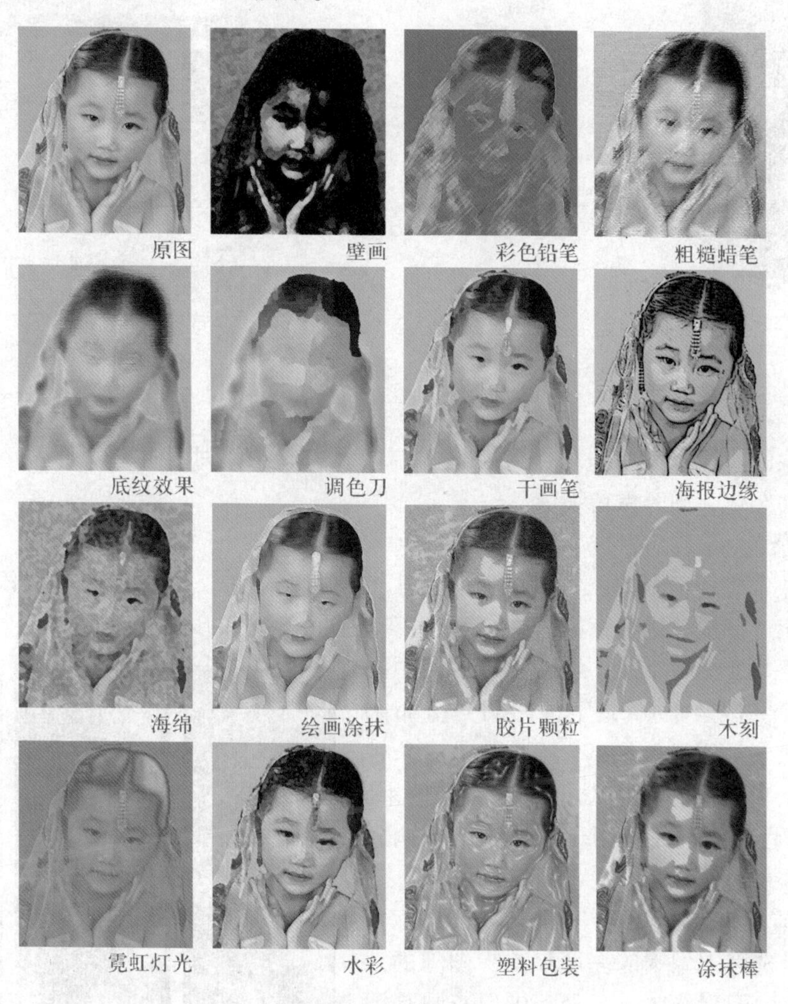

图9－24

9.1.18 杂色滤镜

“杂色”滤镜添加或移去杂色或带有随机分布色阶的像素，这有助于将选区混合到周围的像素中。“杂色”滤镜可创建与众不同的纹理或移去有问题的区域，如灰尘和划痕。

1. **减少杂色**

在基于影响整个图像或各个通道的用户设置保留边缘的同时减少杂色。对话框如图9－25所示。

2. **蒙尘与划痕**

通过更改相异的像素减少杂色。为了在锐化图像和隐藏瑕疵之间取得平衡，可以尝试“半径”与“阈值”设置的各种组合，或者在图像的选中区域应用此滤镜。对话框如图 9－26所示。

图 9－25

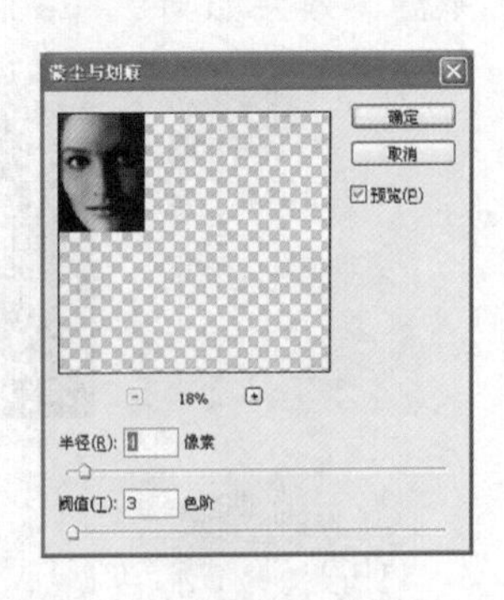

图 9－26

3. **去斑**

检测图像的边缘（发生显著颜色变化的区域）并模糊除那些边缘外的所有选区。该模糊操作会移去杂色，同时保留细节。

4. **添加杂色**

将随机像素应用于图像，模拟在高速胶片上拍照的效果。也可以使用“添加杂色”滤镜来减少羽化选区或渐进填充中的条纹，或使经过重大修饰的区域看起来更真实。杂色分布选项包括“平均”和“高斯”。“平均”使用随机数值（介于0 以及正/负指定值之间）分布杂色的颜色值以获得细微效果。“高斯”沿一条钟形曲线分布杂色的颜色值以获得斑点状的效果。“单色”选项将此滤镜只应用于图像中的色调元素，而不改变颜色。

5. **中间值**

通过混合选区中像素的亮度来减少图像的杂色。此滤镜搜索像素选区的半径范围以查找亮度相近的像素，扔掉与相邻像素差异太大的像素，并用搜索到的像素的中间亮度值替换中心像素。此滤镜在消除或减少图像的动感效果时非常有用。

杂色滤镜效果如图 9－27 所示。

图 9－27

9.1.19 其他滤镜

“其他”子菜单中的滤镜允许创建自己的滤镜、使用滤镜修改蒙版、在图像中使选区发生位移和快速调整颜色。

1. 高反差保留

在有强烈颜色转变发生的地方按指定的半径保留边缘细节，并且不显示图像的其余部分。(0.1 像素半径仅保留边缘像素。) 此滤镜移去图像中的低频细节，效果与“高斯模糊”滤镜相反。在使用“阈值”命令或将图像转换为位图模式之前，将“高反差”滤镜应用于连续色调的图像将很有帮助。此滤镜对于从扫描图像中取出的艺术线条和大的黑白区域非常有用。高反差保留滤镜效果如图 9－28 所示。

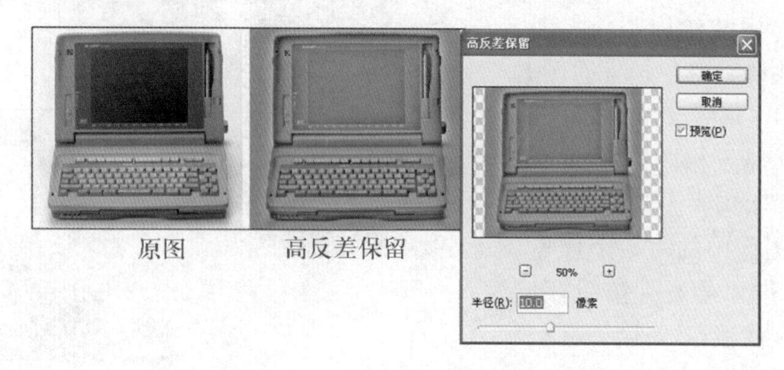

图 9－28

2. 位移

将选区移动指定的水平量或垂直量，而选区的原位置变成空白区域。可以用当前背景色、图像的另一部分填充这块区域，或者如果选区靠近图像边缘，也可以使用所选择的填充内容进行填充。位移滤镜效果如图 9－29 所示。

3. 自定

可以用来设计自己的滤镜效果。使用“自定”滤镜，根据预定义的数学运算（称为卷积），可以更改图像中每个像素的亮度值。根据周围的像素值为每个像素重新指定一个值。此操作与通道的加、减计算类似。可以存储创建的自定滤镜，并将它们用于其他 Photoshop 图像。

创建自定滤镜步骤如下：

(1) 选取“滤镜” ＞ “其他” ＞ “自定”。“自定”对话框显示出文本框组成的网格，如图 9－30 所示，可以在这些文本框中输入数值。

图 9－29

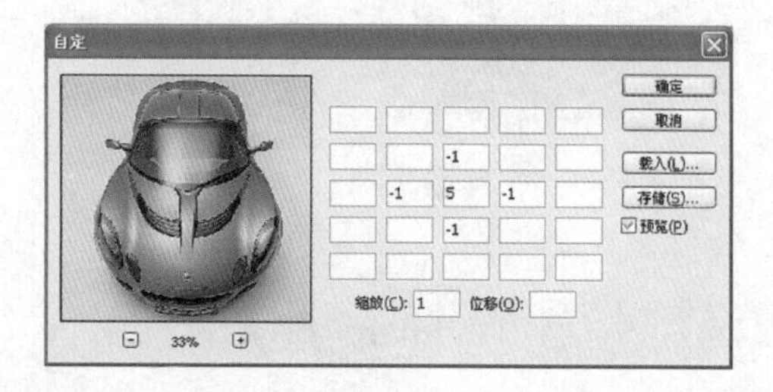

图 9－30

（2）选择正中间的文本框，它代表要进行计算的像素。输入要与该像素的亮度值相乘的值，值范围是 -999 ~ +999。

（3）选择代表相邻像素的文本框。输入要与该位置的像素相乘的值。例如，要将紧邻当前像素右侧的像素亮度值乘 2，可在紧邻中间文本框右侧的文本框中输入 2。

（4）对所有要进行计算的像素重复步骤 2 和 3。不必在所有文本框中都输入值；对于“缩放”，输入一个值，用该值去除计算中包含的像素的亮度值的总和；对于“位移”，输入要与缩放计算结果相加的值。

（5）单击“确定”。自定滤镜随即逐个应用到图像中的每一个像素。使用“存储”和“载入”按钮存储和重新使用自定滤镜。

实施“自定”滤镜效果如图9 -31所示。

图 9 -31

4. **最大值**

对于修改蒙版非常有用。“最大值”滤镜有应用阻塞的效果：展开白色区域和阻塞黑色区域。与“中间值”滤镜一样，“最大值”滤镜针对选区中的单个像素。在指定半径内，“最大值”滤镜用周围像素的最高亮度值替换当前像素的亮度值。实施“最大值”滤镜效果如图 9 -32 所示。

5. **最小值**

“最小值”滤镜有应用伸展的效果：展开黑色区域和收缩白色区域。在指定半径内，“最小值”滤镜用周围像素的最低亮度值替换当前像素的亮度值。实施“最小值”滤镜效果如图 9 -33 所示。

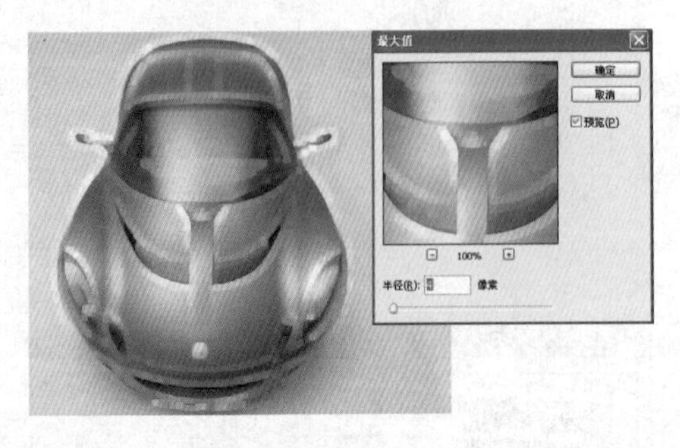

图 9 -32

图 9 -33

9.1.20 Digimarc 滤镜

“Digimarc”滤镜将数字水印嵌入到图像中以储存版权信息。

9.2 实例——制作西瓜

本实例主要练习本章所学知识，综合练习滤镜的应用。

1. 新建文件

(1) 按“Ctrl + N”键，在弹出的“新建”对话框中设置宽度为10 cm，高度为10 cm，分辨率为300像素/英寸，色彩模式为RGB颜色，背景色为白色，建立新文件。

(2) 执行“文件” > “存储为”(快捷键“Ctrl + Shift + S”)，存储该文件为“西瓜”，PSD格式。

2. 制作西瓜外皮

(1) 新建一个文件，在工具箱的下方将前景色设置为绿色RGB分别为100、135、30，按“Alt + 空格键 (Backspace)”，用前景色填充背景图层，效果如图9-34所示。

(2) 在图层面板下方单击创建新图层按钮，生成新的图层“图层1”。在工具箱的下方设置前景色和背景色为黑色和白色。选择菜单栏中的“滤镜” > “渲染” > “云彩”命令，图像效果如图9-35所示。

(3) 执行菜单栏中的“滤镜”>“风格化”>“查找边缘”命令，图像效果如图9-36所示。

图9-34

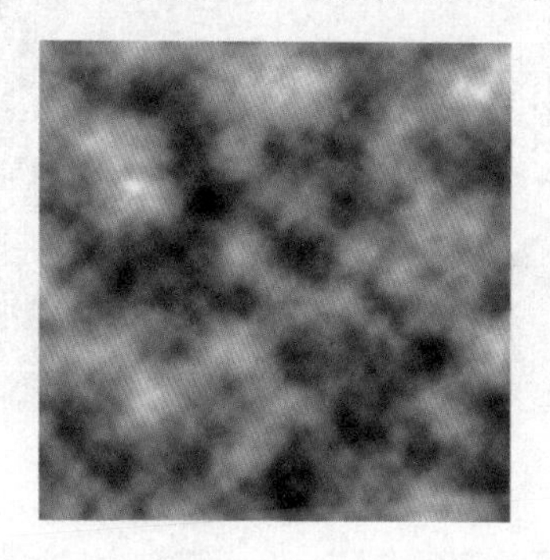

图9-35

图9-36

(4) 执行菜单栏中的“滤镜” > “素描” > “网状”命令，在弹出的网状对话框中，将浓度选项设置为50，前景色阶为2，背景色阶为2，图像效果如图9-37所示。

(5) 在图层控制面板上方，将“图层1”的图层混合模式设置为正片叠底，不透明度设置为40%，图像效果如图9-38所示。

(6) 在图层控制面板下方单击创建新的图层按钮，生成新的图层“图层2”，设置前景色为深绿色RGB分别为50、85、25，选择工具箱中的画笔工具，在属性栏中设置笔刷大小为45，在窗口中绘制西瓜皮上的竖纹，效果如图9-39所示。

(7) 执行菜单栏中的“滤镜” > “模糊” > “高斯模糊”命令，在弹出的高斯模糊对话框中，将半径选项设置为12，图像效果如图9-40所示。

(8) 执行菜单栏中的“滤镜” > “扭曲” > “波纹”命令，在弹出的波纹对话框中，将数量设置为630，大小设置为中，图像效果如图9-41所示。

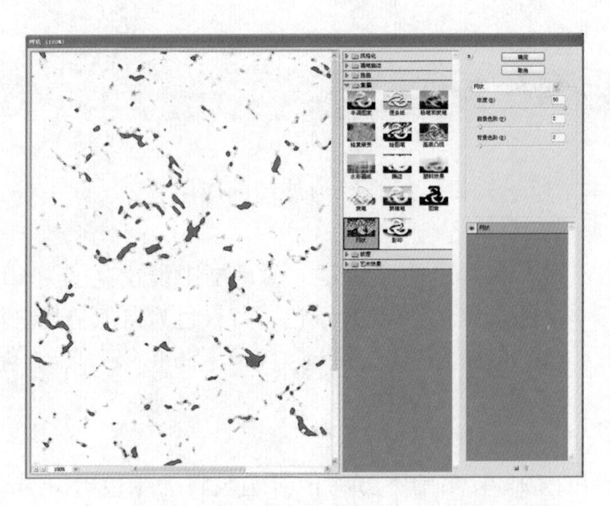

图 9－37

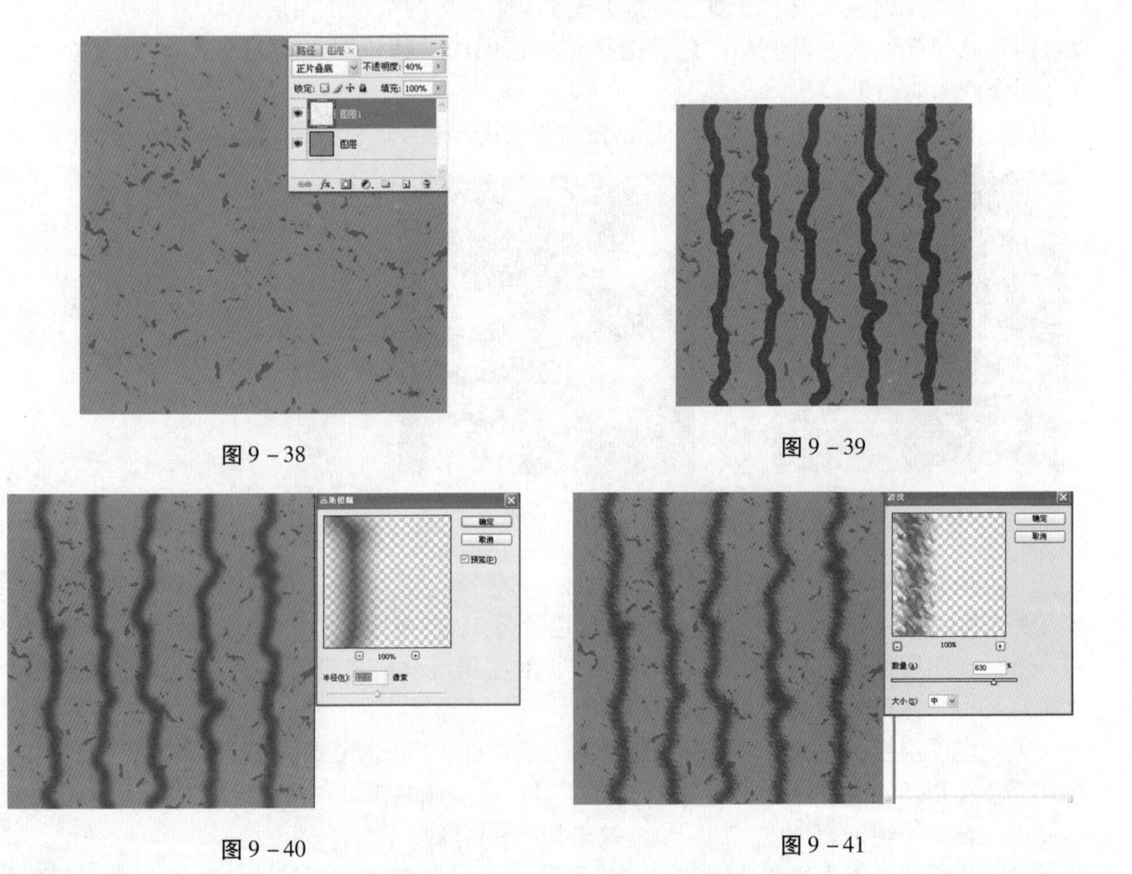

图 9－38

图 9－39

图 9－40

图 9－41

（9）新建“图层 3”，设置前景色为黄色 RGB 分别为 210、185、130，选择工具箱中的画笔工具，在属性栏中将笔刷设置为虚边，在画面中绘制纹理，效果如图 9－42 所示。

（10）在图层面板中，将“图层 3”拖曳到“图层”的上方，将“图层 3”的混合模式设置为强光，不透明度设置为 65，图像效果如图 9－43 所示。

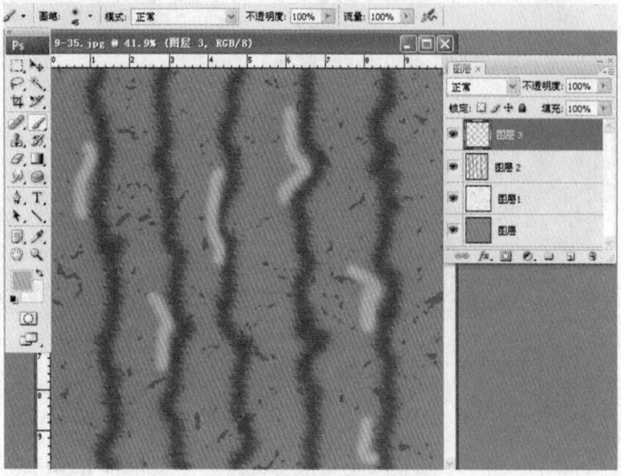

图 9－42

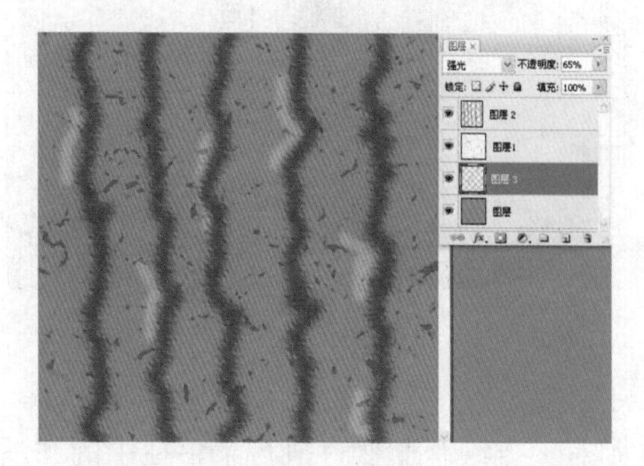

图 9－43

3. 制作西瓜外形

（1）合并所有的图层为“图层 1”。选择工具箱中的椭圆选框工具，在图像中拖出一个椭圆选区，按“Ctrl＋J”键将选区内的部分复制粘贴到一个新的图层“图层 2”中，并将“图层 1”填充白色，图像效果如图 9－44 所示。

（2）按“Ctrl”键单击“图层 2”载入选区，执行菜单栏中的“滤镜”＞“扭曲”＞“球面化”命令，在弹出的球面化对话框中将数量设置为 100%，单击“确定”，图像效果如图 9－45 所示。

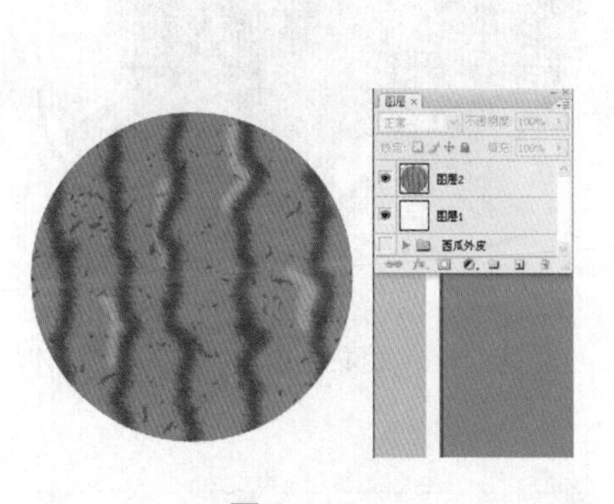

图 9－44

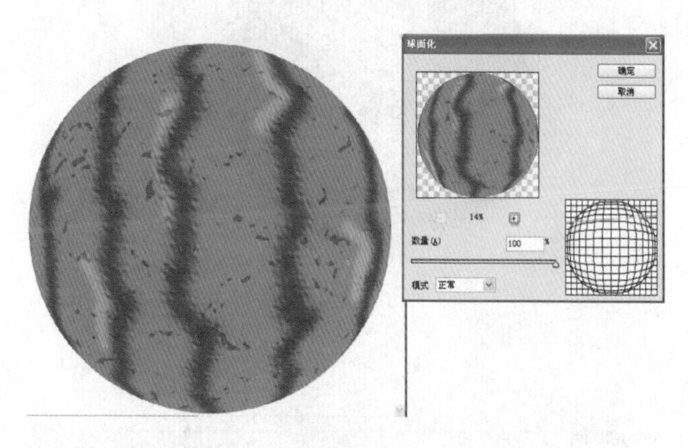

图 9－45

（3）在图层面板中单击创建新图层按钮，生成新图层“图层 3”，选择工具箱中的渐变工具，在属性栏中选中径向渐变按钮，渐变色设置为从白色到黑色，在按住“Ctrl”键单击“图层 2”图标载入西瓜选区，在“图层 3”中从左上方到右下方进行拖曳，图像效果如图 9－46所示。

（4）将图层 3 的图层混合模式设置为“叠加”，图像效果如图 9－47 所示。

（5）选中“图层 2”，添加“图层样式”＞“阴影”，在“图层 1”上方新建“图层 4”，选择工具箱中的椭圆选框工具，在窗口中绘制椭圆；执行菜单栏中的“选择”“变换选区”命令，将选区进行旋转；选择工具箱中的渐变工具，设置渐变色为黑色到灰色，从左下

图 9 - 46

图 9 - 47

方到右上方绘制渐变；执行菜单栏中的“滤镜” > “模糊” > “高斯模糊” 命令，图像最终效果如图 9 - 48 所示。

4. 制作西瓜叶和切开的西瓜

想想用什么滤镜可以形成红西瓜质感，最终效果如图 9 - 49 所示。

图 9 - 48

图 9 - 49

9.3 专家建议

1. 滤镜应用范围

滤镜应用于现用的可见图层或选区，不能将滤镜应用于位图模式或索引颜色的图像。选取滤镜的基本原则如下：

（1）所有滤镜都可以单独应用于 8 位图像，可以通过“滤镜库” 累积应用大多数滤镜。

（2）有些滤镜只对 RGB 图像起作用。

（3）可以将下列滤镜应用于 16 位图像：液化、消失点、平均模糊、模糊、进一步模糊、方框模糊、高斯模糊、镜头模糊、动感模糊、径向模糊、表面模糊、形状模糊、镜头校正、添加杂色、去斑、蒙尘与划痕、中间值、减少杂色、纤维、云彩1、云彩2、镜头光晕、锐化、锐化边缘、进一步锐化、智能锐化、USM锐化、浮雕效果、查找边缘、曝光过度、逐行、NTSC颜色、自定、高反差保留、最大值、最小值以及位移。

（4）可以将下列滤镜应用于32位图像：平均模糊、方框模糊、高斯模糊、动感模糊、径向模糊、形状模糊、表面模糊、添加杂色、云彩1、云彩2、镜头光晕、智能锐化、USM锐化、逐行、NTSC颜色、浮雕效果、高反差保留、最大值、最小值以及位移。

（5）有些滤镜完全在内存中处理。如果可用于处理滤镜效果的内存不够，系统将会弹出一条错误消息。

2. 如何提高计算机滤镜使用性能

有些滤镜效果可能占用大量内存，特别是应用于高分辨率的图像时。可以执行下列任一操作以提高性能：

（1）在一小部分图像上试验滤镜和设置。

（2）如果图像很大，并且存在内存不足的问题，则将效果应用于单个通道，例如应用于每个RGB通道。有些滤镜应用于单个通道的效果与应用于复合通道的效果是不同的，特别是当滤镜随机修改像素时。

（3）在运行滤镜之前先使用“清理”命令释放内存。

（4）将更多的内存分配给Photoshop。如有必要，可退出其他应用程序，以便为Photoshop提供更多的可用内存。

（5）尝试更改设置以提高占用大量内存的滤镜的速度，如“光照效果”、“木刻”、“染色玻璃”、“铬黄”、“波纹”、“喷溅”、“喷色描边”和“玻璃”滤镜。例如，对于“染色玻璃”滤镜，可增大单元格大小；对于“木刻”滤镜，可增大“边简化度”或减小“边逼真度”，或两者同时更改。

（6）如果将在灰度打印机上打印，最好在应用滤镜之前先将图像的一个副本转换为灰度图像。如果将滤镜应用于彩色图像然后再转换为灰度，所得到的效果可能与该滤镜直接应用于此图像的灰度图的效果不同。

9.4 自我探索与知识拓展

（1）本章主要利用“滤镜”命令结合前面章节学过的其他命令制作了几种在实际工作中经常用到的特殊效果，通过这几个例子的学习，相信大家对“滤镜”命令也有了大体的了解。对于众多的“滤镜”命令就不再逐一进行讲解了，大家可以自己逐个地进行效果试验，看其他命令能够出现什么效果，尝试得多了也就会熟悉每个命令的功能和用法了，课后希望大家多看“滤镜”效果范例，以达到开阔思路的目的。

（2）了解“各种滤镜”效果的特点，其中像素化滤镜、扭曲滤镜、杂色滤镜、模糊滤镜、渲染滤镜和画笔描边滤镜等6个滤镜组中各个滤镜命令的作用及参数设置方法，应结合上机实战能灵活运用“各种滤镜”选项进行各种图像特殊效果的制作。

（3）上机练习如下图像：“滤镜练习——动感文字”和“滤镜练习——花朵绘制”，并对自己的照片运用滤镜创作成动漫效果。

第10章 Photoshop 动画基础

学习要点

◇掌握 Photoshop 中的动画概念及创建使用方法。

◇掌握 Photoshop 中常用的动画制作方法。

10.1 Photoshop 动画基础知识

动画是在一段时间内显示的一系列图像或帧。每一帧较前一帧都有轻微的变化，当连续、快速地显示这些帧时就会产生运动或其他变化的错觉，利用视觉暂留形成连续影像。动画播放速度的单位是 fps（Frame Per Second），即每秒多少帧。在 Photoshop Extended 中，可以在帧动画模式或时间轴动画模式中使用“动画”调板。帧模式将显示 Photoshop 文档的帧持续时间和图层动画属性。时间轴模式将在一个时间轴中显示视频和动画的帧持续时间以及关键帧图层属性。

10.1.1 动画的设计思维

1. 图层的组织

（1）合理安排好每个图层内容。

（2）合理处理图层间关系。

2. 动画元件安排

动画需要优秀的创意，通常一个动画都表达一个故事情节，对构成动画的元件（演员）需做一定的说明。

3. 循环设定

就是有些场合下可以使用无限循环的动画，而有些场合则不适合。

4. 网页位置

通常把只播放一次的动画放在网页的上部，这样一进入网页就可以看到。

10.1.2 动画调板

1. 帧模式“动画”调板

执行“窗口” > “动画”，“动画”调板以帧模式出现，见图 10 - 1，并显示动画中的每个帧的缩览图。使用调板底部的工具可浏览各个帧，设置循环选项（一次、永远、其他），添加和删除帧以及预览动画。图中标志为：A 为选择第一个帧；B 为选择上一个帧；C

为播放动画；D 为选择下一个帧；E 为过渡动画帧；F 为复制选定的帧；G 为删除选定的帧；H 为转换为时间轴模式（仅 Photoshop Extended）。“动画”调板菜单包含用于编辑帧或时间轴持续时间以及用于配置调板外观的其他命令，单击调板菜单图标可查看可用命令。

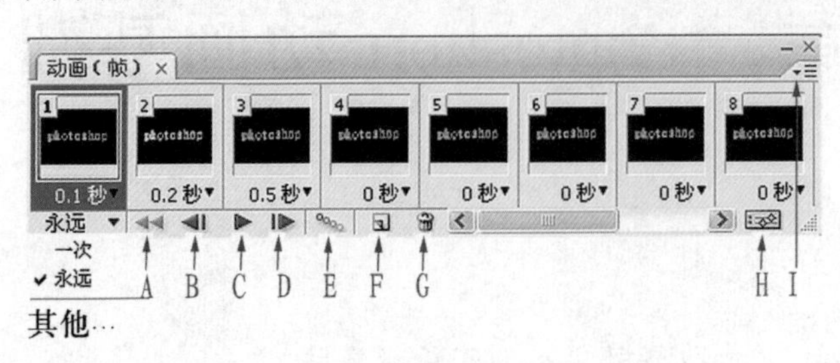

图 10－1

2. **帧模式控件**

在帧模式中，“动画”调板包含下列控件。

“循环选项”：设置动画在作为动画 GIF 文件导出时的播放次数。

“帧延迟时间”：设置帧在回放过程中的持续时间。

“过渡动画帧”：在两个现有帧之间添加一系列帧，并让新帧之间的图层属性均匀变化。

“复制选定的帧”：通过复制“动画”调板中选定的帧以向动画添加帧。

“转换为时间轴动画”：使用用于将图层属性表示为动画的关键帧将帧动画转换为时间轴动画。

3. **时间轴模式“动画”调板**

在 Photoshop Extended 中，时间轴模式显示文档图层的帧持续时间和动画属性。如图 10－2所示时间轴模式“动画”调板，A 为缩小；B 为缩放滑块；C 为放大；D 为切换洋葱皮；E 为删除关键帧；F 为转换为帧动画。

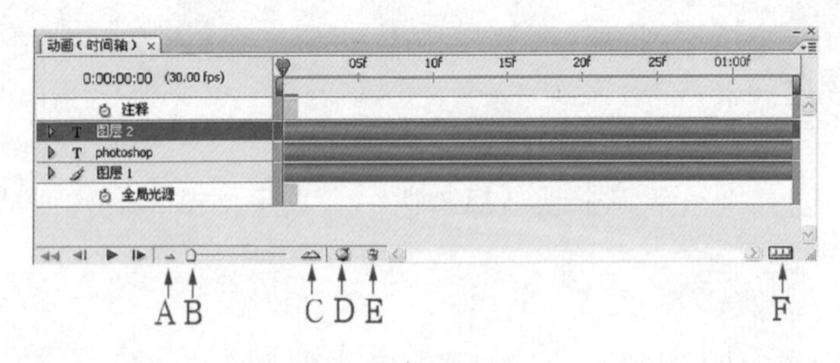

图 10－2

4. **时间轴模式控件**

在时间轴模式中，“动画”调板包含下列功能和控件。

“缓存帧指示器”：显示一个绿条以指示进行缓存以便回放的帧。

“注释轨道”：从“调板”菜单中选择“编辑时间轴注释”可在当前时间处插入注释，并当指针移动到图标上方时作为工具提示出现。

“转换为帧动画”：使用用于帧动画的关键帧转换时间轴动画。

“时间码或帧号显示”：显示当前帧的时间码或帧号（取决于调板选项）。

“当前时间指示器”：拖动当前时间指示器可导航帧或更改当前时间或帧。

“全局光源轨道”：显示要在其中设置和更改图层效果（如投影、内阴影以及斜面和浮雕）的主光照角度的关键帧。

“关键帧导航器”：轨道标签左侧的箭头按钮将当前时间指示器从当前位置移动到上一个或下一个关键帧。单击中间的按钮可添加或删除当前时间的关键帧。

“图层持续时间条”：指定图层在视频或动画中的时间位置。要将图层移动到其他时间位置，可拖动此条。要裁切图层（调整图层的持续时间），可拖动此条的任一端。

“已改变的视频轨道”：对于视频图层，为已改变的每个帧显示一个关键帧图标，要跳转到已改变的帧，可使用轨道标签左侧的关键帧导航器。

“时间标尺”：根据文档的持续时间和帧速率，水平测量持续时间（或帧计数），从“调板”菜单中选择“文档设置”可更改持续时间或帧速率。刻度线和数字沿标尺出现，并且其间距随时间轴的缩放设置的变化而变化。

“时间-变化秒表”：启用或停用图层属性的关键帧设置。选择此选项可插入关键帧并启用图层属性的关键帧设置。取消选择可移去所有关键帧并停用图层属性的关键帧设置。

“动画调板选项”：打开“动画”调板菜单，其中包含影响关键帧、图层、面板外观、洋葱皮和文档设置的各种功能。

“工作区域指示器”：拖动位于顶部轨道任一端的蓝色标签，可标记要预览或导出的动画或视频的特定部分。

5. 切换动画模式

在启动动画之前，应选择所需的模式。切换动画模式可在“动画”调板中执行下列任一操作：

（1）单击“转换为帧动画”图标。

（2）单击“转换为时间轴动画”图标。

（3）从“动画”调板菜单中，选择“转换为帧动画”或“转换为时间轴”。

10.1.3 帧动画工作流程

1. 打开一个新文档

2. 添加图层或转换背景图层

3. 向动画中添加内容

4. 将帧添加到动画调板中

添加帧是创建动画的第一步。如果打开了一个图像，则“动画”调板将该图像显示为新动画的第一个帧。添加的每个帧开始都是上一个帧的副本。然后可使用“图层”调板对帧进行更改。

5. 选择一个帧

（1）选择动画帧。

（2）选择一个动画帧。

（3）选择多个动画帧。

要选择多个连续的帧，可按住“Shift”键，并单击第二个帧。第二个帧以及第一个帧与第二个帧之间的所有帧都将添加到选区中。

6. 编辑选定帧的图层

（1）打开和关闭不同图层的可见性。

（2）更改对象或图层的位置以移动图层内容。

（3）更改图层不透明度以渐显或渐隐内容。

（4）更改图层的混合模式。

（5）向图层添加样式。

7. 根据需要，添加更多帧并编辑图层

8. 设置帧延迟和循环选项

9. 预览动画

10. 优化动画以便快速进行下载

（1）优化帧，使之只包含各帧之间的更改区域，这会大大减小动画 GIF 的文件大小。

（2）如果要将动画存储为 GIF 图像，可像任何 GIF 图像一样优化它。可以将一种特殊仿色技术应用于动画，确保仿色图案在所有帧中都保持一致，并防止在播放过程中出现闪烁。由于使用了这些附加的优化功能，与标准 GIF 优化相比，可能需要更多的时间来优化动画 GIF。

11. 存储动画

可以使用“存储为 Web 和设备所用格式”命令将动画存储为动画 GIF。也可以用 Photoshop（PSD）格式存储动画，以便稍后能够对动画执行更多的操作。在 Photoshop 中，可以将帧动画存储为图像序列、QuickTime 影片或单独的文件。

10.1.4 时间轴动画工作流程

要在 Photoshop Extended 中创建基于时间轴的动画，可使用以下常规工作流程。

1. 创建一个新文档

指定大小和背景内容。确保像素长宽比和大小适合于动画输出。颜色模式应为 RGB。除非由于特殊原因需要进行更改，否则请保持分辨率为 72 像素/英寸、位深度为 8 位/通道且像素长宽比为方形。

2. 在动画调板菜单中指定文档时间轴设置

在时间轴模式中工作时，可以指定包含视频或动画的文档的持续时间或帧速率。持续时间是指文档中视频剪辑的总时间长度。帧速率或每秒的帧数（fps）通常由生成的输出类型决定：NTSC 视频的帧速率为 29.97 fps；PAL 视频的帧速率为 25 fps；而电影胶片的帧速率为24 fps。根据广播系统的不同，DVD 视频的帧速率可以与 NTSC 视频或 PAL 视频的帧速率相同，也可以为 23.976。通常，用于 CD - ROM 或 Web 的视频的帧速率介于 10 ~ 15 fps 之间。

3. 添加一个图层

4. 向图层添加内容

5. 添加图层蒙版（可选）

6. 将当前时间指示器移动到要设置第一个关键帧的时间或帧

7. 打开图层属性的关键帧处理

8. 移动当前时间指示器并更改图层属性

（1）更改图层位置以移动图层内容。

（2）更改图层不透明度以渐显或渐隐内容。

（3）更改图层蒙版位置以显示该图层的不同部分。

（4）打开或关闭图层蒙版。

（5）对于某些类型的动画（如更改对象颜色或完全更改帧中的内容），需要包含新内容的额外图层。

9. 添加包含内容的其他图层，并根据需要编辑其图层属性

10. 移动或裁切图层持续时间栏以指定图层在动画中出现的时间

11. 预览动画

在创建动画时可使用“动画”调板中的控件播放动画。然后，在 Web 浏览器中预览动画。也可以在“存储为 Web 和设备所用格式”对话框中预览动画。

12. 存储动画

可以使用“存储为 Web 和设备所用格式”命令将动画存储为动画 GIF，或者使用“渲染视频”命令将动画存储为图像序列或视频。也可以用 PSD 格式存储动画，此格式的动画可导入到 Adobe After Effects 中。

10.2 实例——几种常见动画设计与制作

10.2.1 图层位置动画

1. 新建文件

（1）按“Ctrl + N”键，在弹出的“新建”对话框中设置宽度为 1181 像素，高度为 356 像素，分辨率为 72 像素/英寸，色彩模式为 RGB 颜色，背景色为白色，建立新文件。

（2）执行“文件” > “存储为”（快捷键“Ctrl + Shift + S”），存储该文件为“图层位置动画”，PSD 格式。

2. 基本图像制作

（1）新建“背景”层，如图 10－3 所示，用画笔工具描画出淡淡的云彩效果。

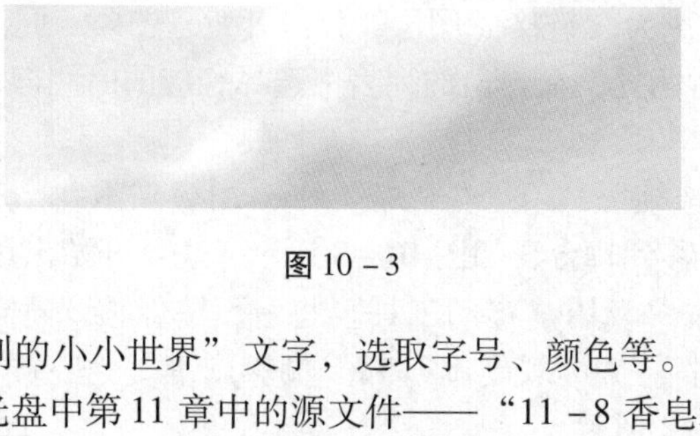

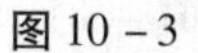

图 10－3

（2）输入“欢迎来到的小小世界”文字，选取字号、颜色等。

（3）置入本书配套光盘中第 11 章中的源文件——“11－8 香皂纸盒＼商标图像”，得到如图 10－4 所示的效果。

图 10－4

（4）置入素材“蝴蝶”，并复制此图层两次，分别用“Ctrl＋T”变形，使蝴蝶像飞行的分解动作，如图 10－5 所示。

图 10－5

3. 动画制作

（1）执行“窗口” > “动画”，“动画”调板以帧模式出现，如图 10－6 所示。

图 10－6

（2）利用“移动工具”将上面图像移到舞台外（画面），等待出场，并将“女生”和“文字”两个图层合并或成为“链接”图层，仅打开背景图层，此为第一帧，设定帧延迟的方法就是单击帧下方的时间处，在弹出的列表中选择相应的时间即可。如图 10－7 所示，将第 1 帧设为 0.2 秒。

（3）单击“复制所选帧”，关闭“蝴蝶”和“蝴蝶副本”，打开其他所有图层，利用“移动工具”将上面图像移到舞台，如图 10－8 所示，表示开始出场。

（4）重复上面的步骤，利用“移动工具”将上面图像移到舞台中间，直到第 6 帧出场完毕，注意对关闭“蝴蝶”、“蝴蝶副本”和“蝴蝶副本 2”三个图层的打开与关闭，使之看上去在飞行，如图 10－9 所示。

图 10－7

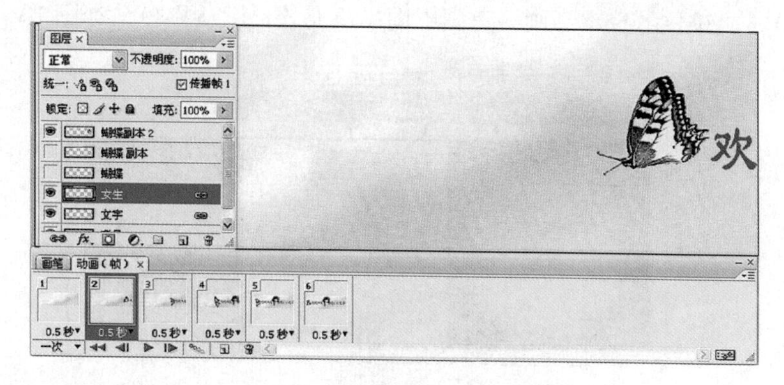

图 10－8

图 10－9

(5) 如果需要能用于网页的独立动画文件，则需要执行“文件” > “存储为 Web 和设备所用格式”命令（快捷键“Ctrl + Alt + Shift + S”），将动画存储为 sample1. gif，要注意在给文件起名时要使用半角英文或数字，不要使用全角字符或中文。这是为了能更广泛地被各种语言的浏览器所兼容。按下“Ctrl + S”可以将动画设定保存起来，文件格式为 psd，方便以后的修改。

10.2.2 图层蒙版动画

1. 建立文件

(1) 打开上面做的“图层位置动画.psd”文件，删除“蝴蝶”、“蝴蝶副本”和“蝴蝶副本 2”三个图层。

(2) 执行“文件”>“存储为”（快捷键“Ctrl + Shift + S”），存储该文件为“图层蒙版动画”，PSD 格式。

2. 建立图层蒙版动画

(1) 新建图层，命名为“蒙版动画”，设置前景色为软件默认黑色，填充黑色。

(2) 单击图层调板的“添加矢量蒙版”，单击工具箱中“图圆框选工具”，在选项栏中的羽化值填 10 px，按住“Shift”画一正圆，同样填充软件默认黑色，如图 10－10 所示。

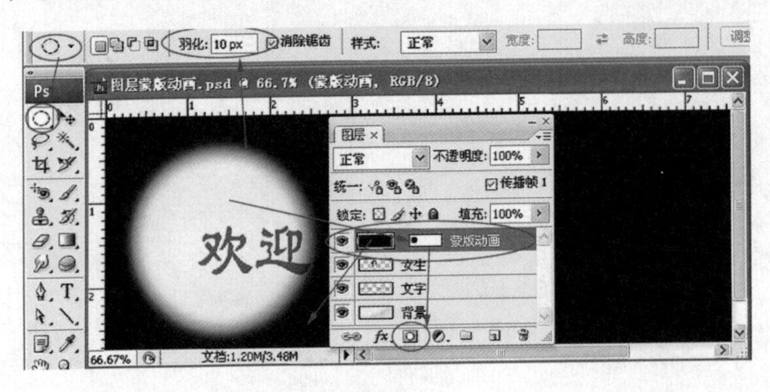

图 10－10

(3) 执行“窗口”>“动画”，“动画”调板以帧模式出现，取消图层与蒙版间的链接关系，利用“移动工具”，将蒙版移到舞台（图像）最左侧，表示“圆形”蒙版开始出场，此为第一帧，如图 10－11 所示。

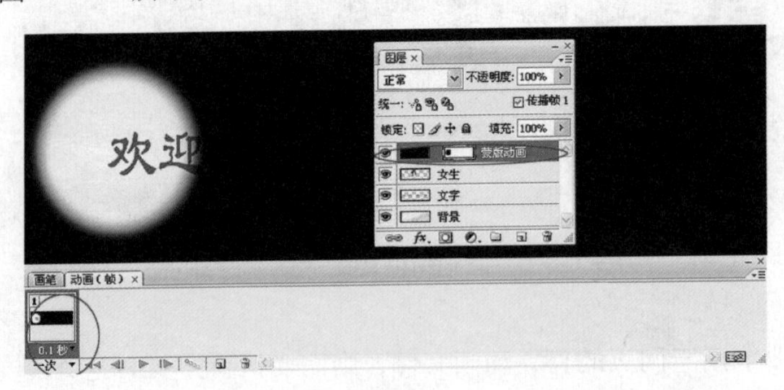

图 10－11

(4) 单击“复制所选帧”，拖动“移动工具”的同时按住“Shift”键水平将蒙版移到舞台（图像）最右侧，表示“圆形”蒙版到达终点，此为第二帧，设定帧延迟为 0.1 秒。如图 10－12 所示。

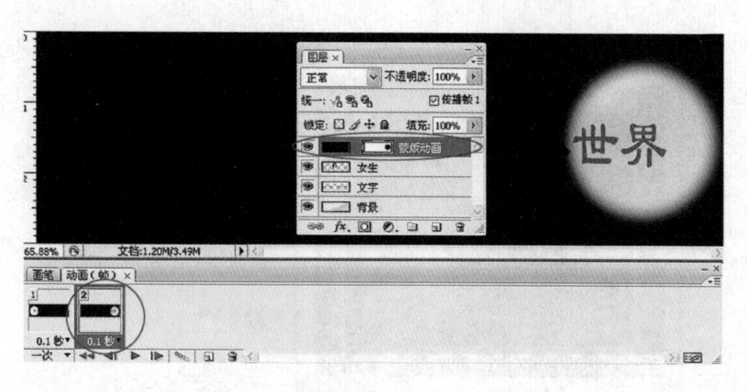

图 10－12

（5）添加“过渡动画帧”。单击“过渡动画帧”，在弹出的对话框中设置如图 10－13 的数值。

（6）这样得到如图 10－14 所示的 10 帧过渡动画帧。

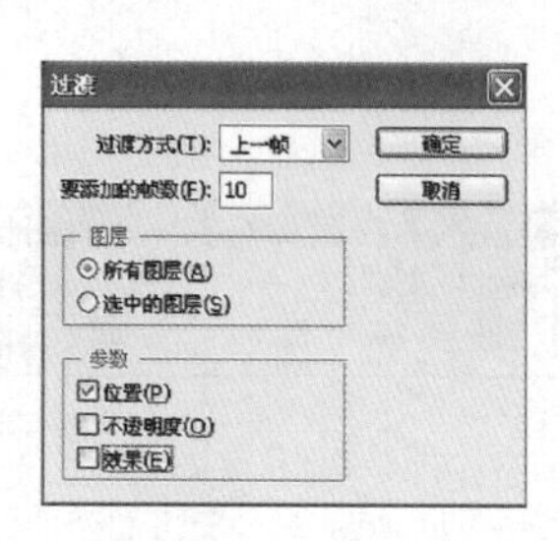

图 10－13

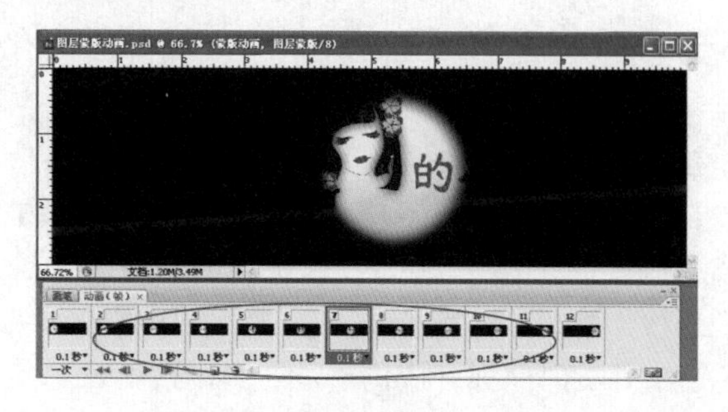

图 10－14

（7）执行“文件”>“存储为 Web 和设备所用格式”命令（快捷键“Ctrl + Alt + Shift + S”），将动画存储为 sample2. gif。按下“Ctrl + S”将动画保存为“图层蒙版动画 . psd”。

10. 2. 3　时间轴制作动画

利用时间轴来制作动画与之前的帧式动画有很大不同，但相比之下，时间轴方式来的更直观和简便，也是以后最主要的制作方式。

1. 图像基本处理

（1）为统一素材，打开书的配套光盘找到第 2 章的源文件“实例 2——感恩老师邮票”，合并部分图层，只剩下两个文本图层和“火焰”图层，其他合并为“背景”图层，如图 10－15所示。

（2）打开“窗口”>“动画”，得到动画调板菜单，单击动画调板右下角的“转换为时间轴模式”按钮，即可切换到时间轴方式。

需要注意的是，这两种方式是互不兼容的，因此不要在制作过程中进行切换。如果误切换了，可以使用撤销命令“Ctrl + Alt + Z”进行挽回。

2. 文档设定

单击动画调板右上角的按钮后选择“文档设定”，就会出现如图 10－16 所示的时间轴

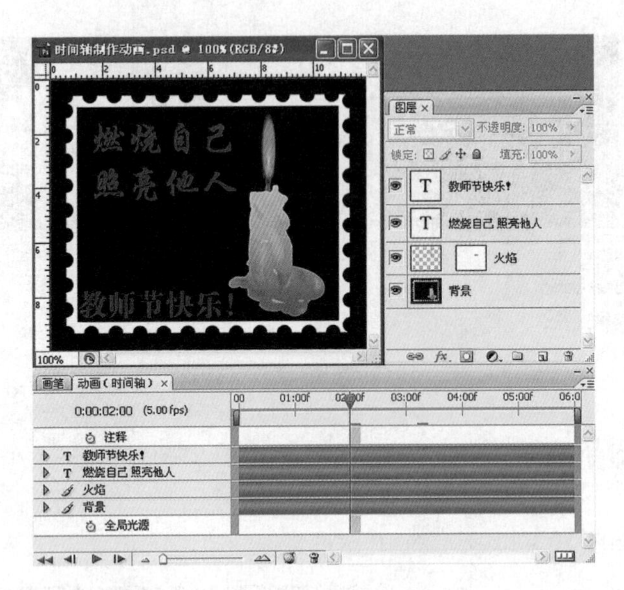

图 10－15

图 10－16

设定，在其中可以指定动画总时长和帧速率。现将持续时间改为 5 秒，帧速率改为 5 fps。确认后就会在动画调板中看到新的帧速率指示数字：0:00:05:00，这是当前的时间码，从右端起分别是毫秒、秒、分钟、小时，一般也就用到秒这级。同时注意红色箭头处的时间标杆应位于最左端，这就表示是处在起始时刻。

默认的设置是总长 10 秒，每秒 30 帧，这样总帧数就是 300 帧，对于网页动画来说制作出来会占用很大的字节数，不利于网络的传输。

现在我们将动画调板横向拉大一些，就会看到 01:00、02:00 这样的时间标志，单位为秒。时间轴的最右端正是刚才所设定的 5 秒总时长。将红色箭头所指出的滑杆向右方拖动，就能放大时间轴的细节，红框区域内就是放大后的时间轴。可以看到在秒之间有了 01 f、02 f这样的标志，这就是帧。我们刚才的设定是 5 fps，所以每两秒之间都有 5 个帧。虽然我们只看到最大 04 f，但要知道 05 f 其实就是和 01:00 重合在一起的。因此被表达为 01:00 f，意思就是该处既是第一秒，也是一个帧。

3. **文字的淡入淡出动画**

（1）用移动工具将“教师节快乐！”移动到画面的右端，见图 10－17。然后在单击橙色箭头处的秒表按钮，这表示启动了“位置”这一动画项目，并且将目前该文字层的位置（画面最右端）记录在起始时刻。时间轴区域中出现的黄色菱形就是该处包含记录的标志，这也称为关键帧，是时间轴的关键帧。

（2）将时间标杆拉到最右边，使用移动工具将文字移动到画面最左端，这时会看到时间轴上的标杆处自动产生了一个关键帧。如图 10－17 图左所示，并且注意在红色箭头处有一个菱形的“删除/添加”按钮，此时如果按下该按钮，将会删除时间标杆处已建立的关键帧。如果标杆处没有关键帧，单击则可建立一个新帧。

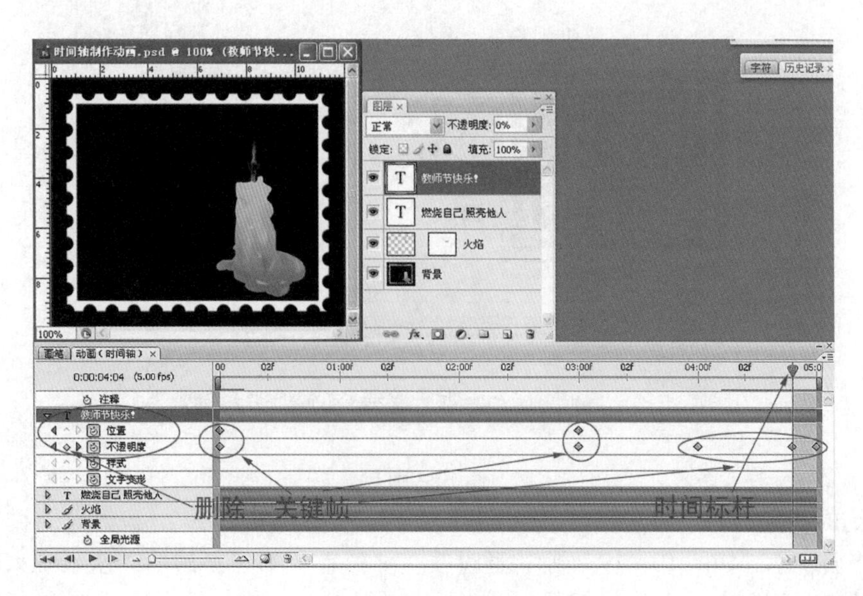

图 10 – 17

需要注意的是，在这里我们的时间标杆往右最多只能拉动到 04:04 时刻处，如图 10 – 17 图右所示，而不是 05:00。这是因为 05:00 是动画最终结束的时刻，是“最后一帧结束时”的时刻，但我们现在需要设定的是“最后一帧开始时”的状态，而最后一帧本身将停留一段时间。所以标杆并不会位于 05:00 时刻。要记住帧是最小的单位。

通过以上的设定我们完成了“教师节快乐!”文字的位置移动设定。

（3）接着来设定其透明度变化。我们先制作简单的，就是从开始时淡入，进行到一半时完全显现，然后淡出直到结束。这样就需要 3 个关键帧进行设定，在开始时刻设定为 0%，第 3 秒时设定为 100%，结束时再设为 0% 即可完成。注意在时间轴方式下不能通过隐藏图层实现透明度变化。

当我们在第一步中将关键帧 1 设为 0% 后，如果向后拉动时间标杆，会发现在所有时间内透明度都是 0%。在第二步中设定关键帧 2 后，会发现 1、2 之间已有过渡效果，但关键帧 2 之后直到结束时，文字都始终显示。这就带出时间轴一个很重要的性质：某个时刻的关键帧设定会影响该时刻之后的所有时间。因此关键帧 1 的设定导致了之后所有时间内（关键帧 1、2 之间、关键帧 2、3 之间）文字图层全程都是 0%。而当关键帧 2 设定后，既在关键帧 1、2 之间形成了过渡，也导致了关键帧 2、3 之间变为了全程 100%。直到关键帧 3 设定完成，关键帧 2、3 之间形成过渡。这样我们就完成了淡入淡出的修改。

从以上操作我们可以总结出时间轴式动画的一个基本特性，那就是将各个动画项目独立出来，对其中一个项目的修改并不会影响其他项目。比如我们在修改“透明度”的时候就不需要去考虑早先设定好的“位置”。另外就是各项目的关键帧设定允许不相同，不必为了统一关键帧数量再花费心思。

（4）同样我们可以对文字图层“燃烧自己，照亮他人”进行处理，如图 10 – 18 所示。

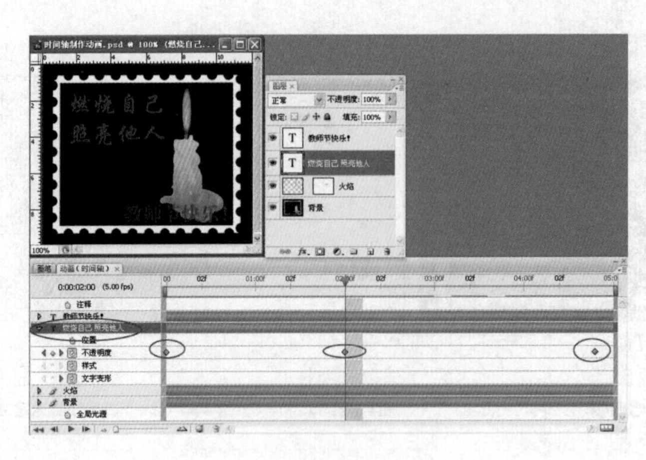

图 10－18

4. **火焰的动画**

根据上面所学，如图 10－19 所示，通过改变“位置”和“不透明”来表现火焰上下位置动画和明暗动画。

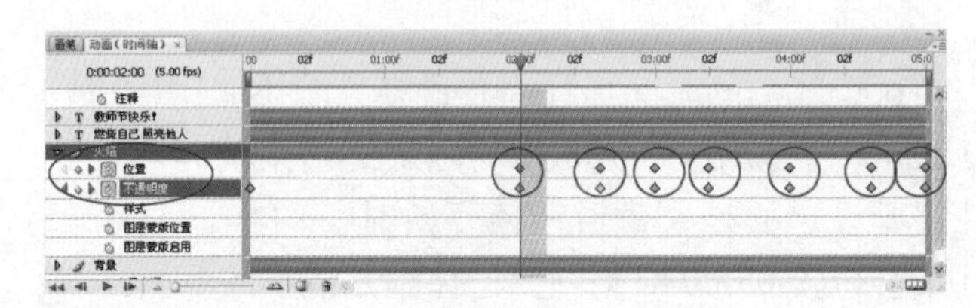

图 10－19

执行“文件”>“存储为 Web 和设备所用格式”命令（快捷键“Ctrl + Alt + Shift + S”），将动画存储为 sample3. gif。按下“Ctrl + S”将动画保存为“时间轴制作动画 . psd”。

10. 2. 4 用滤镜制作动画

1. **新建文件**

（1）按“Ctrl + N”键，在弹出的“新建”对话框中设置宽度为 1416 像素，高度为 625 像素，分辨率为 72 像素/英寸，色彩模式为 RGB 颜色，背景色为白色，建立新文件。

（2）执行“文件”>“存储为”（快捷键“Ctrl + Shift + S”），存储该文件为“滤镜动画”，PSD 格式。

2. **添加暴风雪的特效**

（1）首先用 Photoshop 的滤镜为照片添加暴风雪的特效。在 Photoshop 中开一张有点雪景的图像，如图 10－20 所示。

（2）将背景图层进行复制，执行“滤镜”>“像素化”>“点状化”命令，在弹出的“点状化”对话框中设定单元格大小为“7”，这决定“雪点”大小，单击“确定”按钮，得到结果如图 10－21 所示。

（3）执行“图像”>“调整”>“阈值”命令，在“阈值”对话框中设定色阶“230”，这步设定飘雪的多少。单击“确定”按钮，得到结果如图 10－22 所示。

图 10－20

图 10－21

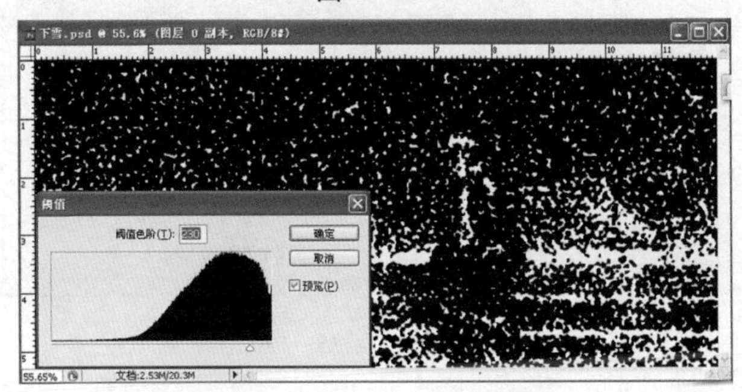

图 10－22

（4）将“背景副本”图层的图层混合模式改为“滤色”，结果如图 10－23 所示。

图 10－23

（5）执行“滤镜”＞“模糊”＞“动感模糊”命令，在“动感模糊”对话框中设定飘雪的方向（角度 48°）和飘雪的速度（距离 10px）。单击“确定”按钮，得到结果如图 10－24 所示。

（6）重复上面的制作步骤，稍微改变上面参数，再制作三个暴风雪的特效图层。如图 10－25所示。

图 10－24

3. 制作下雪动画

（1）执行“窗口”＞“动画”，“动画”调板以帧模式出现，见图 10－25 所示。只打开“背景副本 3”和“背景”两个图层，此为第一帧；单击“复制所选帧”，打开“背景副本 2”，关闭“背景副本 3”此为第二帧；接着单击“复制所选帧”，打开“背景副本 1”，关闭“背景副本 2”，此为第三帧；单击“复制所选帧”，打开“背景副本”，关闭“背景副本 1”，此为第四帧。设定帧延迟为 0. 2 秒。

图 10－25

（2）执行“文件”＞“存储为 Web 和设备所用格式”命令（快捷键“Ctrl＋Alt＋Shift＋S”），将动画存储为 sample4. gif。按下“Ctrl＋S”将动画保存为“滤镜制作动画 . psd”。

4. 制作下雨动画

其他步骤基本不变，只是在执行“滤镜”＞“模糊”＞“动感模糊”命令时，将在“动感模糊”对话框中设定下雨的方向（角度为 48°）和下雨的速度（距离加大到 30 px 以上）上改变设置，可以制作如图 10－26 所示的下雨动画。

图 10－26

10.3 专家建议

现在很多使用 Flash 制作的动画都可以附带配音和交互性，从而令整个动画更加生动。而 Photoshop 所制作出来的动画只能称作简单动画，这主要是因为其只具备画面而不能加入声音，且观众只能以固定方式观看。但简单并不代表简陋，虽然前者提供了更多的制作和表现方法，但后者也仍然具备自己的独特优势，如图层样式动画就可以很容易地做出一些其他软件很难实现的精美动画细节。

1. GIF 动画格式的特点

目前在 Windows 系统上的主要动画图像格式是 GIF，其也可以直接在网页中显示，是目前应用最广泛的动画图像格式。包括现在流行的手机彩信中的动画也属于 GIF 格式。GIF 格式可支持静止和动画两种表现方式。

动画 GIF 格式的实现原理并不复杂，大家可将其理解为将多个静止画面（帧）组合在一起轮流显示。这些画面（帧）之间还有运算关系存在，与选区和路径的运算类似，分别是添加、减去和消除。这是为了优化动画的字节数。

某一帧如果是添加方式，则就会在保留前一帧图像画面的基础上，再加上这一帧的内容，综合形成新的画面。如图 10－27 的载入进度条动画就是一个典型，假设一个进度条由 4 帧组成，那么在我们眼中所看到的理论帧形态上来说，好像这 4 帧中分别保存了最短、中度和最长进度条的图像。但其实在第 2 帧中只包含了第 1 帧中所没有那个部分的像素，然后以添加方式作用于第 1 帧之上，形成了“1＋2”的图像。第 3、4 帧也是如此。这种优化措施可有效减少图像字节数。

图 10－27

减去方式与之正好相反，是将前一帧图像中的某些像素抹去，可用“倒退的进度条”去理解。消除方式则是将前一帧完全擦除，主要用在前后两帧之间没有任何关联的时候，比如从全部红色变为全部绿色时，前后帧之间并没有任何像素相同，则采取消除方式。

在实际制作中 Photoshop 会自动根据图像情况来决定采取何种方式，不需要人工干预。这些运算方式作为一个知识来了解就可以了。也可以作为构思动画时的一个参考。

2. 动画图像颜色

在构思动画的时候，要事先考虑好其用途，如果是要用于网页之中，那还要参考其在网页中的重要性，如果不是很重要，属于装饰性的，就尽量减少字节数。这可从减少存储时的色彩数，以及良好的制作规划两个方面去实现。

（1）不要在动画中使用过于丰富的色彩。

（2）如果一定需要丰富的色彩，则应保持丰富色彩部分的像素在动画中处于静止状态。

3. 其他动画制作方法

（1）色彩调整图层制作动画

可以利用色彩调整图层制作出色彩变化的效果。这些效果可以是从明暗变化、灰度变化、反相等。实现的方法也很简单，就是先建立色彩调整层并做好相关的设置，然后将调整层的不透明度制作为动画即可。如曲线变暗、曲线变亮、渐变映射、反相。若要将图像变为灰度，可利用渐变映射的灰度渐变，或通过色相饱和度来实现。

（2）填充图层制作动画

可以使用填充图层，或将普通图层填充后来制作淡出。淡出的原理就是该图层的不透明度从 0 逐渐到 100% 的过程。这样的好处是除了黑色与白色，还可以淡出为其他的颜色如红色、蓝色等。在填充图层中，除了常用的纯色填充以外，还有图案填充和渐变填充。

（3）运动模糊制作动画

运动模糊其实也与物体的移动有关，有些时候需要用较少的帧数来表现物体的快速移动时，使用运动模糊可以减少画面的跳跃感。在 GIF 动画制作中，运动模糊可能会增加动画的颜色数，因为残影效果本身就是带有许多过渡性色彩的。在输出的时候要注意在色彩数和动画质量之间做一个平衡。

（4）图层复制制作动画

图层复制多份，并依次更改其色彩或不透明度形成一种比较规整的残像效果，这种残像用较少的色彩数量也可以很好地表现。而滤镜所形成的残像可能会在较少的颜色数下产生色斑。

（5）文字变形制作动画

可以通过文字中的标点或特殊字符来模拟一些简单的物体形状，从而获得变形的能力，如符号“-”可扩大为矩形。

10.4 自我探索与知识拓展

（1）了解动画知识，结合前面所学的 Photoshop 知识进行动画的设计与创意。

（2）熟练“帧模式动画”和“时间轴模式动画”两种方式。

（3）上机练习如下动画：利用“帧模式动画”，结合时钟的运动规律做出会动的钟。练习制作同心圆及利用文字变形制作跳动的文字效果。

第11章 综合实例

11.1 凹印塑料薄膜袋设计

11.1.1 草莓味卷心酥包装设计说明

本实例详细阐述一个带开窗的草莓味卷心酥包装袋从构思、设计到印刷制作的全过程。图11－1所示为“草莓味卷心酥”的正背面设计图，图11－2所示为成品立体效果图。

图11－1

图11－2

1. **设计定位**

这是一款休闲食品，产品消费群针对儿童。客户要求设计师在设计的时候要突出品名，体现休闲食品的特性，版面要赋予儿童食品的天真活泼气氛，包装的平面设计效果要能吸引消费者的食欲。包装的主色调用粉红色，体现儿童食品的特色；醒目的标题文字，渲染了包装的视觉氛围；鲜艳的草莓味卷心酥，则传达了产品的特性。

2. **印刷思路**

已知薄膜袋包装的正面展开尺寸是：24.5 cm（长）×16 cm（宽）。

塑料薄膜是用各种塑料加工制作的包装材料，它具有强度高、防潮性好、防腐性强等特点，是包装很好的内层材料，常用于食品包装。印刷材料可分为亚光膜、复铝膜、珠光膜等，不同的印刷材料能体现不同的视觉效果和档次。通常纸张是白色不透明的，采用胶印工艺；而塑料薄膜是透明的，采用凹印印刷，包装正面可采用亮泽好、透明度高的薄膜材料，称为“珠光膜”。在凹版印刷中，印刷时是存在白色的，通常先要印刷白色打底，通常的休闲食品包装都设有透明视窗，所以要开窗看到包装内容物则不能印刷油墨，保持薄膜的透明性，这点不同于胶印，下面在实例中会具体说明。

包装的背面可采用一种称为“复铝膜”的材料，这种材料自带有一层白色反光度极强的铝膜，印刷时需在铝膜的另一侧印刷画面颜色，然后再覆膜。

本产品的包装是属于正反面形式，通常称为“双边袋”包装。印刷颜色分为五种：白、黑、青、品红、黄，因此，在制作时，需要把白色制作为专色单独输出，其他可以按照常规的四色制版方式。

3. **成品流程**

塑料包装的制作流程大致分为：设计构思→印前准备→设计初稿→定稿→印前电脑制作→打样→制造凹版→成批印刷→装箱成品。

11.1.2 设置包装的标准尺寸

（1）标注包装袋正面参考线

按“Ctrl + N”键，在弹出的“新建”对话框中设置宽度为 16 cm，高度为 24.5 cm，分辨率为 300 像素/英寸，色彩模式为 CMYK 颜色，背景色为白色，如图 11 – 3 所示，建立新文件。

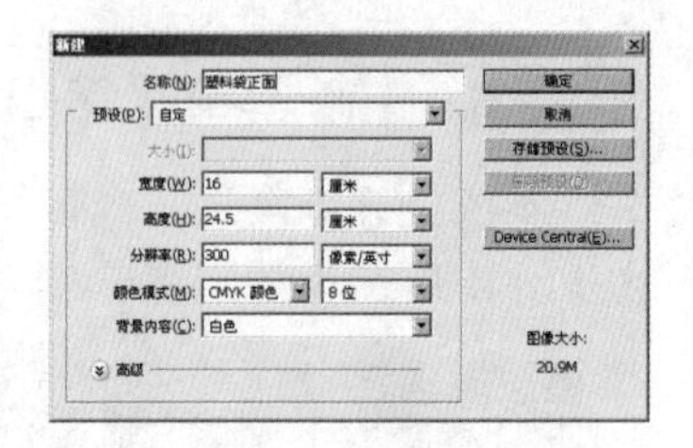

图 11 – 3

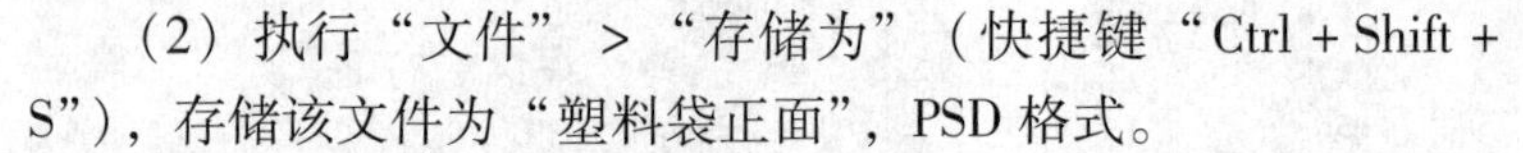

（2）执行“文件” > “存储为”（快捷键“Ctrl + Shift + S”），存储该文件为“塑料袋正面”，PSD 格式。

（3）根据包装的正面尺寸，首先要在 Photoshop 当前文件中设置包装袋的压边线，即在印后要热压封边的区域，先用参考线标出。按快捷键“Ctrl + R”显示标尺，然后在标尺上拖曳鼠标创建参考线。如图 11 – 4 所示，通常双边封包装袋左右两边压边各 0.5 cm，上压边 4 cm，下压边 2 cm，根据这些参数拖出参考线。

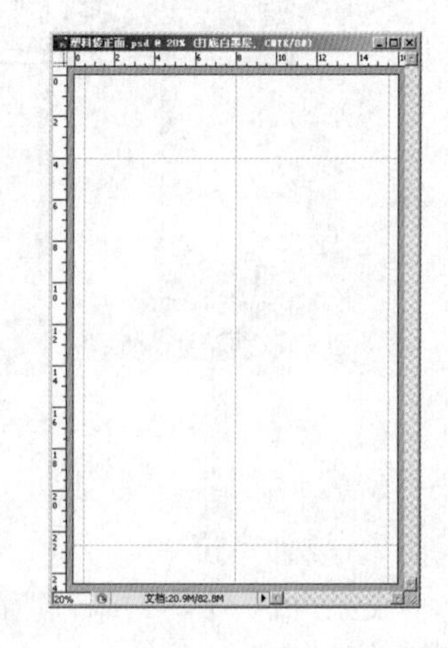
图 11 – 4

11.1.3 制作包装正面平面图

包装是双边封的，因此正背面应分开独立制作。因为正面开透明视窗，所以正面是用普通膜印刷，设计时要考虑到这一点。

1. **制作包装的背景**

（1）按“Ctrl + Shift + N”键，新建图层为“开窗图形”，将前景色设置为绿色“C：60，Y：100”。然后选择工具箱中的“钢笔工具”，命名“路径”为开窗，用钢笔工具画出如图 11 – 5 所示的开窗路径。

（2）继续执行“Ctrl + Shift + N”“新建图层”命令，新建图层为“打底白墨层”，将前景色设置为白色，按 Alt + Delete 键填充到当前文件。选择图层下的“添加矢量蒙版”，将上面用钢笔工具作的开窗路径变为选区，在蒙版里填充前景色黑色，如图 11 – 6 所示，使透明

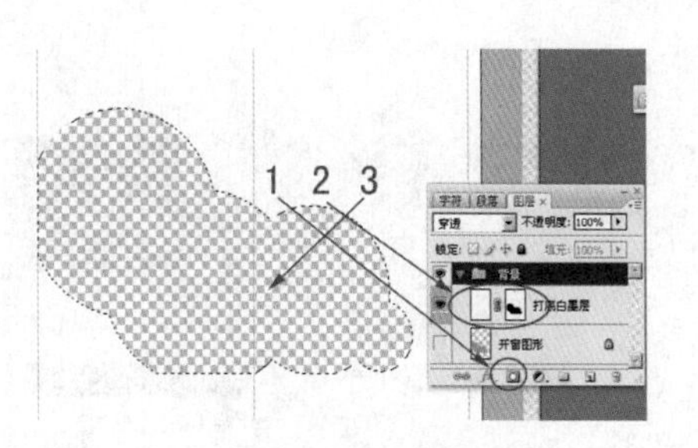

图 11－6

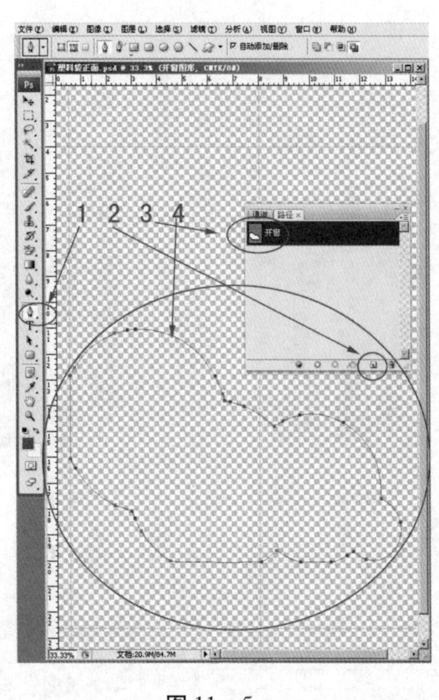

图 11－5

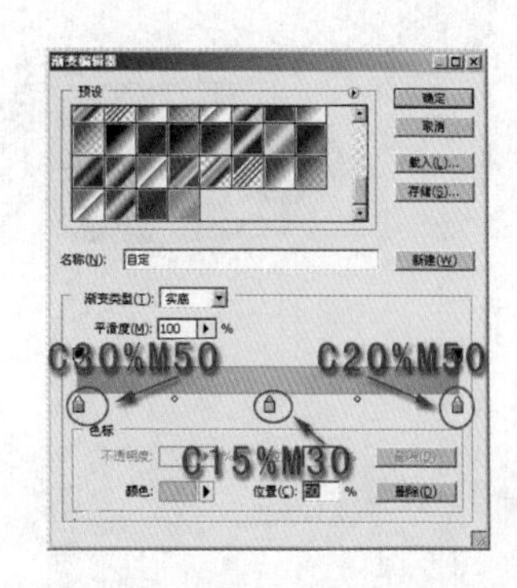

图 11－7

部分显露出来。

（3）单击选项栏中的“渐变”可编辑渐变，在弹出的“渐变编辑器”对话框中设置参数，如图 11－7 所示，单击“确定”按钮。然后在新建的“背景”图层中拉出渐变，再在此图层中单击“添加矢量蒙版”，切换到移动工具，按住“Alt”键的同时把“打底白墨层”的矢量蒙版复制到“背景”图层，如图 11－8 所示，目的是继续保持该位置透明。

2. 单个卷心酥的制作

（1）按“Ctrl + N”键，在弹出的“新建”对话框中设置宽度为 3 cm，高度为 4 cm，分辨率为 300 像素/英寸，色彩模式为 CMYK 颜色，背景色为白色，建立新文件。

（2）利用矩形工具和椭圆工具在图层 1 制作出下例图形，并填充颜色和添加杂色，如图 11－9 所示。在图层 2 制作一个椭圆并纹理化，如图 11－10 所示。

（3）复制图层 2 改名为图层 3，执行“Ctrl + T”缩小，并填充淡紫色，添加杂色，如图 11－11所示。把图层 3 执行塑料包装滤镜，得到不均匀的白色高光，然后扭曲波纹，使圆形稍微不规则，看起来就少了椭圆的生硬感，如图 11－12 所示。

（4）回到图层 1 执行纹理化，设置如图 11－13 所示。

（5）这时得到的纹理是直的，我们现在要把它变成符合透视效果的纹理，执行液化。先用冻结蒙版工具把外形固定好，再选择变形工具向下推出弯曲的弧度，如图 11－14 所示。

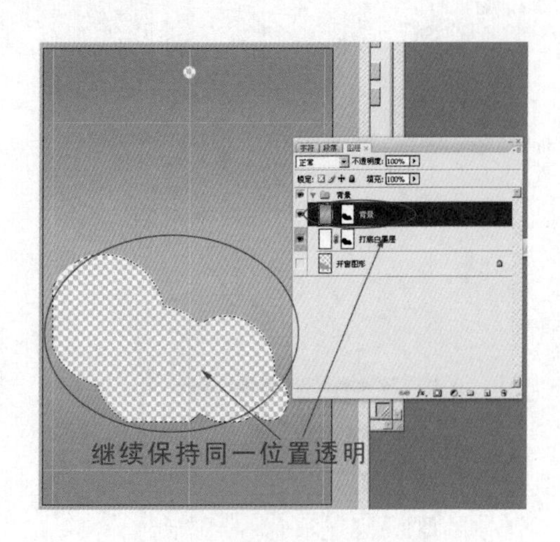

图 11－8

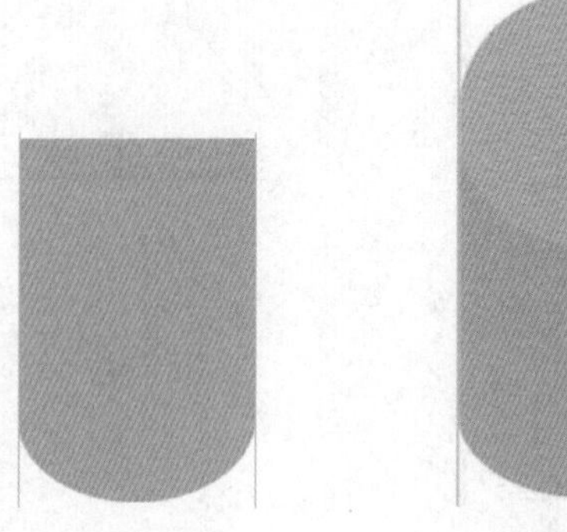

图 11－9

图 11－10

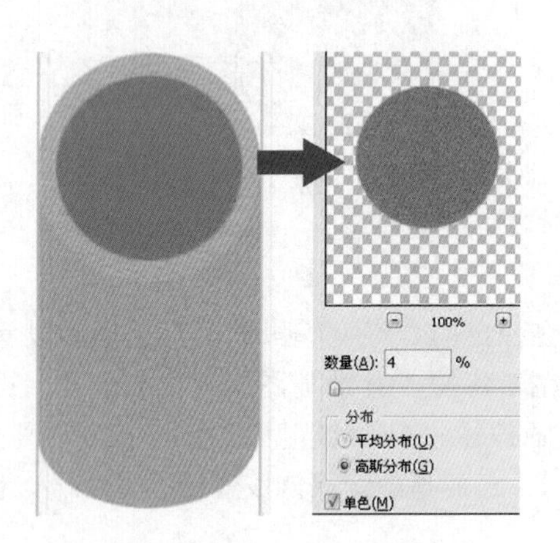

图 11－11

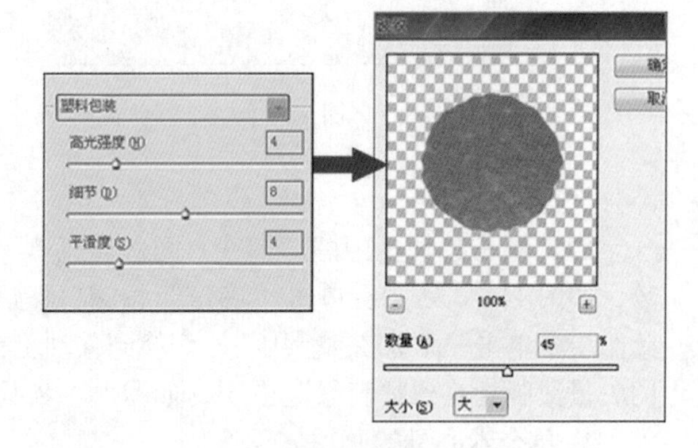

图 11－12

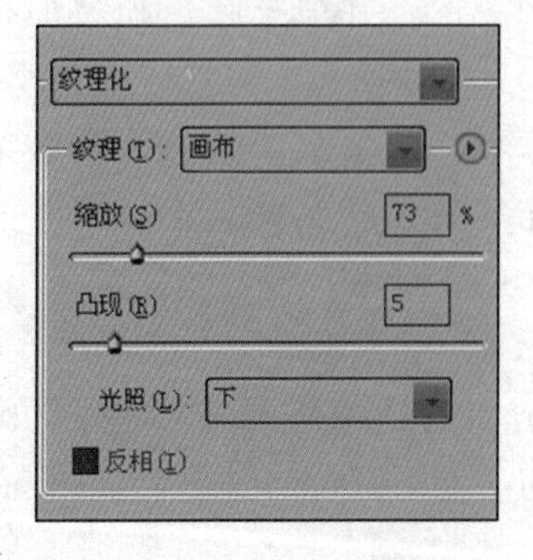

图 11－13

图 11－14

（6）选中图层 3 载入选区，收缩 1 像素再羽化 5 像素反相删除。使卷心酥芯的边缘不那么生硬，继续处理图层 3 卷心酥的芯，执行投影，使其更显立体感，如图 11－15 所示。

（7）为进一步增强立体感，对图层 1 即卷心酥体进行局部加深和减淡，继续对图层 2 纹理化，并对其在卷心酥体内的边缘某些地方适当模糊，合并图层 2 和 3 并适当变形，最终效果如图 11－16 所示。

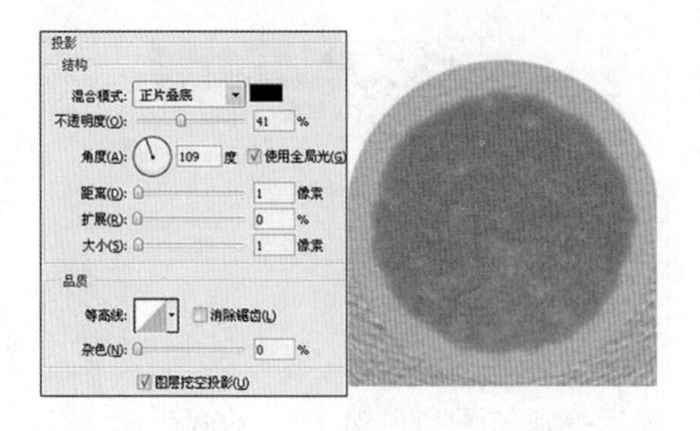

图 11－15

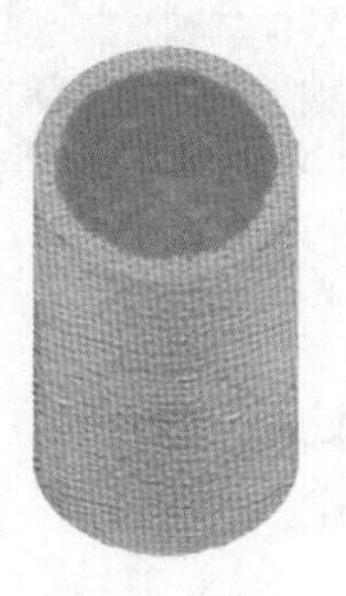

图 11－16

3. 制作正面主图案

（1）打开本书配套光盘中的“素材”，将第 4 章做的“嘉颖轩”铜牌文件打开，然后拖入到“塑料袋正面”文件中，放入袋上面靠左的位置。

（2）将上面做的“单个卷心酥”文件打开，然后拖入到“塑料袋正面”文件中，并复制此层，移动“卷心酥”放入袋上面合适的位置。

（3）将素材“草莓”文件打开，然后拖入到“塑料袋正面”文件中，并复制此层，移动“草莓”放入袋上面合适的位置。

（4）将素材“冰过更好吃”文件打开，然后拖入到“塑料袋正面”文件中，放入袋上面合适的位置。以上四步的效果如图 11－17 所示。

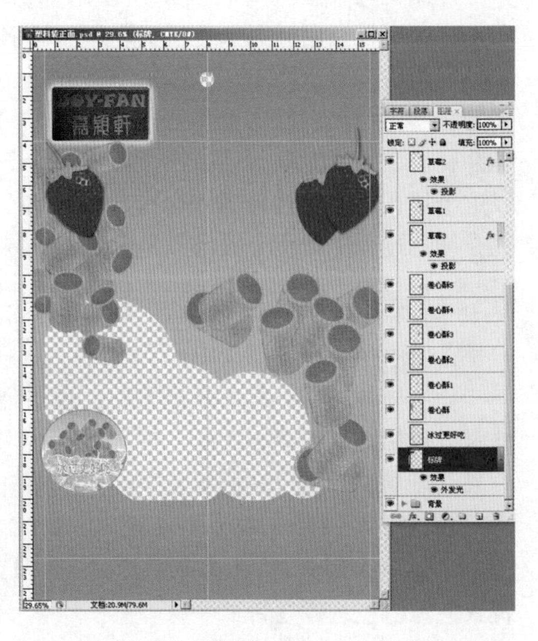

图 11－17

（5）输入“嘉颖轩食品制造公司”文字，选择字体、颜色、样式。用圆角矩形工具画一个文字的底牌，选择“图层样式”>“描边”，得到效果如图 11－18 所示。

（6）输入“草莓味卷心酥”、“嘉颖轩”等文字，选择字体、白色。选择“椭圆工具”画椭圆，填充品红色（C13%、M96%、Y16%）。此图层应用“图层样式”的外发光效果，最后得到效果如图 11－19 所示。

（7）整理图层，创建两个新组“背景”和“正面主图案”，分别把相关图层拖入进行整理，最后得到如图 11－20 所示的整理结果。

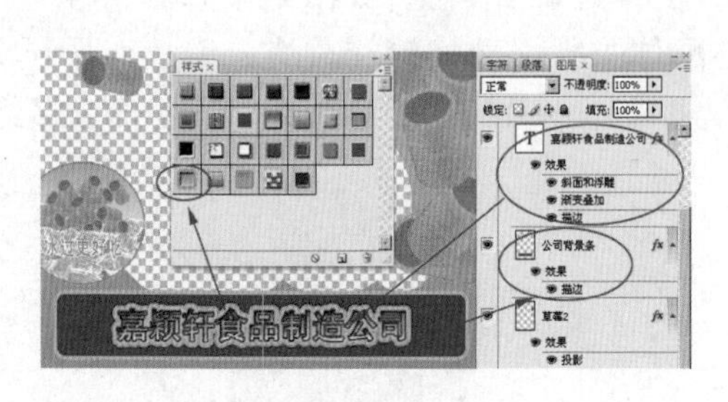

图 11－18

图 11－19

图 11－20

4. **文字处理**

（1）创建新组，命名“文字”。

（2）输入文字，选择字体、颜色、样式，最后得到如图 11－21 所示的效果。注意：由于每台电脑安装的字体有所不同，读者在制作案例时的字体选择上可能会跟本案例有区别。由于使用了文字图层，可能在打开书中范例会出现由于字体缺失而出现替换选项，选择用默认字体替换即可，默认字体虽然不够漂亮，但教学性是一样的。如果栅格化文本图层就不会出现字体缺失等问题。所以，字体选择上读者可根据自己的想法和爱好而定，但最终效果要符合版面要求。

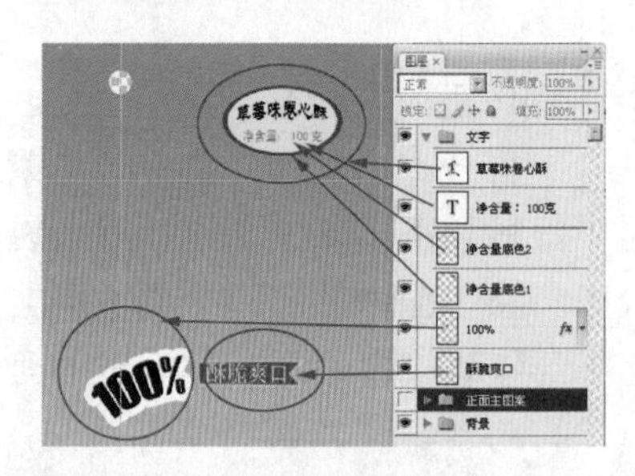

图 11－21

5. **注意考虑印后加工**

存储文件，最终塑料袋正面效果如图 11－22 所示，这里特意用椭圆选框工具做了一个挂孔。注意，在正式制版过程中，通常这个挂孔是不能画出来的，因为画出来后这里不会印刷油墨，给印后加工冲孔套准带来麻烦，稍微没有套准就会露色，所以这个挂孔只在做效果图才会有，没有这个印刷挂孔在冲孔过程中就算走偏也不会露色。

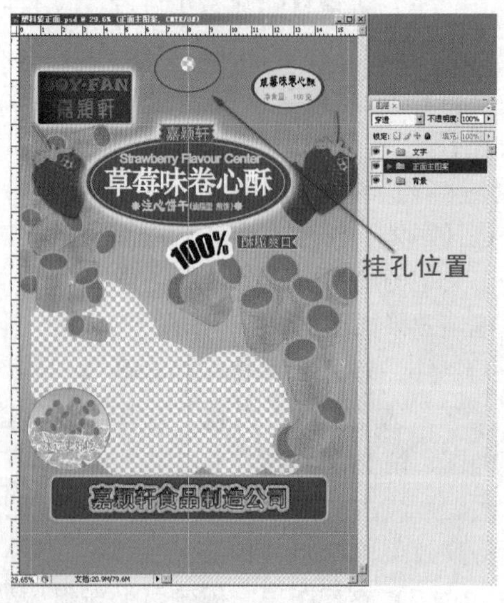

图 11－22

11.1.4 制作包装背面平面图

1. **制作背景**

包装的背面是介绍产品的配料、保质期、厂家联系方式等一系列相关信息。

（1）同样，按“Ctrl＋N”键，在弹出的“新建”对话框中设置宽度为 16 cm，高度为24.5 cm，分辨率为 300 像素/英寸，色彩模式为 CMYK 颜色背景色为白色，建立新文件。

（2）同样，将在正面制作好的一些元素拖到背面文件中来。效果如图 11－23 所示。

这里的挂孔制作的目的也是为了后面的效果图，是利用“添加矢量蒙版”的方法，以后要正式制版时这个蒙版不应用就可以了。这里建立了一个白墨打底层，是因为印刷中通常包装说明文字和条码是单黑色，凹版印刷在白墨上会反差大，特别清晰，便于人们阅读和超市条码机的扫描。

2. **添加文字说明**

（1）运用工具箱中的“横排文字工具”输入相关文本，文字效果如图 11－24 所示。

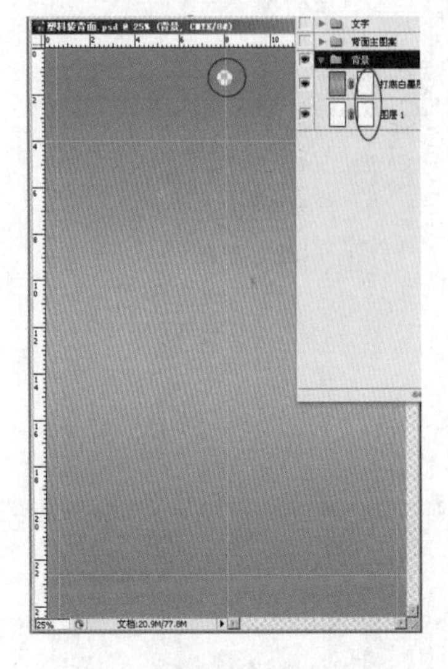

图 11－23

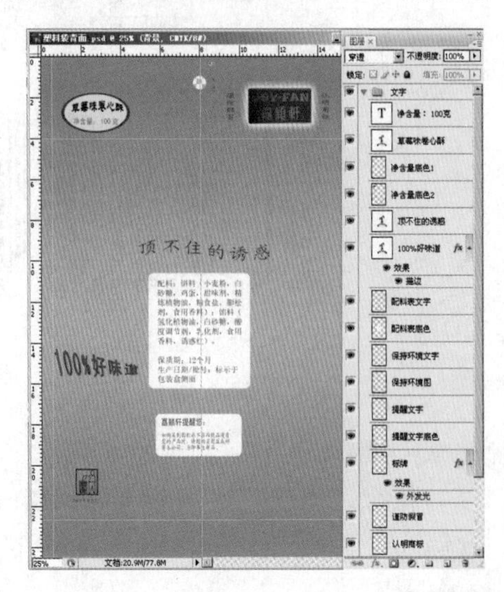

图 11－24

（2）其中“保持环境”文字及图标是有标准文件，这里图标制作了一个路径，方便用“画笔描边路径”进行填充。

3. **背面主图案**

背面主图案的主要设计元素来自正面，效果如图 11－25 所示。

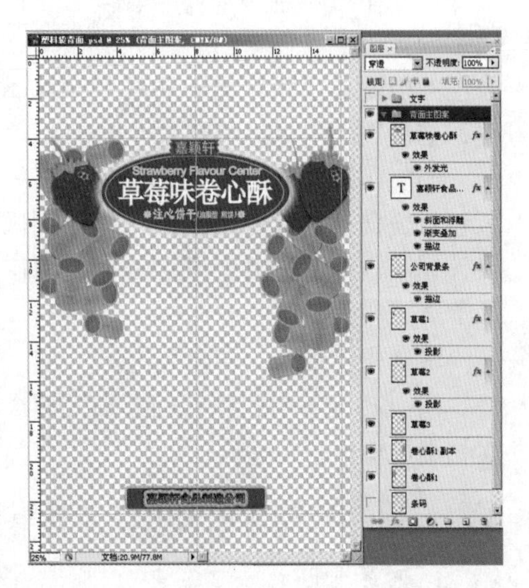

图 11－25

4. **制作条形码**

（1）启动 CorelDraw X3 软件。

（2）执行菜单“编辑” > “插入条形码”命令，在弹出的“条形向导”对话框的“行业标准格式”中选择“EAN－13”，输入客户提供的条形码数字后单击“下一步”按钮，选择默认选项，再次单击“下一步”按钮，依然保持默认选项，单击“完成”按钮，如图 11－26 所示。

（3）执行“编辑” > “复制”（Ctrl＋C）命令，复制条形码，并切换到 Photoshop CS3 软件当前文件。

（4）执行“编辑” > “粘贴”（Ctrl＋V）命令，将条形码粘贴到“塑料袋背面”文件中为“条码”图层，条形码大小可根据版面实际

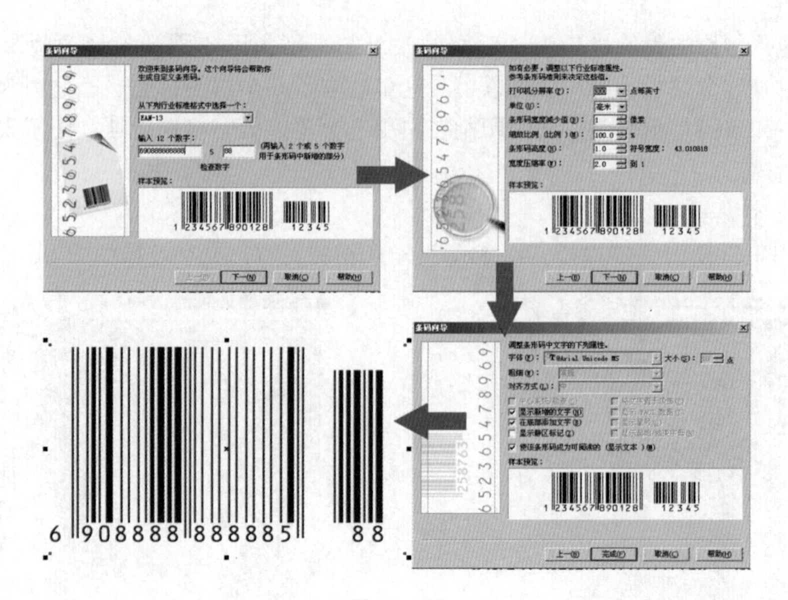

图 11－26

情况调整，背面效果如图 11－27 所示。

（5）执行“文件”>“存储”（Ctrl＋S）命令，存储该文件为“塑料袋背面”，PSD 格式。

图 11－27

11.1.5 印刷制版

本包装采用滚筒圆压式凹版印刷，工艺流程大致是：被印刷基材放卷→张力控制→第一色印刷→干燥→套印第二色→干燥→套印第三色→干燥→套印第四色→干燥→牵引→收卷。如果正面印刷，则颜色的印刷顺序是白墨→品红墨→黄墨→青墨→黑墨；如果反面印刷，印刷顺序刚好跟正面印刷相反。

凹版印刷的印刷制版可分为手工雕版、电脑雕版。目前食品包装通常采用电脑雕刻版。产品包装设计完成后，下一道工序就是电脑制作的最后一个环节——印前制作。

将制作完成的“塑料袋正面”和“塑料袋背面”文件分别拼合图层，并另存为“塑料袋正面.tif”和“塑料袋背面.tif”两个文件，为下一步拼版文件做准备。最后，将该电子文档交给输出公司输出。

11.1.6 制作包装的立体效果图

1. 制作背景

（1）按“Ctrl＋N”键，在弹出的“新建”对话框中设置宽度为 18 cm，高度为26 cm，分辨率为 300 像素/英寸，色彩模式为 RGB 模式，背景色为白色，建立新文件。

（2）将前景色设置为“C：70，M：50，Y：100，K：55”，执行“填充”（Ctrl + Delete）命令，填充前景色，按键盘“存储（Ctrl + S）”命令，存储该文件为“塑料袋正背面包装效果图”，PSD 格式。

2. 制作正面及背面效果

（1）打开“塑料袋正面 . tif”和“塑料袋背面 . tif”格式文件，运用工具箱中的“移动工具”，将“塑料袋正面 . tif”文件拖曳到当前“塑料袋正背面包装效果图”文件中，命名该图层为“正面”。同样将“塑料袋背面 . tif”文件拖曳到当前“塑料袋正背面包装效果图”文件中，命名该图层为“背面”。

（2）执行“新建图层”（Ctrl + Shift + N）命令，命名新建图层为“真空镀铝覆膜效果”。接着，载入“正面”选区，选择菜单“选择”>“修改”>“扩展”，扩展量为 70 像素。单击工具箱中的“渐变工具”按钮，调出“渐变编辑器”并设置渐变色值，在位置 0，40，80 和 100 分别设置参数，如图 11 – 28 所示。设置完成后，在页面中由上至下拖曳填充渐变。

（3）运用“自由变换工具”（Ctrl + T）调整变换“正面”及“背面”图层大小，单击工具箱中的“椭圆选框工具”按钮，在包装顶端封口处绘制圆孔挂耳，执行“删除”（Delete）命令，将圆孔挂耳删除，如图 11 – 29 所示。一般双边袋在包装完成后四周都会露出白色铝膜，其作用在于加强版面的视觉效果，使成品包装的展示效果更加醒目；其次，露出白色铝膜的位置正好是包装封边的缓冲区，在加热封边时不至于将画面封压过多而破坏版面。

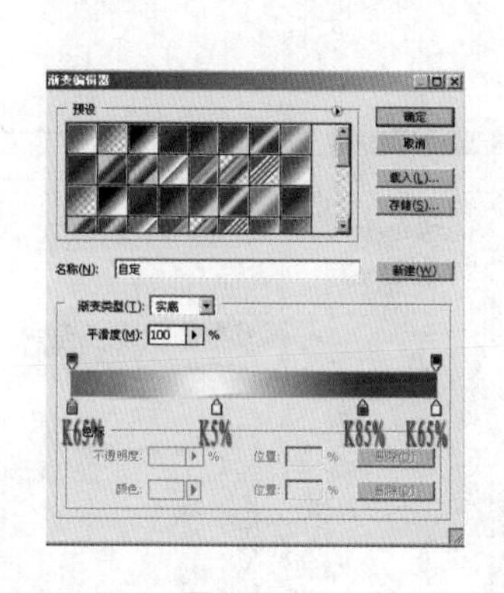

图 11 – 28

图 11 – 29

（4）运用工具箱中的“钢笔工具”，根据膜袋包装高光和反光情况绘制路径，绘制路径情况如图 11 – 30 所示。

（5）执行“载入选区”（Ctrl + Enter）命令，将路径转换成选区，并将前景色设置为白色。

（6）单击工具箱中的“画笔工具”按钮，按“F5”键弹出“画笔”参数设置面板，设置其参数。接着使用“画笔工具”沿着高光选区边缘喷涂白色高光，喷涂效果如图 11 – 31 所示。

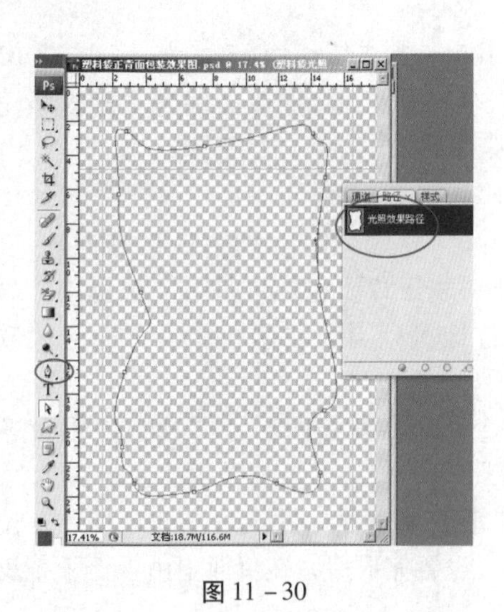

图 11－30

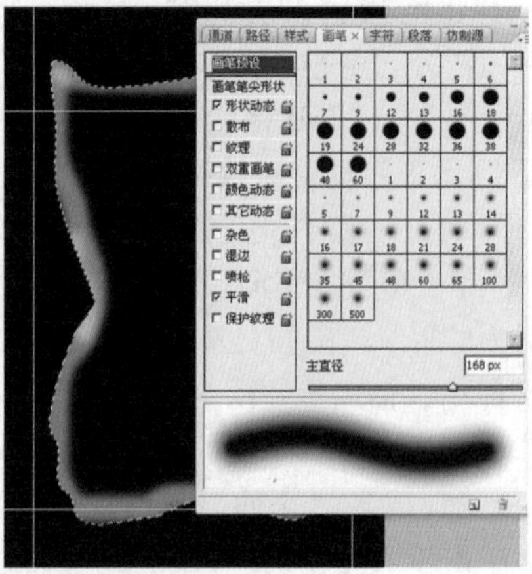

图 11－31

（7）创建新组，命名为“效果分解”，将图层“正面”、“背面”、“真空镀铝覆膜效果”、“塑料袋光照效果”拖入。复制此组两次，在其中一组中关闭“背面”层，然后合并组，命名图层为“塑料袋光照效果（正面）”。同样在复制的另一组中关闭“正面”层，然后合并组，命名图层为“塑料袋光照效果（背面）”，如图 11－32 所示。

（8）单击工具箱中的“矩形选框工具”按钮，框选图层“塑料袋光照效果（正面）”封袋下封口部分，运用“自由变换工具”（Ctrl + T）将选区变形，使效果更具透视感，如图 11－33所示。

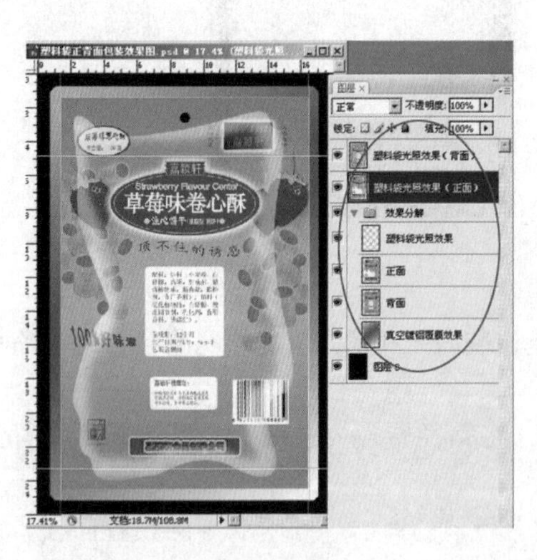

图 11－32

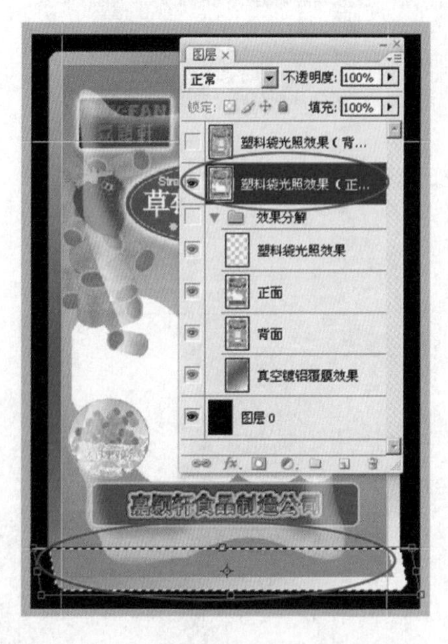

图 11－33

（9）根据包装正面效果图制作流程，用同样的方法制作出包装背面的立体效果。

3. **制作塑料袋最终包装效果图**

（1）按“Ctrl + N”键，在弹出的“新建”对话框中设置宽度为 28 cm，高度为19 cm，分辨率为 300 像素/英寸，色彩模式为 RGB 模式，背景色为白色，建立新文件，命名“塑料袋最终包装效果图”。

（2）在背景层拉上渐变“橙色—黄色—橙色”渐变，然后将上面制作好的图层“塑料袋光照效果（正面）”和“塑料袋光照效果（背面）”拖入新文件，分别执行“自由变换工具”（Ctrl + T）命令，将包装两个图层分别旋转及变换大小。

（3）保持选择图层“塑料袋光照效果（正面）”状态，单击“图层”面板的“添加图层样式”按钮，在弹出“图层样式”对话框中选择“投影”，参数设置如图 11 - 34 所示。亦用同样的方法制作图层“塑料袋光照效果（背面）”投影。

（4）最终塑料袋食品包装效果如图 11 - 35 所示。

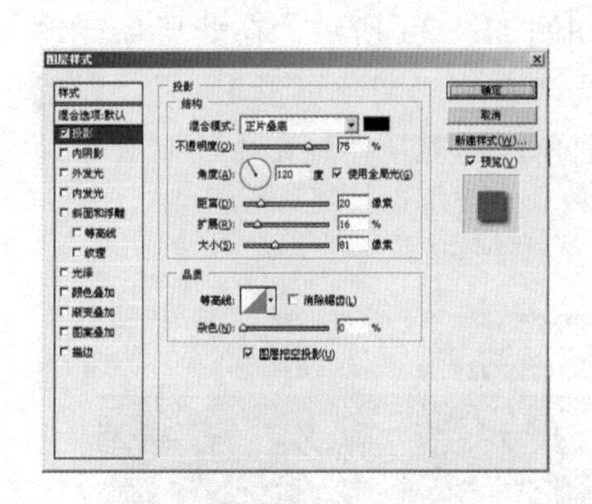

图 11 - 34

图 11 - 35

11.1.7　三封边（袋中间有封边）塑料袋的包装制作

根据以上制作学习，可以练习制作如图 11 - 36 所示的三封边（袋中间有封边）塑料袋的包装。

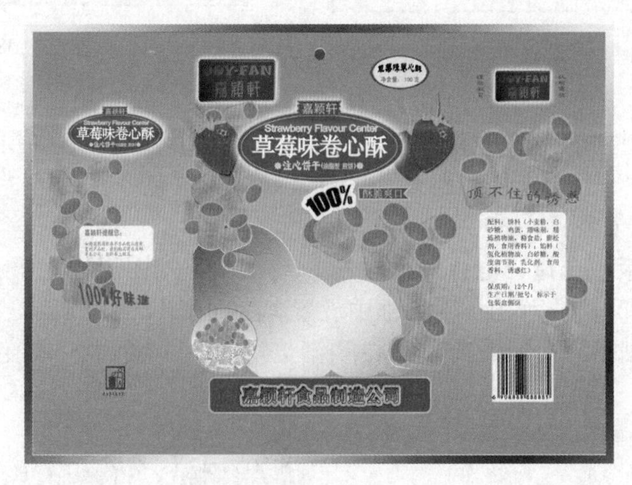

图 11 - 36

11.2 电器广告宣传单设计

11.2.1 时尚液晶电视宣传单设计

（1）按“Ctrl＋N”键，在弹出的“新建”对话框中，名称输入“时尚液晶电视广告宣传单”，设置宽度为16 cm，高度为24.5 cm，分辨率为300像素/英寸，色彩模式为CMYK颜色，背景色为白色，建立新文件。

（2）打开渐变编辑器，填充如图11－37所示蓝色渐变。图层命名为“背景”。

11.2.2 制作电视机面板

（1）在图层面板中新建组，命名组为“电视屏幕”，如图11－38所示，在此层新建图层“电视屏”，建立参考线，确定电视屏幕大小。选择工具箱中的“圆角矩形工具”，设置半径为30 px，在选项栏中选择“路径”，根据参考线使用圆角矩形工具在画布中绘制大小两个圆角矩形。

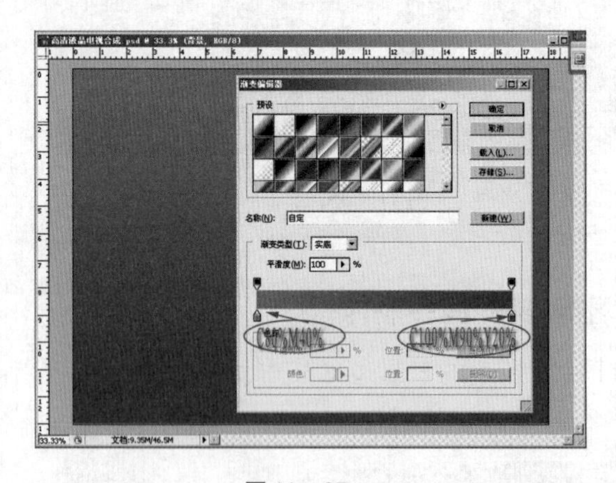

图11－37

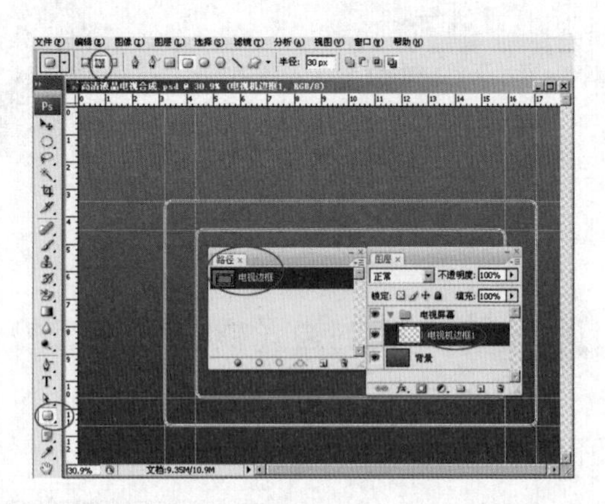

图11－38

（2）如图11－39所示，首先设置“画笔工具”数值，然后新建图层“电视机边框1”，在路径面板中，按住“用画笔描边路径”图标，颜色为白色，在图层“电视机边框1”中执行描边命令，效果如图11－39所示。

（3）在图层面板中选择“电视机边框1”，单击“添加图层样式”按钮，在弹出的菜单栏中执行“内阴影”，在弹出的对话框中设置参数如图11－40所示，在“斜面和浮雕”命令中，设置参数如图11－41所示，在“渐变叠加”命令中，渐变设置如图11－42所示。

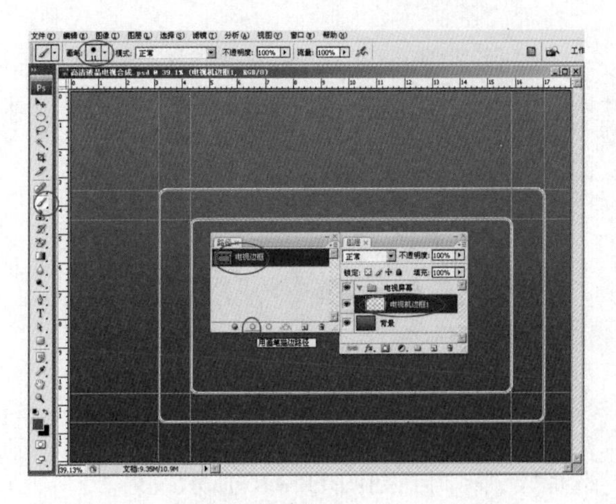
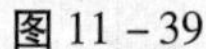

图 11－39

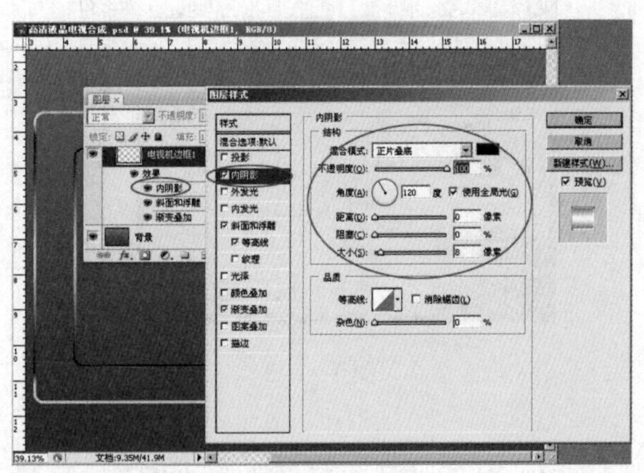

图 11－40

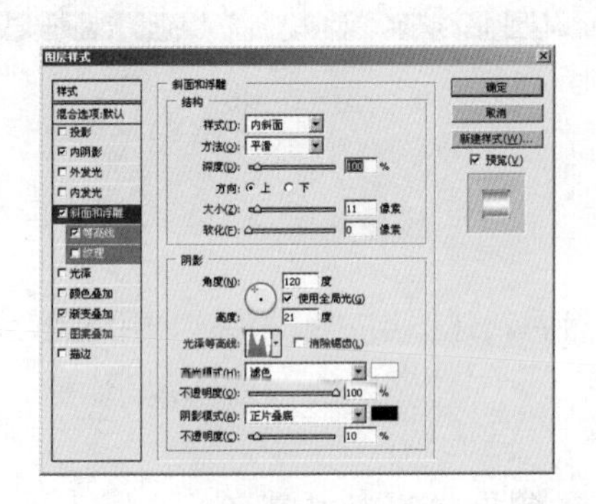

图 11－41

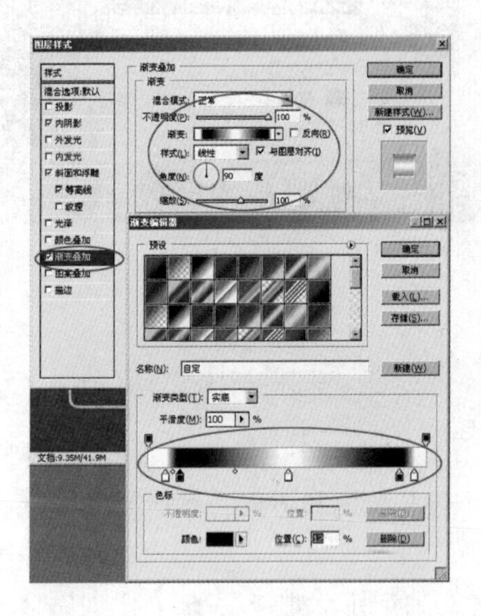

图 11－42

（4）选择工具箱中的“魔棒工具”，单击图形的内侧区域。在图层面板中新建图层“电视机边框 2”，选择工具箱中的“渐变编辑器”对话框中设置渐变样式如图 11－43 所示。然后在选区中按住“Shift”键自上而下拖动，形成白色金属效果。

（5）在图层“电视机边框 1”下面新建图层“电视机下”，选择工具箱中的“椭圆选框工具”，建立选区。然后执行菜单栏中的“选择” > “羽化”命令，设置羽化半径为 10，然后填充灰色，图像效果如图 11－44 所示。

（6）下面制作按钮。新建图层“按钮 1”，使用椭圆工具，按住“Shift”画正圆，并填充白色。打开图层样式对话框，选择“斜面和浮雕”、“渐变叠加”、“阴影”、“投影”样式，设置参数可以自己设置，感觉像按钮，最终效果如图 11－45 所示。然后复制两个，移动到合适位置。

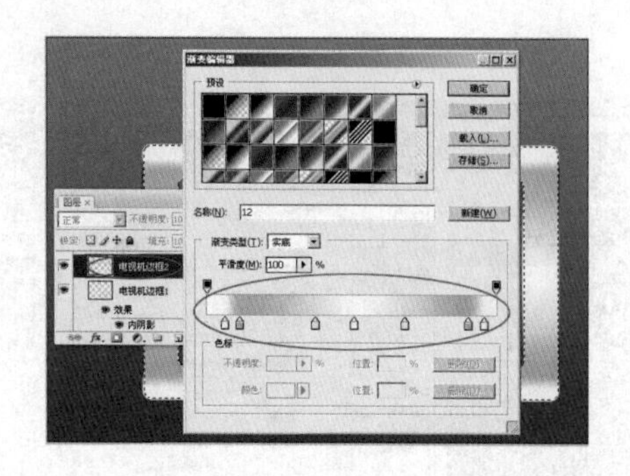

图 11－43

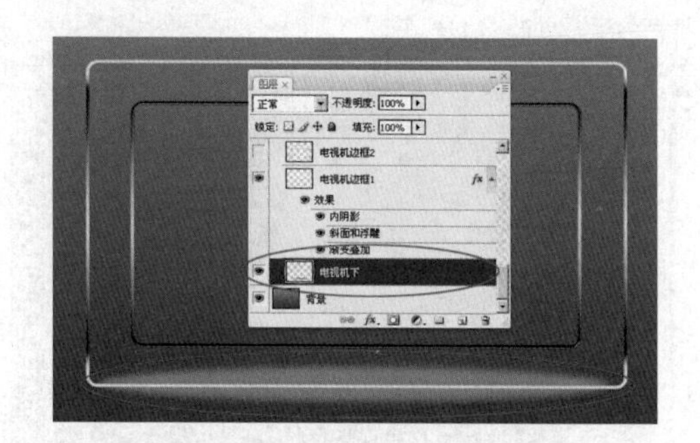

图 11－44

（7）新建文字图层，输入“JOY”字母，选择样式，得到如图 11－46 所示效果。

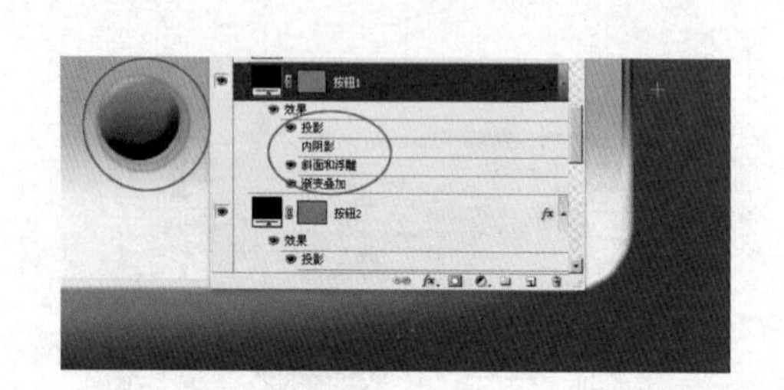

图 11－45

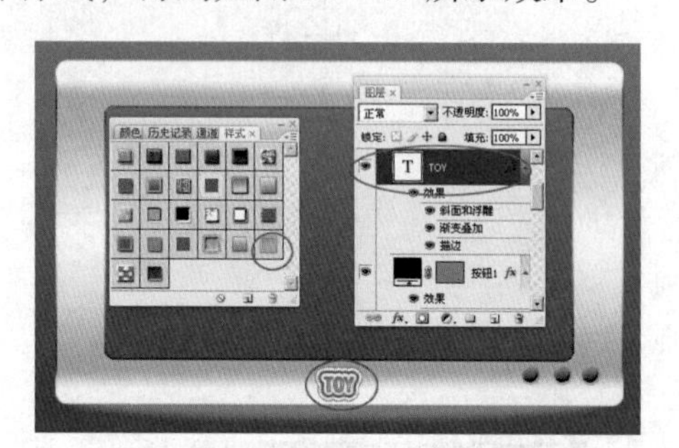

图 11－46

11.2.3 制作超级变换线

（1）新建一个图层组，命名为“超级变换线”，然后新建图层“变换线”，用框形选取框画一个细长形的长方形，然后使用“滤镜” > “模糊” > “动感模糊”，得到如图 11－47 所示效果。

（2）使用“滤镜” > “扭曲” > “旋转扭曲”，角度大家自己掌握。如图 11－48 所示，因为这个图形是随机的，所以大家制作的效果可能跟书的范例不一样。

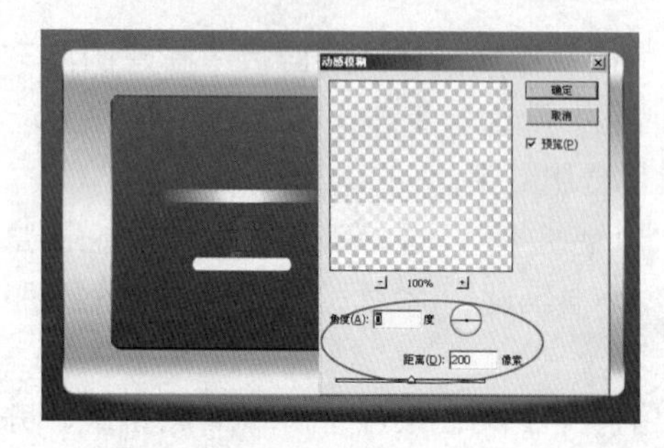

图 11－47

图 11－48

（3）将图层“变换线”复制，对图层“变换线”副本进行操作，按“自由变换”

（“Ctrl + T”），见图 11 - 49，这一步非常关键。第 1 步是定（系统将图绕此点），第 2 步是决定图形的形状（这里我们将它旋转一定的角度）。系统将进行如下处理：图形始终围绕一个点进行旋转复制。大家可以发挥自己的想象力，制作出各具风格的变幻线。

（4）左手按住“Ctrl + Shift + Alt”，右手连续按下“T”键 18 次（360° ÷ 20° = 18）。完成后，效果如图 11 - 50 所示。

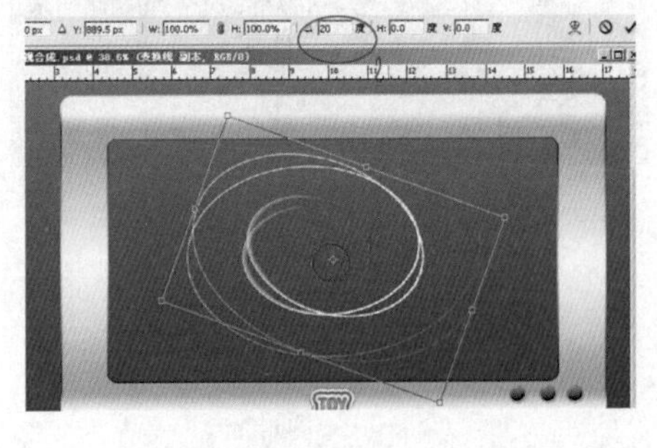

图 11 - 49

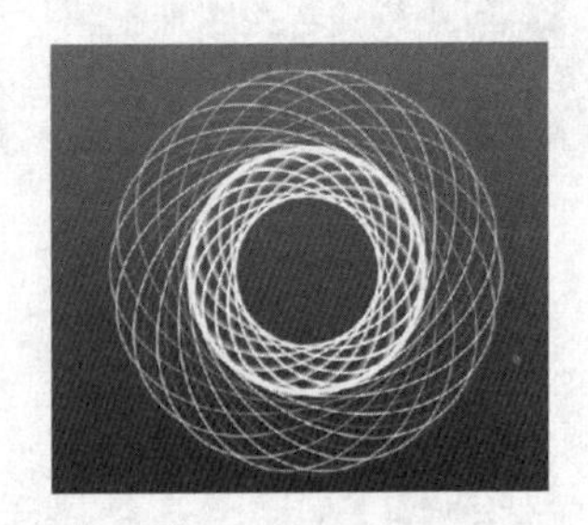

图 11 - 50

（5）隐藏背景层和“电视屏幕”组，按下“Ctrl + Alt + Shift + E”，合并可见图层，命名为“盖印图层”，单击“添加图层样式”按钮，选择“渐变叠加”命令，选择一种自己喜欢的渐变，将变幻线色调处理得更加鲜艳，这样简单的变幻线就完成了，效果如图 11 - 51 所示。

盖印（“Ctrl + Alt + Shift + E”）就是在处理图片的时候，将处理后的效果盖印到新的图层上，功能与合并图层差不多，不过比合并图层更好用。因为盖印是重新生成一个新的图层，而一点都不会影响你之前所处理的图层，这样做的好处就是，如果你觉得之前处理的效果不太满意，你可以删除盖印图层，而之前做效果的图层依然还在，这在很大程度上方便了我们处理图片，也可以节省时间。

（6）利用上面的方法可以做出如图 11 - 52 的效果。

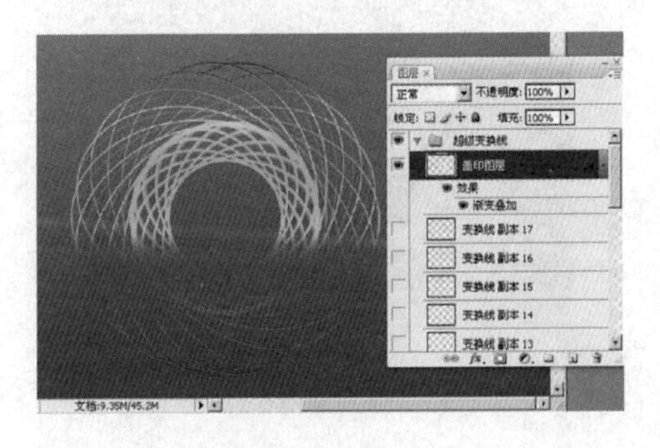

图 11 - 51

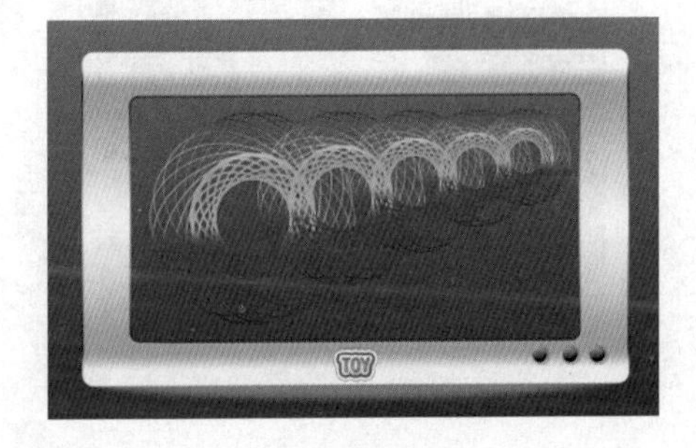

图 11 - 52

11.2.4 制作文字及最终效果

（1）在图层调板中新建“文字”组，输入如图 11 - 53 所示的文字并栅格化文字，选取自己喜爱的样式。

（2）最终效果如图 11 - 54 所示。

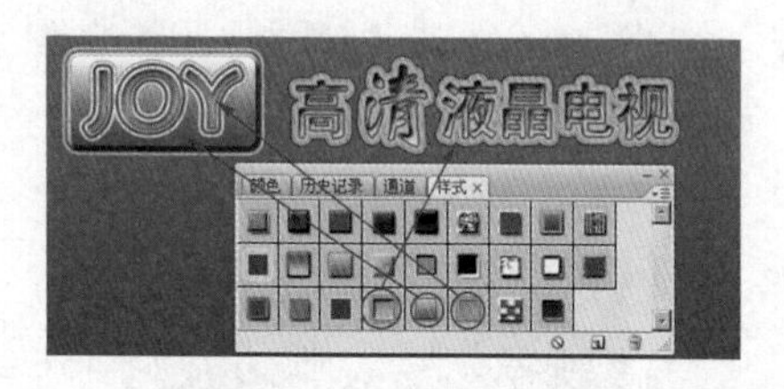

图 11－53

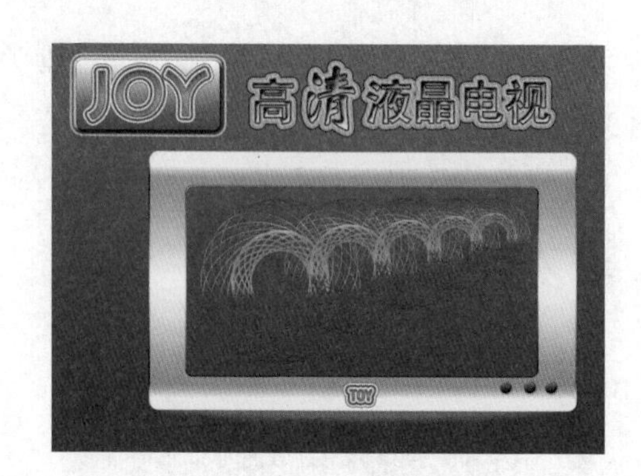

图 11－54

11.3 电脑桌面壁纸设计

11.3.1 新建文件及背景

（1）新建文件。按“Ctrl＋N”键，在弹出的“新建”对话框中，输入名称“电脑桌面壁纸设计”，设置宽度为 16 cm，高度为 9 cm，分辨率为 300 像素/英寸，色彩模式为 RGB 颜色，背景色为白色，建立新文件。（注意：如果只制作电脑壁纸，只需 72 像素/英寸，通常电脑高宽显示屏普通比例为 4:3，宽屏为 16:9）

（2）设置前景色 C75% M40%，背景色 C90% M70%；在背景层上拉上线性渐变。

（3）新建一个层，使用钢笔工具画出如图 11－55 所示的路径，然后按“Ctrl＋Enter”转换成选区，填充白色。调整图层的不透明度为 18%，色彩混合模式为叠加，这时的效果如图 11－56所示。

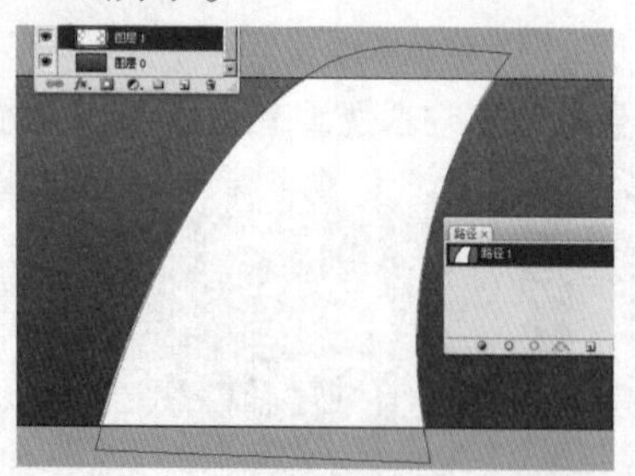
图 11－55

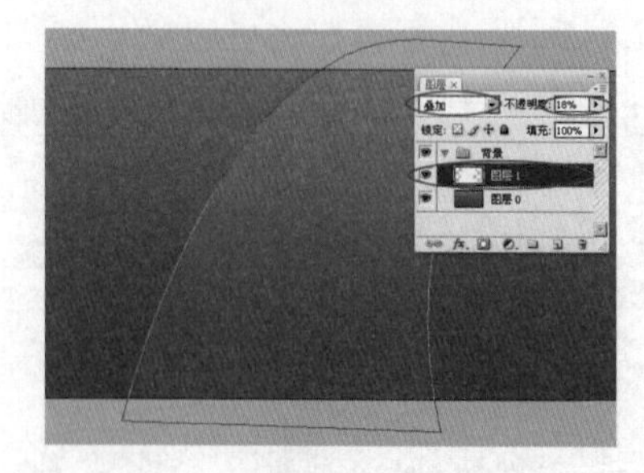
图 11－56

（4）单击“添加图层蒙版”（目的是为了不破坏层里的内容和得到复杂的形状），按 B 键使用笔刷（使用快捷键时一定要把输入法切换至英文状态），选择那种有虚化的笔刷可以把笔刷的透明度降低一些，这样涂抹后的效果更加自然，效果如图 11－57 所示。

（5）采用以上同样步骤，稍做修饰，制作如图 11－58 所示的效果。将图层编组，命名为“背景”。

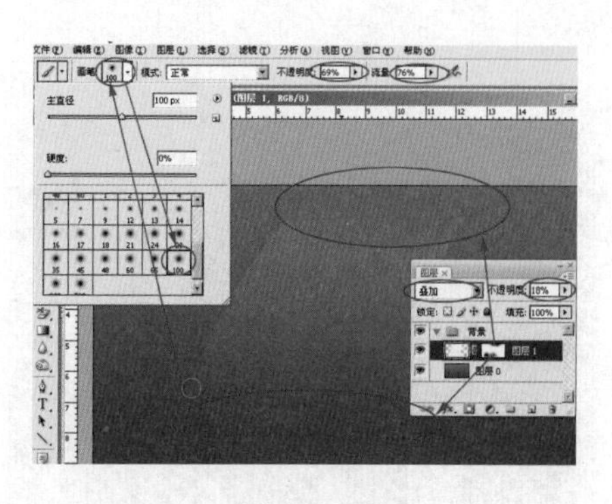

图 11－57

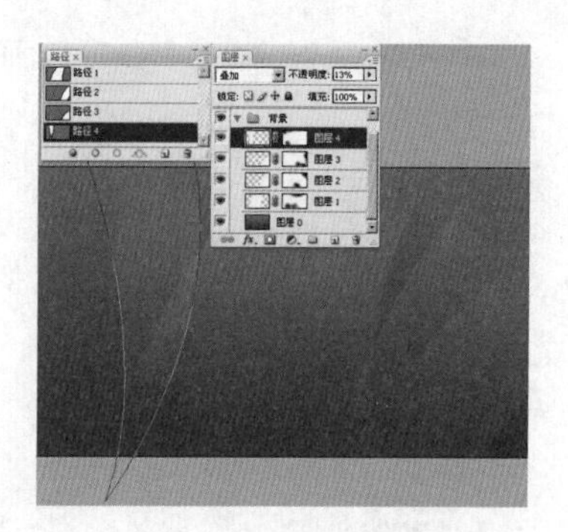

图 11－58

11.3.2　制作炫金 Vista 质感效果

（1）新建图层组，命名为“Vista”。

（2）在工具箱的下方将前景色设置为灰色（R：150、G：150、B：150）。选择工具箱中的“文字工具”，在文件窗口中输入文字。在文字层上单击右键，在弹出的菜单中选择栅格化图层命令，将文字层转换为图像图层。如图 11－59 所示。

（3）按住“Ctrl”键，单击文字图层图标，载入选区，选择菜单栏中的“选择”＞“存储选区”命令，弹出存储选区对话框，名称为 Alpha 1。切换至通道面板，选中通道 Alpha 1，选择菜单栏中的“滤镜”＞“模糊”＞“高斯模糊”命令，在弹出的高斯模糊对话框中，将半径设置为 5，效果如图 11－60 所示。

图 11－59

图 11－60

（4）选择图层控制面板，选中文字图层。执行菜单栏中的“滤镜”＞“渲染”＞“光照效果”，在样式中选择设置如图 11－61 所示，图像效果如图 11－62 所示。

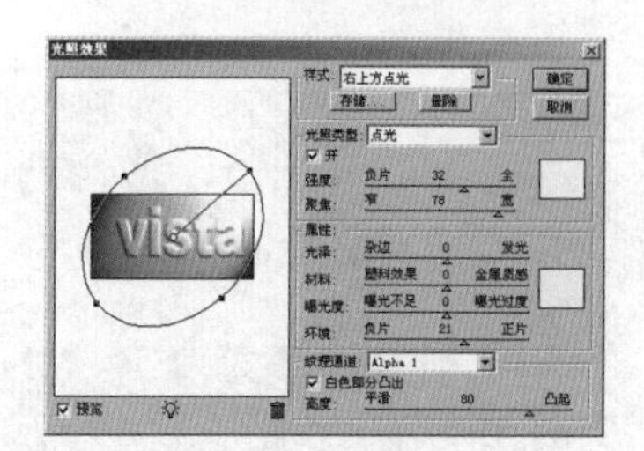

图 11－61

图 11－62

（5）执行菜单栏中的“图像”＞“调整”＞“曲线”命令，在弹出的曲线对话框中，将曲线设置如图 11－63 所示，图像效果如图 11－64 所示。

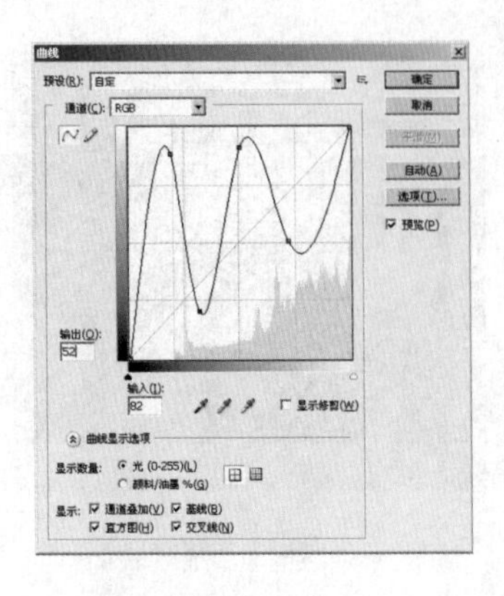

图 11 - 63

图 11 - 64

（6）再次执行菜单栏中的“图像”>“调整”>“曲线”命令，在弹出的曲线对话框中，将曲线设置如图 11 - 65 所示，图像效果如图 11 - 66 所示。

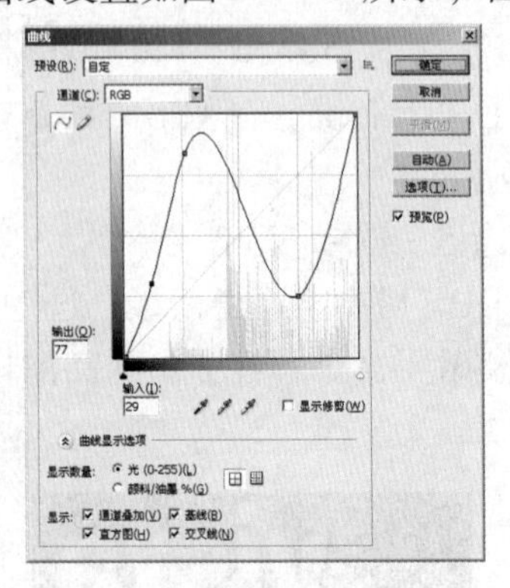

图 11 - 65

图 11 - 66

（7）选中背景图层，在图层控制面板下方单击创建新的图层按钮，生成新的图层 1，在工具箱的下方将前景色设置为橘黄色，其 RGB 分别为 255、241、0。按住“Ctrl”键，单击文字层，载入选区。选中图层“vista1”，用前景色填充选区，取消选区。设置文字图层混合模式为“颜色加深”，图像效果如图 11 - 67 所示。

（8）将图层“vista”和“vista1”链接。选择菜单栏中的“编辑”>“变换”>“透视”命令，调整字母的倾斜度，使字母近大远小透视感觉，效果如图 11 - 68 所示。

图 11 - 67

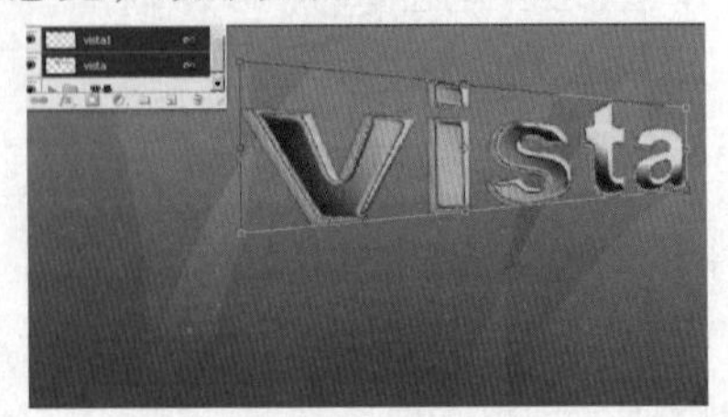

图 11 - 68

（9）复制图层“vista”和“vista1”副本，并合并成为“vista1 副本”图层。将该层垂直翻转并调整角度及变换，设置“vista1 副本”图层的不透明度为 40%，图像最终效果如图 11－69所示。

（10）新建图层“红矩形”，选择矩形工具画一个正方形，并选择如图 11－70 所示的“样式”。

（11）同上一步，新建图层“黄矩形”、“蓝矩形”、“绿矩形”，并选择对应的图层样式，最终效果如图 11－71 所示。

图 11－69

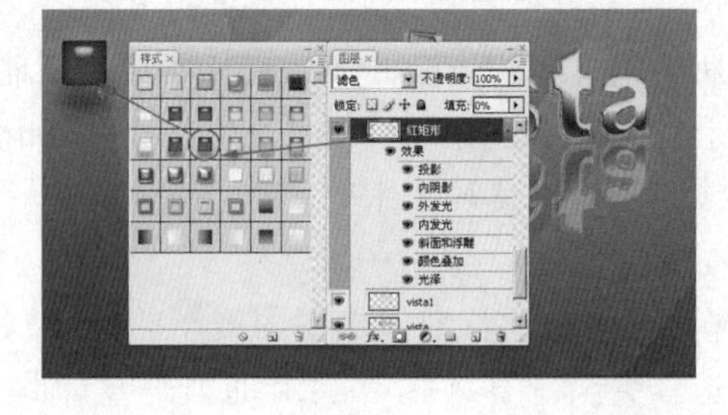

图 11－70

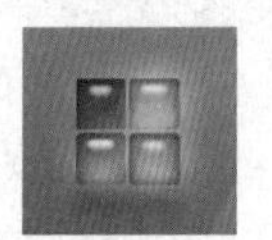

图 11－71

11.3.3 制作蝴蝶效果

（1）在路径控制面板中新建“蝴蝶”路径，用“钢笔工具”勾出如图 11－72 所示的路径。

（2）利用“路径选择工具”选择蝴蝶的不同部分填充不同的颜色，然后用“添加图层样式”选择“投影”、“外发光”、“内发光”、“斜面和浮雕”，设置均为系统默认值，蝴蝶效果如图 11－73 所示。

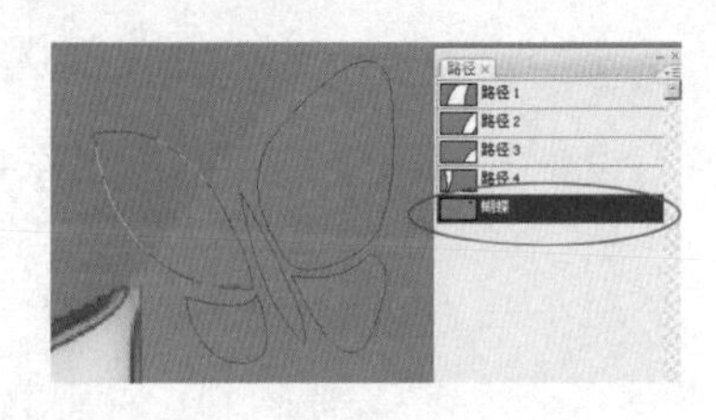

图 11－72

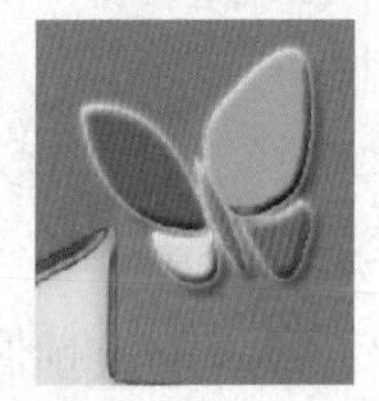

图 11－73

根据以上步骤制作出来的电脑桌面壁纸最终效果如图 11－74 所示。

图 11－74

11.4 注塑胶瓶式包装设计

11.4.1 汽车润滑油包装设计

注塑胶瓶式包装多用于液体商品，通常用塑料制成，其特点是密封性比较强、坚固、易加工成各种形状、耐水性好和价格低廉，广泛用于化工、医药、日用品、食品等领域。胶瓶式包装具有线条流畅、美观实用等优点。

1. 产品定位

“嘉颖牌”润滑机油特地根据中国汽车的性能和路面状况而设计，性能稳定和成本低廉是车主的首选。突出“嘉颖牌”润滑油，是设计此包装的目的。根据消费市场定位，产品的外观在设计风格上趋向简洁风格。瓶身采用一体的颜色，既有利于包装的系列延续，更能起到平衡视觉的效果，给人以稳定、安全的感觉。简洁有力的中文标题和汽车图案，则体现产品良好的性能和行业属性。

2. 印刷思路

塑胶瓶印刷采用丝网印刷，由于印刷速度较慢，而且彩色印刷表现困难，所以包装的颜色不能太多太复杂，只设计两色。由于该塑胶瓶瓶身的颜色在制瓶时已经在塑料中造色，无须重新印制，只要将欲印的颜色制成网版，利用刮压方式迫使印墨透过丝网上的孔洞，再转印到被印物上，印完一色烘干后再印第二色，直至印刷完成。印前设计人员在电脑制作胶片时，只要把各个颜色拆分，均用黑色代替即可。

3. 成品流程

润滑机油包装的制作流程为：设计构思→印前准备→设计初稿→定稿→拆色制作→输出制作胶片→起模制作胶瓶→移印胶瓶→装箱成品。

11.4.2 效果图的制作

1. 设置包装的标准尺寸

已知“嘉颖牌”润滑机油胶瓶的尺寸是：250 mm×140 mm×60 mm，如图 11－75 所示。

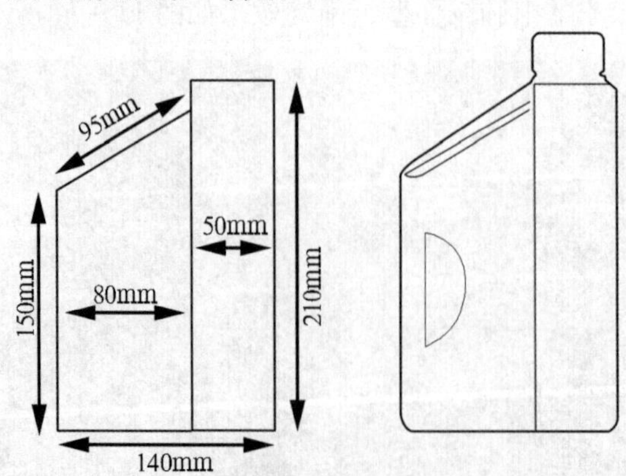

图 11－75

2. **制作油壶**

（1）按“Ctrl + N”键新建文件，在弹出的“新建”对话框中设置宽度为 10 cm，高度为 10 cm，分辨率为 300 像数/英寸，色彩模式为 RGB 模式，同时将背景色填充为白色，建立新文件。

（2）单击工具箱中的“渐变工具”，做出如图 11 - 76 所示背景渐变。

（3）单击工具箱中的“钢笔工具”，在新建“胶瓶轮廓”路径中勾勒出胶瓶的形状，如图 11 - 77 所示。

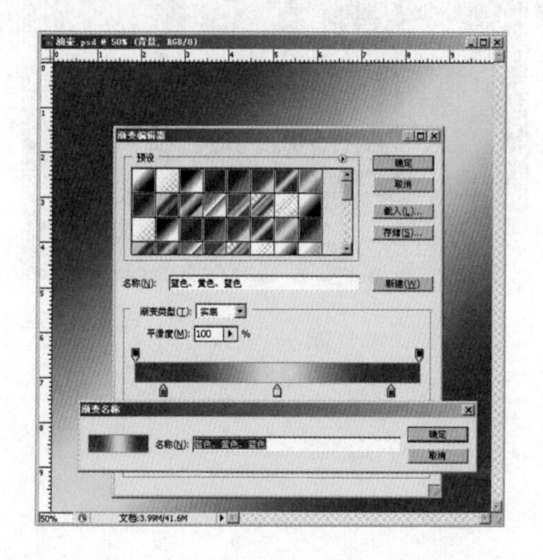

图 11 - 76

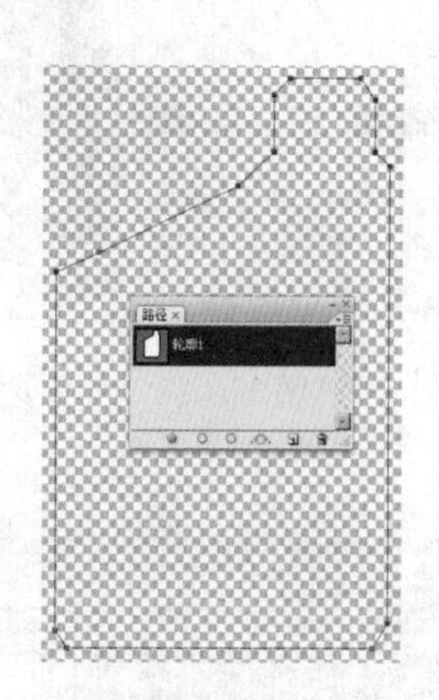

图 11 - 77

（4）按“Ctrl + Enter”键，将路径变换为选区，单击工具箱中的“渐变工具”，编辑渐变。在图层中新建组“油壶”，新建图层“油壶身”，然后将选区填充渐变，如图 11 - 78 所示。

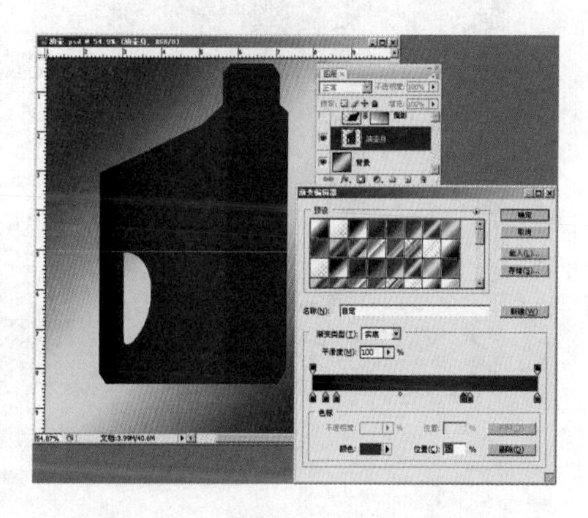

图 11 - 78

（5）按“Shift + Ctrl + N”键，新建图层“油壶身高光”，选取工具“矩形选框工具”，建立矩形选区。单击工具箱中的“渐变工具”，再单击“点按可编辑渐变”按钮，在“渐变编辑器”的“色标”栏中设置数值，接着在矩形选区从左至右拖动线性渐变，将选区进行填充，如图 11 - 79 所示。设置图层混合模式为“正常”，不透明度为 80%，单击工具箱中的“多边形套索工具”，将矩形多余部分勾勒出来，将其变成选区后按“Delete”键删除，如图 11 - 80所示。

（6）同样方法，如图 11 - 81 所示，依次新建图层和相应路径，见随书光盘，制作出瓶盖的渐变。注意用工具栏中的“减淡工具”和“加深工具”对选区局部进行涂抹，如图中品红椭圆中标记的需要改变光亮的地方，为其添加明暗关系。

（7）在图层中复制图层“油壶身”，命名为“倒影”，按住“Ctrl”键的同时用鼠标单击图层图标，导入图层选区，填充黑色，然后“自由变换”（“Ctrl + T”），并添加矢量蒙版，用黑色到白色的渐变填充，形成明暗变化，结果如图 11 – 82 所示。

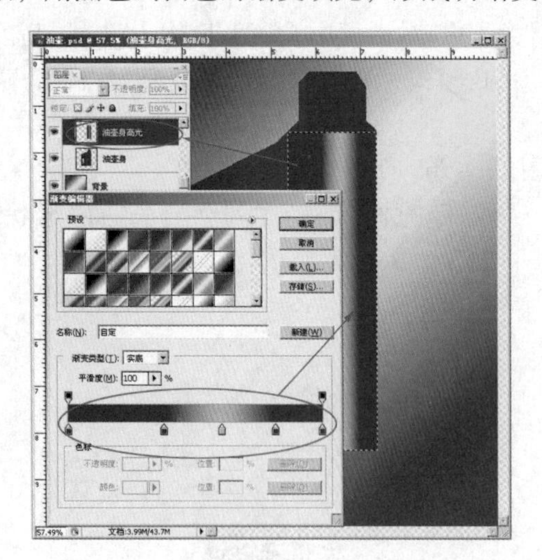

图 11 – 79

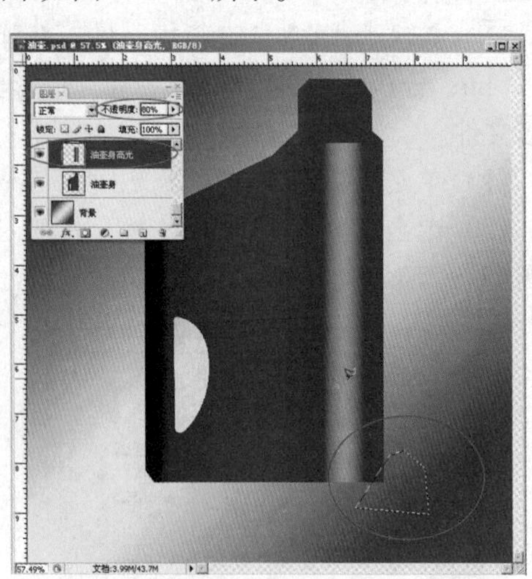

图 11 – 80

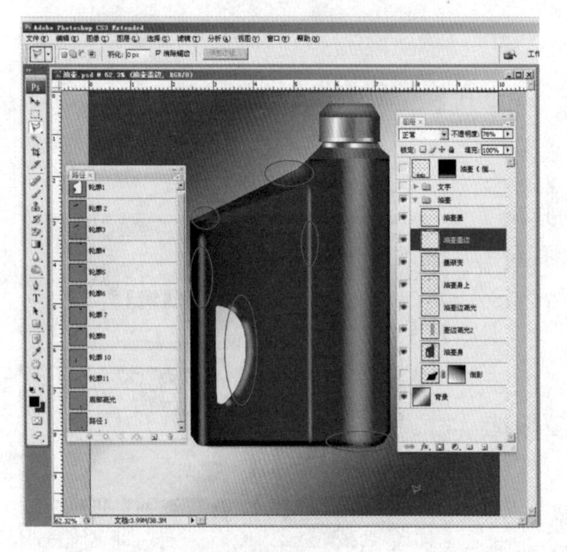

图 11 – 81

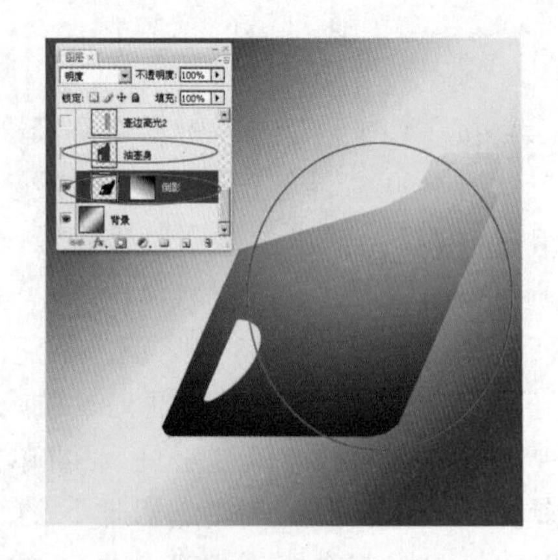

图 11 – 82

3. 印刷图案及文字制作

（1）在图层中新建组“文字”，新建文字图层“汽车润滑油”，单击“添加图层样式”图标，添加投影。同样制作如图 11 – 83 所示的其他文字。

（2）图 11 – 83 中“汽车图案”、“商标”、“自由图形”均来自“自定形状工具”，这有许多常用的图形，方便选取，如图 11 – 84 所示。

4. 制作油壶倒影

选择图层组“油壶”和“文字”，隐藏“背景”图层和图层组“油壶”中的“倒影”，按下“Ctrl + Alt + Shift + E”，合并可见图层，命名“盖印倒影图层”，然后按“Ctrl + T”键

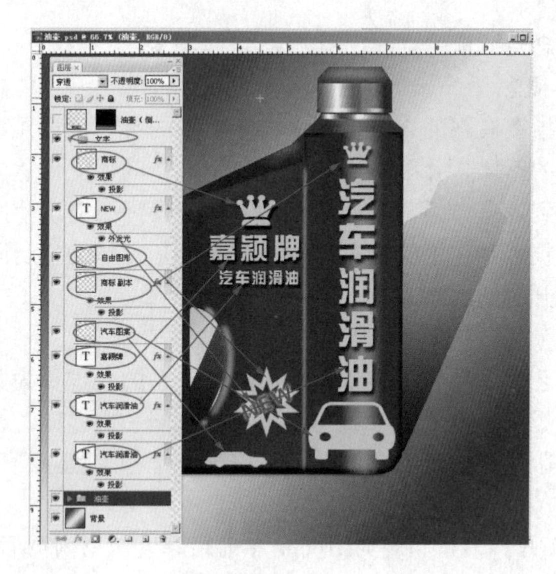

图 11－83

进行“垂直翻转”，再单击“图层”面板下方的“添加矢量蒙版”为图层添加蒙版，选择“渐变工具”，由上至下拖动“黑色至白色”线性渐变，做出包装的倒影效果，最终效果如图 11－85所示。最后选择菜单中的“文件” ＞“保存”命令，将文件命名为“油壶”，以 PSD 格式进行保存。

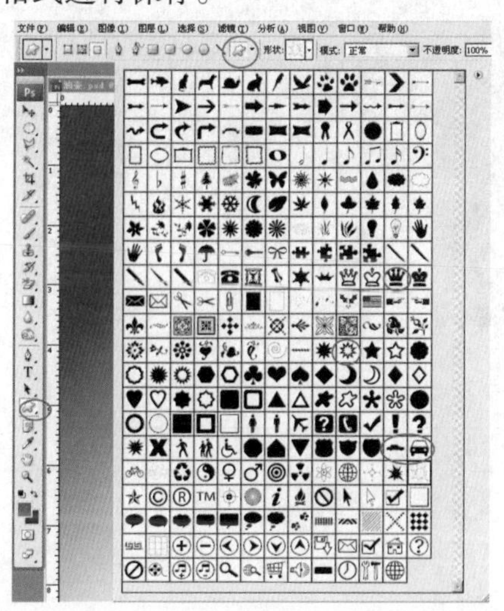

图 11－84

图 11－85

11.5 书籍的封面设计

11.5.1 封面设计特点

就印刷而言，按照制版的要求，常把封面、书脊、封底、前后勒口当作一个整体的书籍外在形式，用封面的概念笼统谈论。

1. 版面设计的基本概念

所谓版面设计，是指在有限的二维平面中将各类型的有效视觉元素进行主动的有机的编排组合以创造一个连贯的整体，并以一种艺术化、个性化的视觉传达方式或表达某种理由思维、某种观念、最终达到信息传播和沟通的目的。版面设计要力求使照片、文字、插图等各元素达到文化层面上的技术和艺术的完美统一。成品书是立体的，所以设计师要同时考虑到书籍在平放、竖放和展开时的状态。

2. 印刷思路

封面设计作为印刷艺术，选材虽重要，但风格和造型的处理更为关键，现在很多出版社为扩大发行范围，会从经济和收藏的双重角度出发，就同一内容同时推出的封面效果完全相同，但装订形式不同的版本，这就要求设计师从宏观上把握，更灵活地创造。本例表现精装和简装两种风格。

已知书籍为大度 32 开，书籍厚度为 10 mm（书籍厚度由书内页面数决定）。书籍成品尺寸为 14.5 cm（宽）×21 cm（高），则书封面展开尺寸为 30.6 cm（宽）×21.6 cm（高），包含每边 3 mm 的出血尺寸。

11.5.2 《蓝色梦之春》封面设计尺寸

（1）标注书封面参考线。按“Ctrl + N”键，在弹出的“新建”对话框中设置宽度为 30.6 cm，高度为21.6 cm，分辨率为300 像素/英寸，色彩模式为 CMYK 颜色，背景色为白色，建立新文件。

（2）执行“文件” > “存储为”（快捷键“Ctrl + Shift + S”），存储该文件为“书展开图”，PSD 格式。

（3）根据书封面的尺寸，首先要在 Photoshop 当前文件中创建参考线，按快捷键“Ctrl + R”显示标尺，然后在标尺上拖曳鼠标，标出如图 11 – 86 所示的参考线。新建背景图层，拉上深蓝（C90%、M70%）到浅蓝（C20%）的渐变。

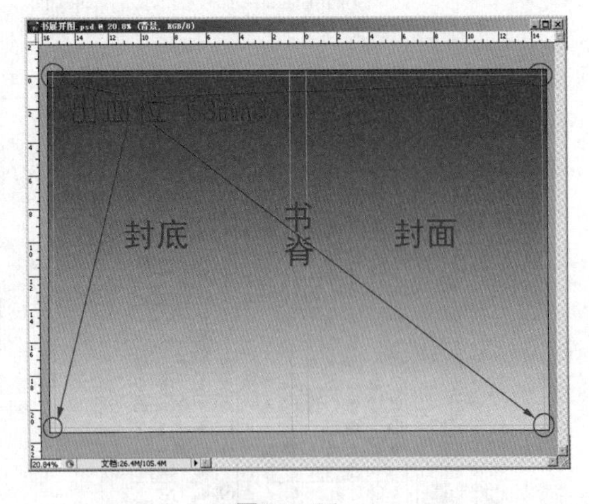

图 11 – 86

11.5.3 制作封面

1. 制作白云

（1）在路径控制面板中先建图层组“封面”。然后创建新路径，命名为“白云”，用“钢笔工具”描画出云彩路径。

（2）在图层控制面板中创建新图层，也对应命名为“白云”，然后将“白云”路径作为选区载入，填充白色，并执行“滤镜” > “模糊” > “高斯模糊”，半径设置为 5 像素，使白云的边沿模糊。

（3）然后复制图层“白云”（快捷键“Ctrl + J”），对复制的图层自由变换（Ctrl + T），改变白云大小。效果如图 11 – 87 所示。

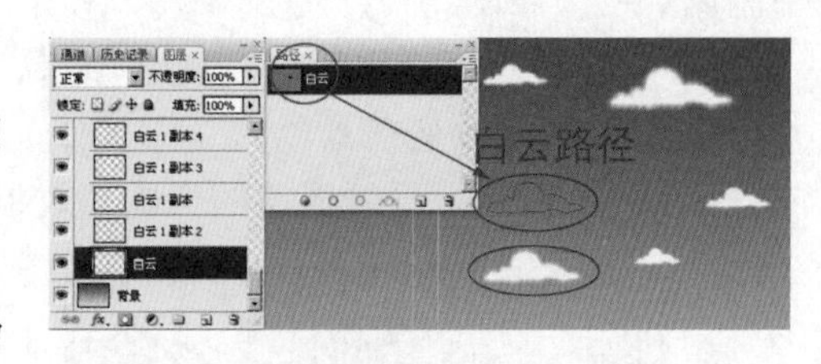

图 11 – 87

2. **绘制女生**

（1）在路径控制面板中创建新路径，命名为“女生”，用“钢笔工具”描画出女生轮廓路径。

（2）在图层控制面板中创建新图层，也对应命名为“女生”，然后用路径选择工具，选择不同的路径，改变前景色，用前景色填充路径，给“女生”着色，效果如图 11 – 88 所示。

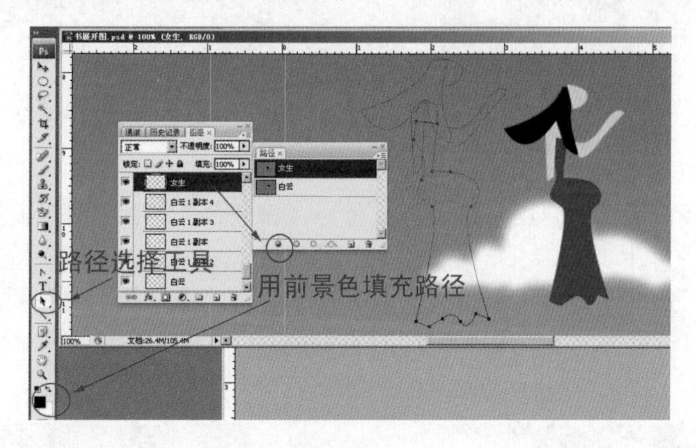

图 11 – 88

3. **绘制飘带**

（1）在路径控制面板中创建新路径，命名为“飘带”，用“钢笔工具”描画出飘带轮廓路径。

（2）在图层控制面板中创建新图层，也对应命名为“飘带”，然后用路径选择工具，选择路径，改变前景色为（C6% M87% Y13%），用前景色填充路径，给“飘带”着色，效果如图 11 – 89 所示。设置图层的混合模式为“柔光”，效果如图 11 – 90 所示。

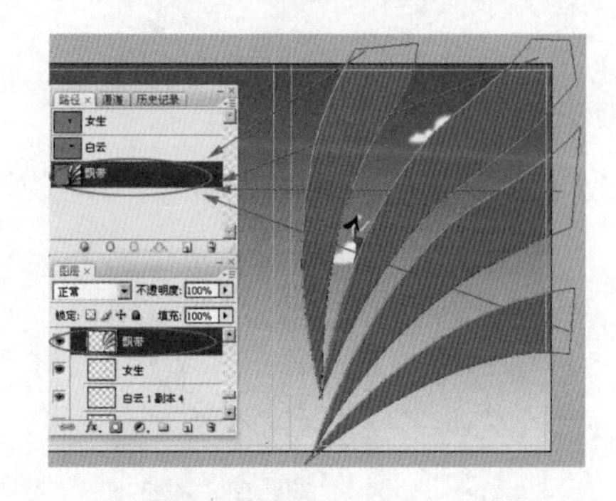

图 11 – 89

图 11 – 90

4. **绘制“蓝色梦之”**

（1）在路径控制面板中创建新路径，命名为“蓝色梦之”，用“钢笔工具”描画出

“蓝色梦之”轮廓路径。

(2) 在图层控制面板中创建新图层，也对应命名为“蓝色梦之”，然后用路径选择工具，选择路径，改变前景色为（C100%），用前景色填充路径，给“蓝色梦之”着色，效果如图 11－91 所示。设置图层的样式，效果如图 11－92 所示。

图 11－91

图 11－92

5. **绘制“圆环”装饰**

(1) 在路径控制面板中创建新路径，命名为“抛物线”，用“钢笔工具”描画出“抛物线”路径。

(2) 在图层控制面板中创建新图层，也对应命名为“抛物线”，然后用路径选择工具，选择路径，改变前景色为白色，用画笔描边路径着色，效果如图 11－93 所示。设置图层的样式，效果如图 11－94 所示。

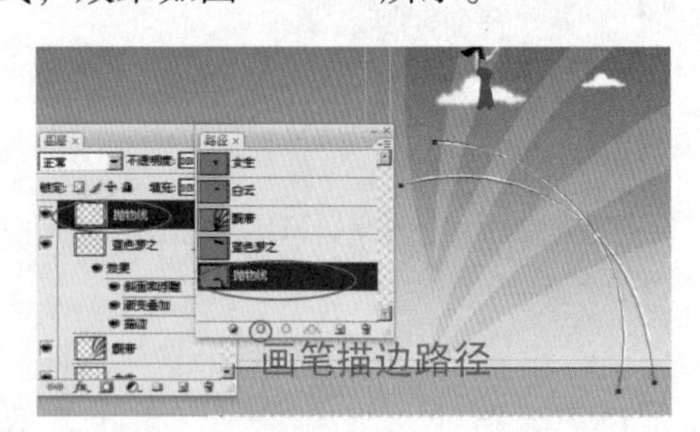

图 11－93

图 11－94

(3) 新建图层，用“椭圆工具”画如图 11－95 所示的正圆形，填充相应颜色。

6. **输入文字**

使用“文字工具”输入如图 11－96 所示文字，改变文字颜色、字体、字号、样式等。

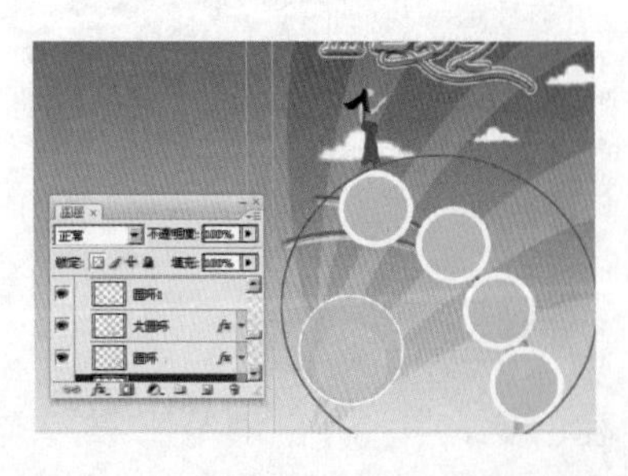

图 11－95

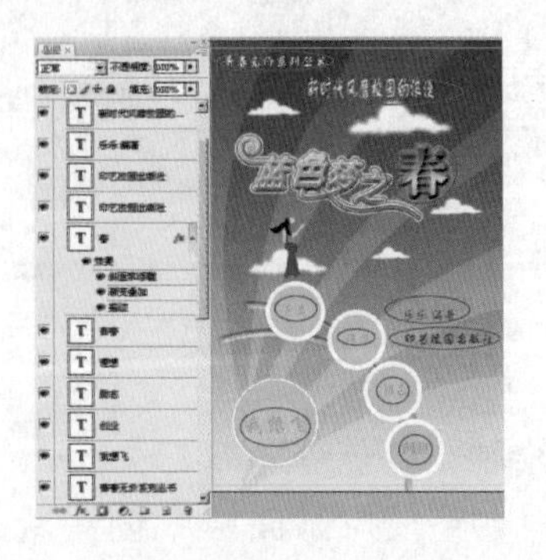

图 11－96

11.5.4 制作书脊

使用“垂直文字工具”输入如图 11－97 所示文字，改变文字颜色、字体、字号、样式等。

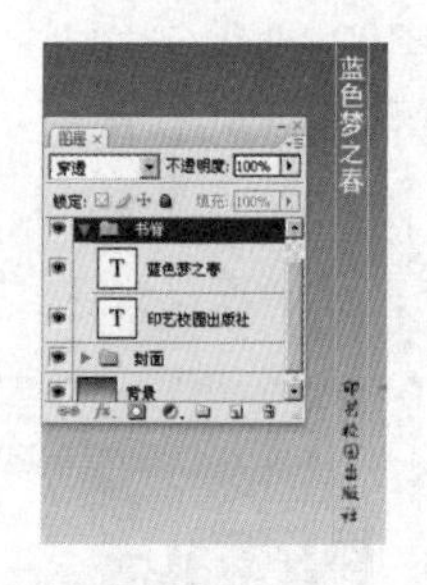

图 11－97

11.5.5 制作封底

（1）在路径控制面板中先建图层组“封底”。然后将在封面制作好的“蓝色梦之春”复制，按住“Shift”键，同时选中“蓝色梦之副本”和“春副本”，单击鼠标右键，在弹出的菜单中选择“链接图层”，然后用自由变换工具缩小，使用“文字工具”输入相关文字，改变文字颜色、字体、字号、样式等。

（2）在 CorelDRAW X3 软件中执行菜单“编辑” > “插入条形码”命令，在弹出的“条形向导”对话框的“行业标准格式”中选择“ISBN”，输入客户提供的条形码数字后单击“下一步”按钮，选择默认选项，再次单击“下一步”按钮，依然保持默认选项，单击“完成”按钮，最终如图 11－98 所示。

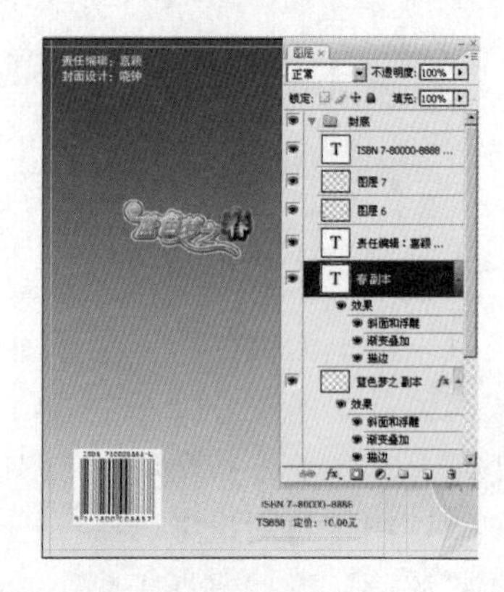

图 11－98

（3）书封面展开最终效果如图 11－99 所示。

图 11－99

11.5.6 制作书的立体效果图

1. 制作背景

（1）按“Ctrl + N”键，在弹出的“新建”对话框中设置宽度为 25 cm，高度为19 cm，分辨率为300像素/英寸，色彩模式为RGB模式，背景色为白色。

（2）将前景色设置为“C：70，Y：100”，执行“填充（Ctrl + Delete）”命令，填充前景色，打开“滤镜”>“渲染”>“光照效果”，设置如图11－100所示。按键盘“存储”（“Ctrl + S”）命令，存储该文件为“简装书立体效果”，PSD格式，背景效果如图11－101所示。

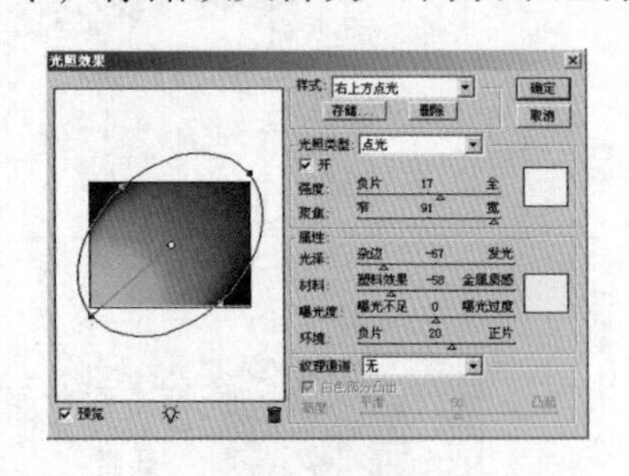

图11－100

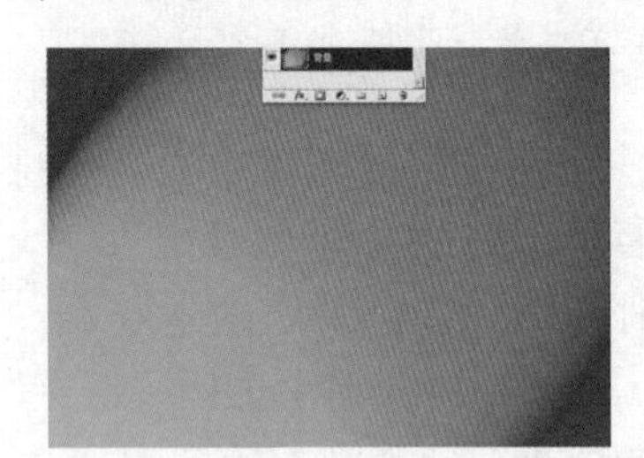

图11－101

2. **制作书封面立体**

（1）将上面做好的书展开图用“矩形框选工具”选择封面部分，按“Ctrl + C”拷贝，到“简装书立体效果”图中“Ctrl + V”粘贴，命名图层为“封面”，然后按“Ctrl + T”自由变换，成立体透视效果。在图层样式中添加“斜面和浮雕”效果，设置为系统默认值。

（2）制作封面投影。用“圆角矩形工具”画一个和书封面大小相近的矩形，填充黑色，执行“滤镜”>“高斯模糊”，半径为8像素，然后按“Ctrl + T”自由变换，成立体透视投影，改变透明度为40，封面立体投影效果如图11－102所示。

（3）制作封面倒影。复制图层“书封”，执行菜单“编辑”>“变换”>“垂直翻转”，然后按“Ctrl + T”自由变换，成垂直倒影，改变透明度为40，倒影效果如图11－103所示。

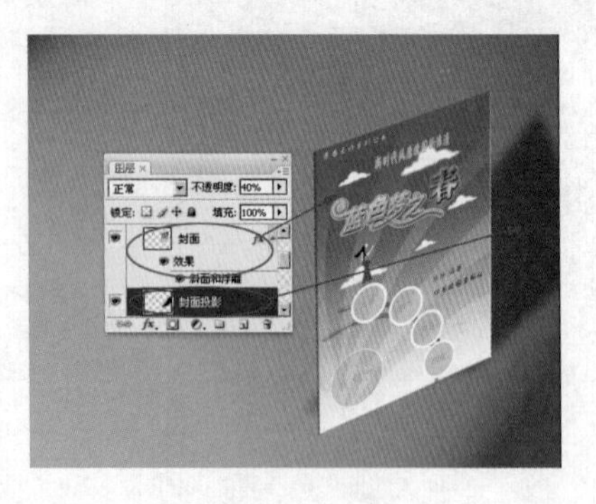

图11－102

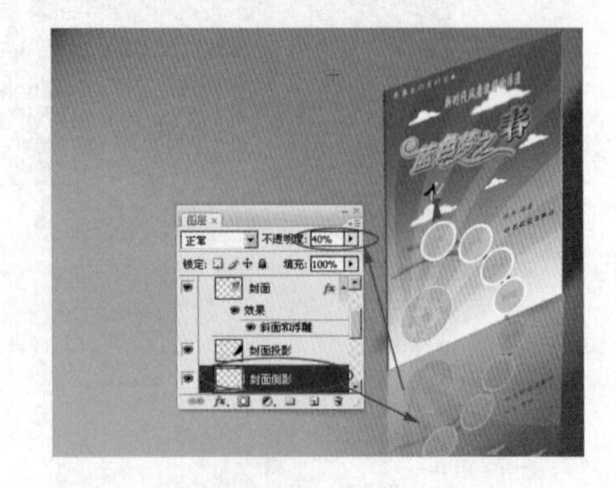

图11－103

（4）运用上面相近的方法制作出如图11－104所示的书脊及倒影图。

（5）制作书顶面的书芯。在路径控制面板新建“封面顶书芯”路径，变为选区后填充“白色到灰色”的渐变。在路径控制面板新建“封面顶书芯1”路径，变为选区后填充浅灰色“K10%”，然后用“画笔工具”画浅灰色斜线，效果如图11－105所示。

3. **制作书封底立体**

利用以上学习方法，可以绘制如图11－106所示的书封底立体图。

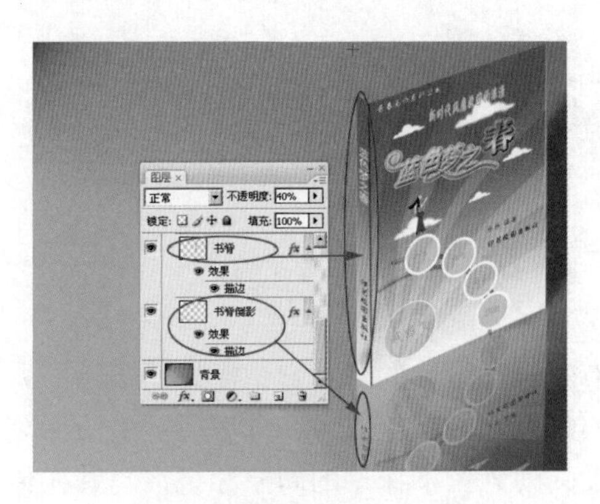

图 11－104

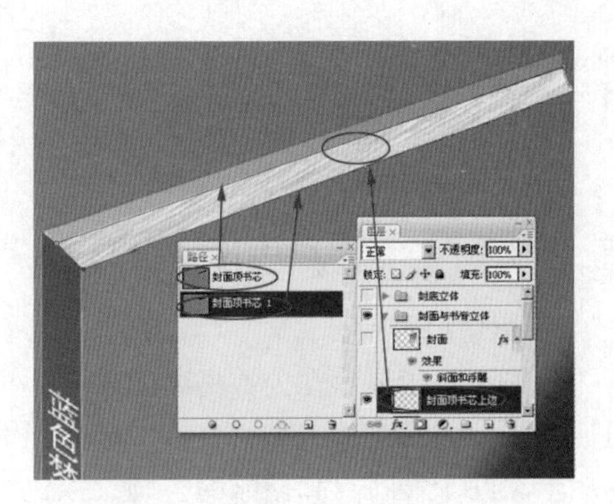

图 11－105

4. **最终简装书的立体效果**

最终简装书的立体效果如图 11－107 所示。

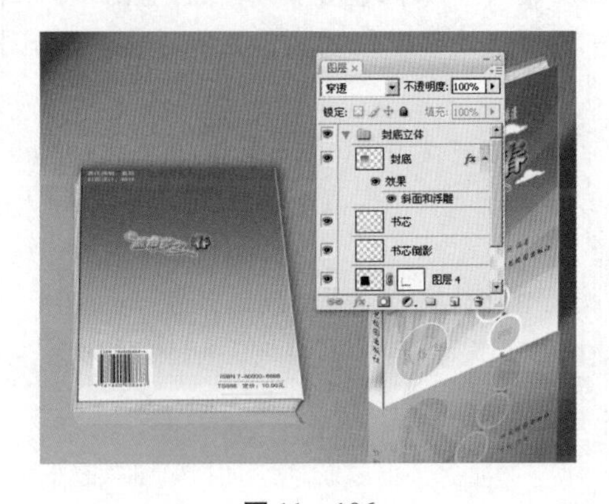

图 11－106

图 11－107

5. **精装书的立体效果**

精装书的立体效果如图 11－108 所示，制作的方法与上面的步骤基本相近。精装书作为精致的装订形式，特点是装帧讲究和以耐折、耐保存的装饰材料作为封面。精装书同样先要进行书芯加工。与平装不同，精装在订书后即三面切书，并进行扒圆、起脊、贴纱布、贴堵头布等加工。精装书还需要单独加工书壳，最后完成书芯与书壳。

图 11－108

11.6 招贴广告设计

11.6.1 招贴广告设计特点

1. 招贴广告设计

招贴广告指展示在公共场所的告示，招贴兼有绘画和设计的特点，一幅好的招贴一方面可通过强烈的视觉冲击力，直接引起人们的注意与情感上的反应，另一方面还可更为深刻地揭示形象的个性特点和招贴的主题，强化感知力度，使人留下深刻的印象和记忆，并在传递信息的同时给人以美的享受。

2. 招贴广告印刷方式

招贴广告类产品的开本主要有 4 开和对开，印刷方式大多采用胶印，这主要因为：

（1）现在的招贴广告设计原稿大多采用照片、反转片（天然色正片）、数码照片等来再现真实景物，配以必要的绘画手法制成。采用先进的印前处理设备制版，在高速多色胶印机上进行印刷，能真实自然地再现设计意图。

（2）胶印机采用圆压圆印刷方式，压印瞬间是线接触，采用气垫橡皮布，印刷压力小，机器速度快，可在单位时间内完成多色印刷，缩短了印刷周期，提高了印刷效率，增加了经济效益。

（3）由于胶印机开型比凸印机大，能印制大幅面的招贴广告画。胶印产品与上光、覆膜等印后加工工艺结合，使招贴广告画的光泽度增强、色彩鲜艳，不怕太阳晒和雨淋。

11.6.2 印艺校园合唱团招募招贴设计

1. 建立新文件

（1）按“Ctrl + N”键，在弹出的“新建”对话框中设置宽度为 22 cm，高度为 29. 5 cm，分辨率为 300 像素/英寸，色彩模式为 CMYK 颜色，背景色为白色，建立新文件。（如果建立新文件设置四开尺寸，则要求计算机运算速度要快，配置要高）

（2）执行“文件” > “存储为”（快捷键“Ctrl + Shift + S”），存储该文件为“印艺合唱团招募”，PSD 格式。注意在制作的过程中养成经常保存的好习惯，即随时按“Ctrl + S”，以免计算机死机或掉电而导致文件没有保存。

2. 背景设计制作

（1）填充背景色（C60% M100% Y40%）。

（2）在路径控制面板新建路径“背景彩带 1”，用钢笔工具勾画出如图 11 – 109 所示的路径。在图层控制面板中新建相应图层“背景彩带 1”，将路径“背景彩带 1”变为选区，填充“白色”到浅紫红（C15% M70% Y15%）的渐变。同样制作“背景彩带 2”效果，填充浅紫红（C15% M70% Y11%）。

（3）制作五线谱。在路径控制面板新建路径“五线谱 1”，用钢笔工具勾画出如图 11 – 110 所示的路径。同样依次勾画出剩余的 4 根。单击“画笔工具”，设置画笔预设为主直径“4 px”，硬度 100%。然后新建图层“五线谱”，设置前景色为（C100% M20%）。

回到路径控制面板，依次选择路径“五线谱 1”到“五线谱 5”来“用画笔描边路径”，这样在图层“五线谱”描边五线谱。

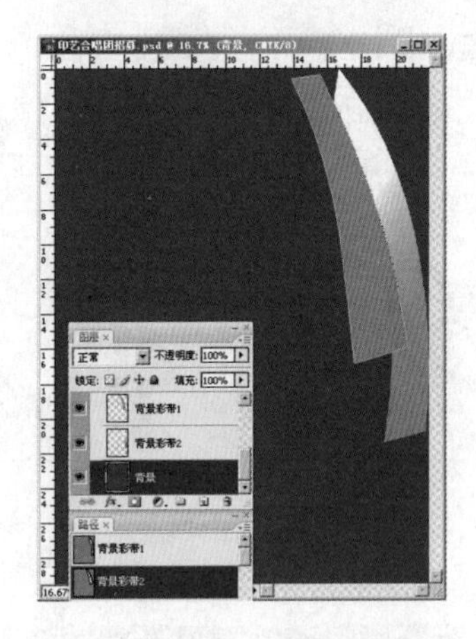

图 11－109

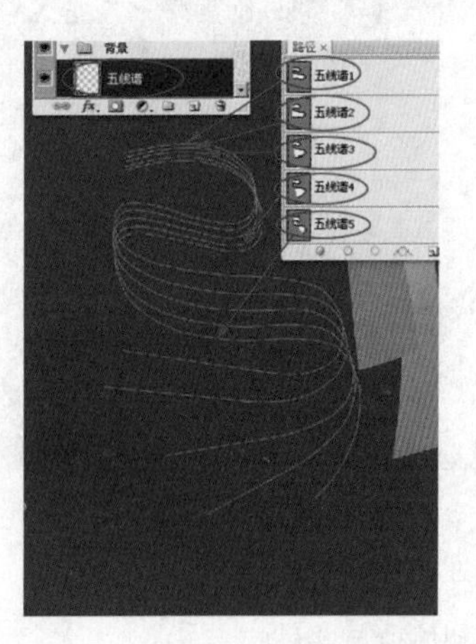

图 11－110

（4）制作音符。新建“音符”图层，打开“自定形状工具”，选择其中的音符，并变换颜色（改变前景色）和大小，在五线谱上画音符，设置“音符”图层不透明度为 40%，效果如图 11－111 所示。

（5）制作屏幕。新建“屏幕”图层，打开“圆角矩形工具”，设置前景色为改变前景色（C9% M24% Y86%），画一个圆角矩形，描边为黑色，效果如图 11－112 所示。

图 11－111

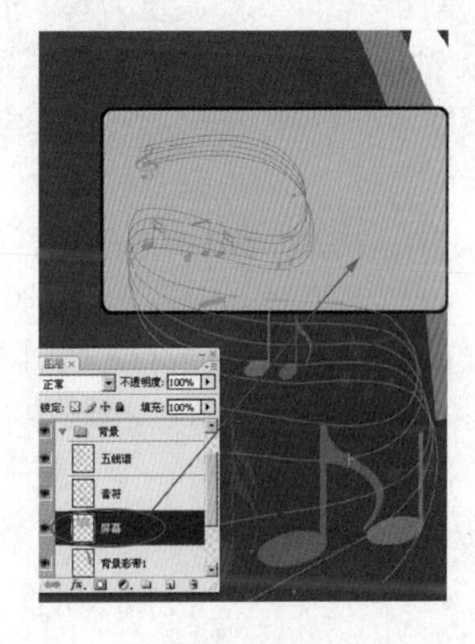

图 11－112

3. 制作招募女生

在图层控制面板新建组“招募女生”，然后新建路径“衣服”，用钢笔工具勾画出如图 11－113 所示的路径。然后相应建立“衣服”新图层，改变前景色（M95%、Y97%），在路径控制面板中选择路径“衣服”，单击用“前景色填充路径”按钮填充。同样依次勾画出其他的路径“话筒 1”、“话筒 2”、“头发”、“身体”等，然后相应建立“话筒 1”、“话筒 2”、“头发”、“身体”等新图层，回到路径控制面板，分别改变前景色，在路径控制面板中单击用“前景色填充路径”按钮填充。制作招募女生顺序如图 11－114 所示。

图 11－113

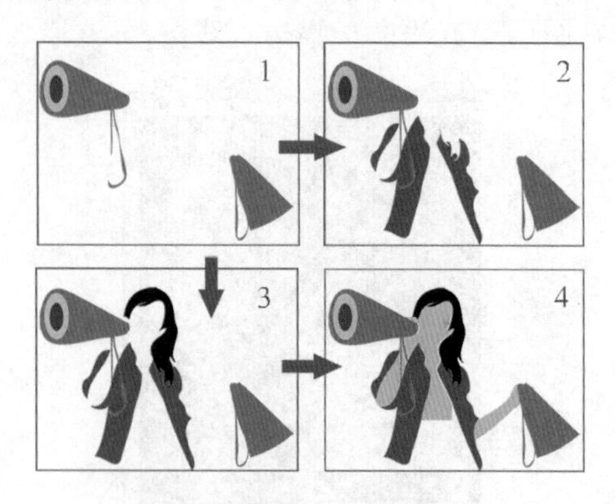

图 11－114

4. **制作文字组**

新建“文字”图层组，使用“文字工具”输入如图 11－115 所示文字，建立相应文字图层，改变文字颜色、字体、字号、样式等。

5. **制作印章文字**

图 11－115 中“招募中”文字为印章文字效果，具体制作方法如下：

（1）新建一个文件，宽度为 6.5 cm，高度为 3 cm，分辨率为 300 像素/英寸，色彩模式为 RGB 颜色，背景色为白色，建立新文件，进入通道面板，新建一个 Alpha 的通道，然后输入文字，填充为白色。

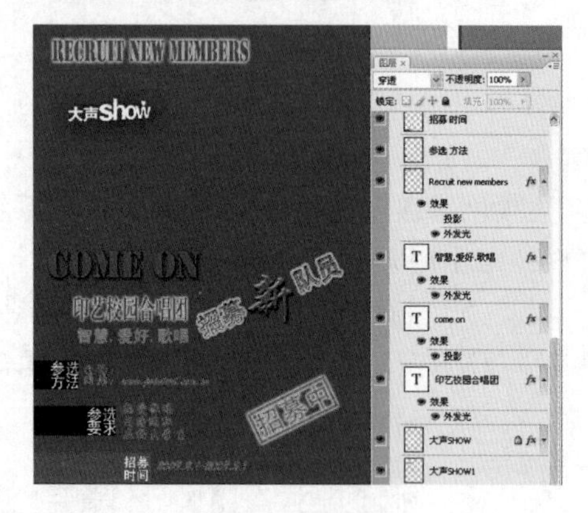

图 11－115

（2）制作印章边框。选矩形选框工具绕文字选取，然后执行“编辑” > “描边”，描边为白色，值为 20 px，如图 11－116 所示。

（3）按“Ctrl”单击 Alpha 通道载入选区，执行“滤镜” > “杂色” > “添加杂色”，设置数量 50%，高斯分布；接着执行“滤镜” > “风格化” > “扩散”，设置模式正常；再执行“滤镜” > “模糊” > “进一步模糊”，最后执行“图像” > “调整” > “阈值”，阈值设置 128。

（4）再次按“Ctrl”单击 Alpha 通道载入选区，回到图层面板，新建一层填充暗红色（C9%、M92%、Y86%）。

（5）最后执行“滤镜” > “模糊” > “高斯模糊”半径 2 像素。最终效果如图 11－117所示。

图 11－116

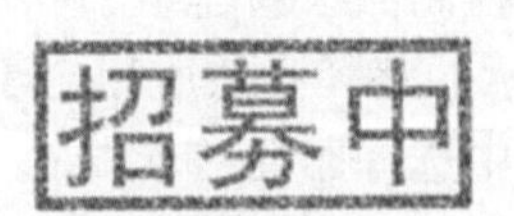

图 11－117

根据以上步骤制作出来的招贴最终效果如图 11－118 所示。

图 11－118

11.7 洗发水促销传单设计

11.7.1 洗发水瓶设计

1. 建立新文件

（1）按“Ctrl + N”键，在弹出的“新建”对话框中设置宽度为 5 cm，高度为 10 cm，分辨率为 300 像素/英寸，色彩模式为 CMYK 颜色，背景色为白色，建立新文件。

（2）执行“文件” > “存储为”（快捷键“Ctrl + Shift + S”），存储该文件为“洗发水瓶”，PSD 格式。

2. 瓶身设计制作

（1）在图层控制面板新建组“瓶身”，新建图层“瓶身渐变”，用“矩形工具”绘制洗发水瓶身，填充如图 11－119 所示的渐变。然后在路径控制面板新建“瓶底形状”，在用钢笔工具勾画出抛物线形状路径。

（2）使“瓶底形状”变成“将路径作为选区载入”，回到图层“瓶身渐变”，将选择的区域按“←”键删除，形成瓶底成抛物形状，然后复制图层“瓶底形状”，设置图层的混合模式为“滤色”，效果如图 11－120 所示。

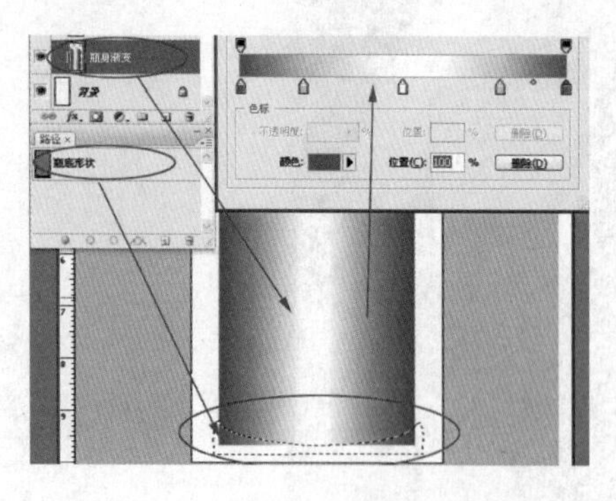

图 11－119

图 11－120

（3）瓶身边线渐变。按住“Ctrl”键的同时单击“瓶身渐变”图层图标，载入图层选区。新建图层，命名“瓶身边线渐变”，然后在菜单“编辑”＞“描边”，选择宽度 15 px，颜色“白色”、位置“内部”，按住“Ctrl”键的同时单击“瓶身边线渐变”图层图标，载入图层选区，填充上边步骤（1）同样的渐变，添加图层样式“内阴影、内发光、外发光”。效果如图 11－121 所示。

3. 瓶盖设计制作

（1）同样在路径控制面板新建路径“瓶盖形状”，用钢笔工具勾画出如图 11－122 所示路径。然后新建图层“瓶盖渐变”，填充渐变。

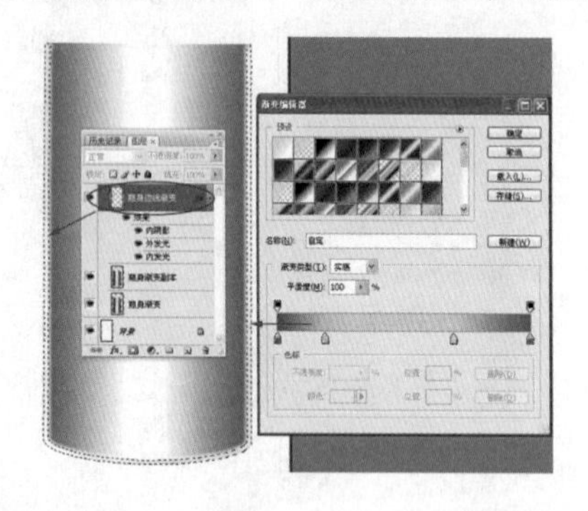

图 11－121

图 11－122

（2）瓶盖边线渐变。方法同“瓶身边线渐变”制作，按住“Ctrl”键的同时单击“瓶盖渐变”图层图标，载入图层选区。新建图层，命名“盖边线渐变”，然后在菜单“编辑”＞“描边”，选择宽度 15 px，颜色“白色”、位置“内部”。按住“Ctrl”键的同时单击“盖边线渐变”图层图标，载入图层选区，填充渐变，添加图层样式“内阴影、内发光、外发光”。效果如图 11－123 所示。

（3）制作盖底边线。打开“套索工具”选择“瓶盖渐变”图层的底边，如图 11－124

所示，按住“Ctrl + C”键，再按住“Ctrl + V”键，然后将粘贴的新图层命名为“盖底边线”图层，载入该图层选区，填充黑色，添加图层样式“内阴影、内发光、外发光、渐变叠加”。

图 11 – 123

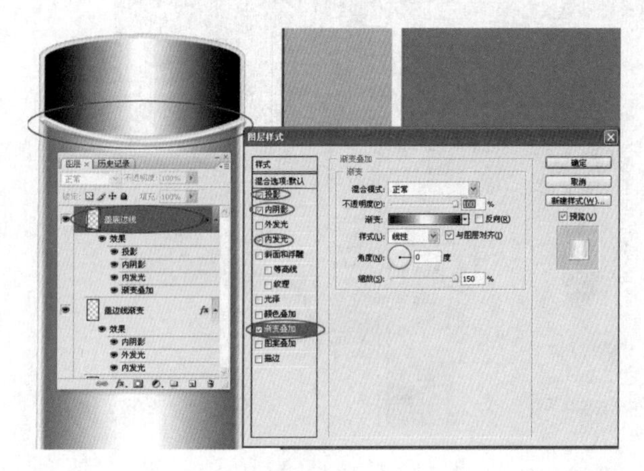

图 11 – 124

（4）制作盖顶边线。方法同（3）制作盖底边线，添加图层样式时加选择“斜面和浮雕”。效果如图 11 – 125 所示。

（5）制作瓶颜色。新建“调整”图层，调整颜色效果如图 11 – 126 所示。

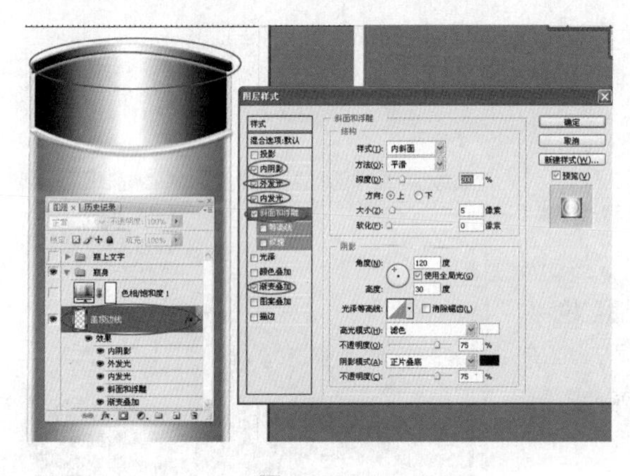

图 11 – 125

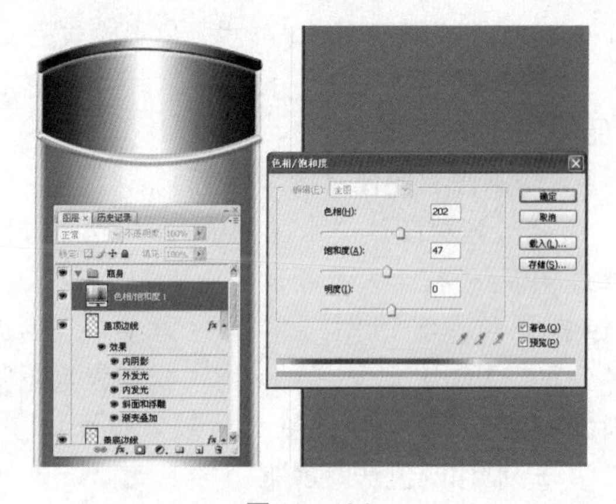

图 11 – 126

4. **制作文字**

在图层控制面板新建组“瓶上文字”。如图 11 – 127 所示，分别建立相应的文字图层，选择相应效果，注意栅格化文字图层。

5. **洗发水瓶最终效果**

如图 11 – 128 所示，分别将图层组的图层混合模式为“穿透”。

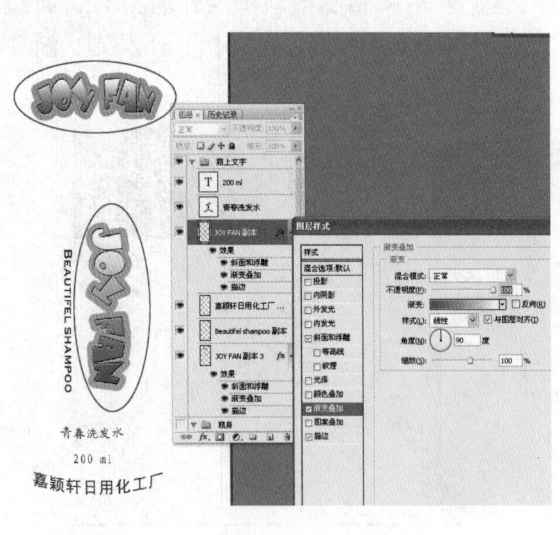
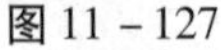

图 11－127

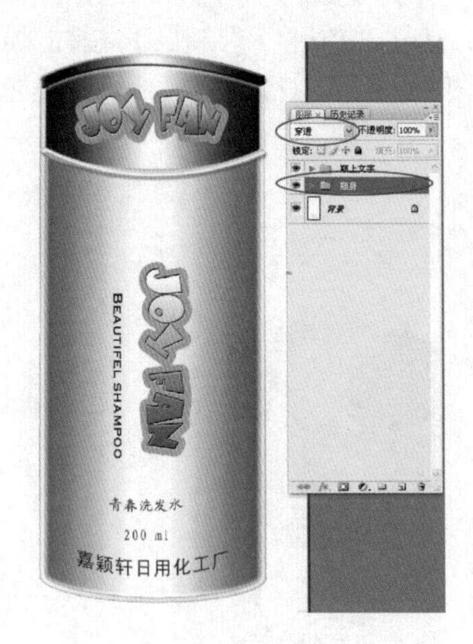

图 11－128

11.7.2 洗发水促销传单设计

1. 建立新文件

（1）按“Ctrl＋N”键，在弹出的“新建”对话框中设置宽度为 21.6 cm，高度为 14.5 cm，分辨率为 300 像素/英寸，色彩模式为 CMYK 颜色，背景色为白色，建立新文件。

（2）执行“文件”＞“存储为”（快捷键“Ctrl＋Shift＋S”），存储该文件为“洗发水促销”，PSD 格式。

2. 制作“图像背景”组

打开素材图片“水珠背景”，拖放到“图像背景”组，单击“添加矢量蒙版”，填充线性渐变，遮盖图像右下角。新建图层“蓝色背景”，填充蓝色为“C100% M60% Y15%”，单击“添加矢量蒙版”，填充径向渐变，遮盖图像左上角。效果如图 11－129 所示。

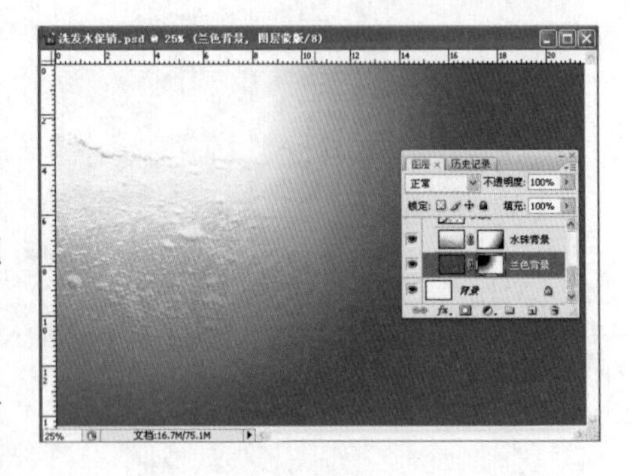

图 11－129

3. 制作四色洗发水瓶

在图层控制面板中新建“洗发水瓶”组，将前面制作好的洗发水瓶文件打开，拖放到“洗发水瓶”组，命名图层为“洗发水瓶”，“Ctrl＋T”调整洗发水瓶大小及位置。复制图层“洗发水瓶”，执行菜单“图像”＞“调整”＞“色相/饱和度”，改变瓶子颜色，按住“Shift”水平平移调整位置。以上同样的方法再制作两个水瓶，最终效果如图 11－130 所示。

4. 制作头发

（1）制作头发。在图层控制面板中新建“头发”组，新建图层“头发”，在路径控制面板中新建“头发 1”路径，用钢笔工具分别勾画出如图 11－131 所示的“头发 1”、“头发 2”、

“头发 3”路径，设置“铅笔工具”主直径为 30 px，硬度 100%，黑色。依次选中“头发 1”、“头发 2”、“头发 3”路径，用“画笔描边路径”到图层“头发”中，效果如图 11－131 所示。

图 11－130

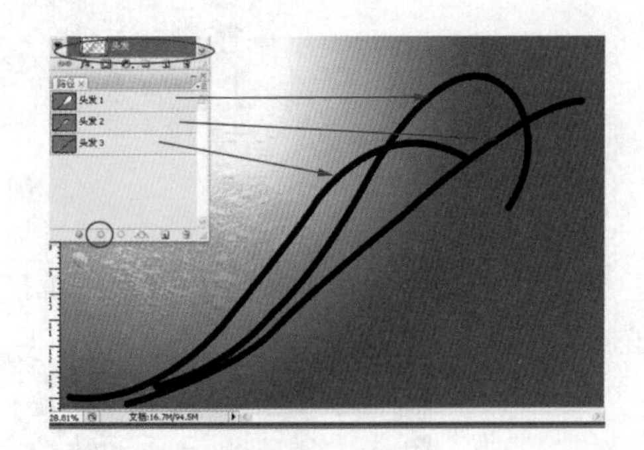

图 11－131

（2）制作头发高光。新建图层“头发高光”，设置“铅笔工具”主直径 5 px，硬度 100%，白色。依次选中“头发 1”、“头发 2”、“头发 3”路径，用“画笔描边路径”到图层“头发高光”中，执行“滤镜” > “模糊” > “高斯模糊”，半径 3 px，效果如图 11－132 所示。

（3）制作发根高光。新建图层“发根”，设置前景色为黑色，用“椭圆工具”画出如图 11－133 所示的发根，“Ctrl + T”调整椭圆发根大小及位置。同样的方法，新建图层“发根高光”，设置前景色为白色，用“椭圆工具”画出发根高光，“Ctrl + T”调整椭圆发根大小及位置，执行“滤镜” > “模糊” > “高斯模糊”，半径为 2 px。

图 11－132

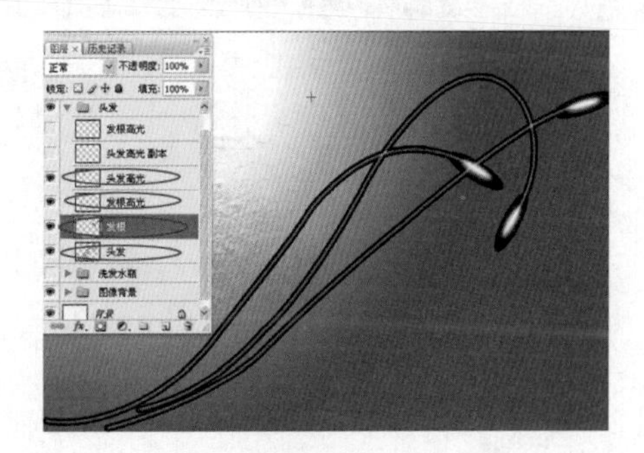

图 11－133

5. 制作文字

在图层控制面板新建组“文字”。如图 11－134 所示，首先导入素材“树叶”。然后分别建立相应的文字图层，选择相应效果，栅格化文字图层。注意“4 种颜色 4 心情”，可能读者没有相应字体，还有其中的字作了变形，见路径“4 种颜色”。

图 11－134

根据以上步骤制作的洗发水促销传单最终效果如图 11－135 所示。

图 11－135

参考文献

[1] 张苏. 电脑印前技术完全手册（第二版）. 北京：人民邮电出版社，2007. 12.
[2] [美] Adobe 公司编. 袁国忠等译. Adobe Photoshop CS3 中文版经典教程. 北京：人民邮电出版社，2008. 10.
[3] 刘彩凤. 设计与印刷案例宝典. 北京：印刷工业出版社，2007. 7.
[4] 桑振. Photoshop CS3 精英教程——坚实的基石. 北京：印刷工业出版社，2008. 10.